DIGITAL TWINS

数字孪生

数实融合时代的转型之道

刘 阳 赵 旭 朱 敏
刘 默 田洪川 刘棣斐 孙绍铭 /编著

人民邮电出版社
北京

图书在版编目（CIP）数据

数字孪生 ： 数实融合时代的转型之道 / 刘阳等编著
. -- 北京 ： 人民邮电出版社，2023.4
ISBN 978-7-115-60474-3

Ⅰ. ①数… Ⅱ. ①刘… Ⅲ. ①数字技术—研究 Ⅳ.
①TP3

中国版本图书馆CIP数据核字(2022)第220156号

内 容 提 要

本书首先介绍了数字孪生的兴起与发展，给出了数字孪生的定义及功能架构；其次分析了数字孪生技术应用及产业发展态势；再次从供给侧与应用侧分析了我国数字孪生的发展现状，以及目前在技术、产业、应用方面面临的瓶颈；最后介绍了产业供给侧解决方案、应用侧典型案例及第三届中国工业互联网大赛——工业互联网+数字孪生专业赛优秀案例。

本书适合政府部门工作人员、工业领域从事研发设计的工作人员、生产制造人员、经营管理人员与运维服务人员，以及所有对数字孪生概念及发展现状感兴趣的人员阅读。

◆ 编　　著　刘　阳　赵　旭　朱　敏
　　　　　　刘　默　田洪川　刘棣斐　孙绍铭
　责任编辑　苏　萌
　责任印制　马振武
◆ 人民邮电出版社出版发行　　北京市丰台区成寿寺路 11 号
　邮编　100164　　电子邮件　315@ptpress.com.cn
　网址　https://www.ptpress.com.cn
　北京天宇星印刷厂印刷
◆ 开本：720×960　1/16
　印张：20.75　　　　2023 年 4 月第 1 版
　字数：285 千字　　　2025 年 2 月北京第 5 次印刷

定价：99.80 元

读者服务热线：(010)81055493　印装质量热线：(010)81055316
反盗版热线：(010)81055315

编写单位

▶▶ 牵头编写单位：

中国信息通信研究院

▶▶ 参与编写单位：（排名不分先后）

中国航空工业集团有限公司、中国科学技术协会智能制造学会联合体、中国科学院软件研究所、中国科学院沈阳自动化研究所、中国石油天然气股份有限公司规划总院、北京航空航天大学、上海大学、北京理工大学、走向智能研究院、上海优也信息科技有限公司、恒力石化股份有限公司、华为技术有限公司、北京互时科技股份有限公司、苏州同元软控信息技术有限公司、上海飞机制造有限公司、深圳华龙讯达信息技术股份有限公司、安世亚太科技股份有限公司、北京世冠金洋科技发展有限公司、北京博华信智科技股份有限公司、北京索为系统技术股份有限公司、北京易智时代数字科技有限公司、北京智汇云舟科技有限公司、朗坤智慧科技股份有限公司、北京绥通科技发展有限公司、中兴通讯股份有限公司、山东捷瑞数字科技股份有限公司、参数技术（上海）软件有限公司、西门子（中国）有限公司、优美缔软件（上海）有限公司、迈斯沃克软件（北京）有限公司、艾默生过程控制有限公司、亚马逊通技术服务（北京）有限公司

前言

PREFACE

随着物联网、大数据、人工智能等技术的发展，新一代信息技术与制造业正深度融合，工业互联网通过实现工业经济全要素、全产业链、全价值链的全面连接，支撑服务制造业数字化、网络化、智能化转型，重塑工业生产制造和服务体系，成为实现工业经济高质量发展的重要载体，而数字孪生作为工业互联网赋能产业的新技术、新应用、新生态，近年来已成为产业界各方关注的热点。

当前，中国制造业正逐渐向高度自动化与信息化阶段迈进，企业在生产过程中产生了大量信息，但由于信息的多源异构、异地分散特性，信息在工业生产中没有发挥出应有的价值。而数字孪生以数字化方式“复制”物理对象，实现设备、产线、企业在虚拟空间的模拟映射，通过数据与模型融合，以软件定义的方式帮助企业实现综合决策及运行优化。

因此，越来越多的企业寄希望于通过数字孪生实现数字化转型、智能化改造，但数字孪生的相关概念、关键技术、应用场景和实施路径尚不明确。在此背景下，本书系统整理了数字孪生的技术应用、产业发展现状，并在一定程度上对其未来的发展趋势进行了研判。

本书主要分为 5 章。第 1 章对工业数字孪生进行了概述，包括工业数字孪生的内涵及意义，给出了数字孪生的功能架构及核心技术体系架构。第 2 章介绍了工业数字孪生技术应用及产业发展态势，重点研究了数字孪生技术应用的发展范式，分析了产业布局动向，给出了不同类型企业、不同国家的发展策略，并对其发展趋势进行了展望。第 3 章介绍了供给侧数字孪生技术供应商案例。

第 4 章介绍了应用侧工业企业数字孪生应用案例。第 5 章介绍了第三届中国工业互联网大赛——工业互联网 + 数字孪生专业赛优秀案例。

感谢在本书编写过程中各参编单位的积极参与，以及行业内专家为本书提出的诸多宝贵意见，希望本书的研究成果能为从事工业数字孪生相关工作的各界同仁提供有益的参考。

目录 CONTENTS

第 1 章

工业数字孪生概述

1.1 工业数字孪生的发展脉络

工业数字孪生的发展经历了 3 个阶段，其发展间接反映了数字技术在工业领域的演进与变革。第一阶段，概念发展期。2002 年，美国密歇根大学迈克尔·格里弗斯教授首次提出了数字孪生概念，是基于当时产品生命周期管理（PLM）、仿真等工业软件已经较为成熟，在虚拟空间为数字孪生体构建提供了基础支撑。第二阶段，数字孪生被应用于航空航天领域。2012 年美国空军研究实验室将数字孪生应用到战斗机的维护中，而这与航空航天行业最早建设基于模型的系统工程（MBSE）息息相关，数字孪生能够支撑多类模型敏捷流转和无缝集成。第三阶段，向多个行业拓展应用数字孪生。近些年，数字孪生应用已从航空航天领域向工业各领域全面拓展，西门子、通用电气等工业巨头纷纷打造数字孪生解决方案，赋能制造业数字化转型。数字孪生蓬勃发展的背后与新一代信息技术的兴起、工业互联网在多个行业的普及应用有莫大关联。

1.2 工业数字孪生的定义及功能架构

工业数字孪生是多种数字技术的集成融合和创新应用，基于建模工具在数字空间构建精准物理对象模型，再利用实时物联网（IoT）数据驱动模型运转，进而通过数据与模型集成融合构建综合决策能力，推动工业全业务流程闭环优化。工业数字孪生功能架构如图 1-1 所示。

第一层，连接层。该层具备采集感知和反馈控制两类功能，是数字孪生闭环优化的起始环节和终止环节。该层通过深层次的采集感知可获取物理对象的全方位数据，利用高质量的反馈控制物理对象。

第二层，映射层。该层具备数据互联、信息互通、模型互操作 3 类功能，同时数据、信息、模型三者间能够实时融合。其中，数据互联是指通过工业通信实现物理对象的市场数据、研发数据、生产数据、运营数据等全生命周期数据的集成；信息互通是指利用数据字典、标识解析、元数据描述等功能，构建统一的信息模型，实现对物理对象信息的统一描述；模型互操作是指通过多模型融合技术将几何模型、仿真模型、业务模型、数据模型等多种模型进行关联和集成融合。

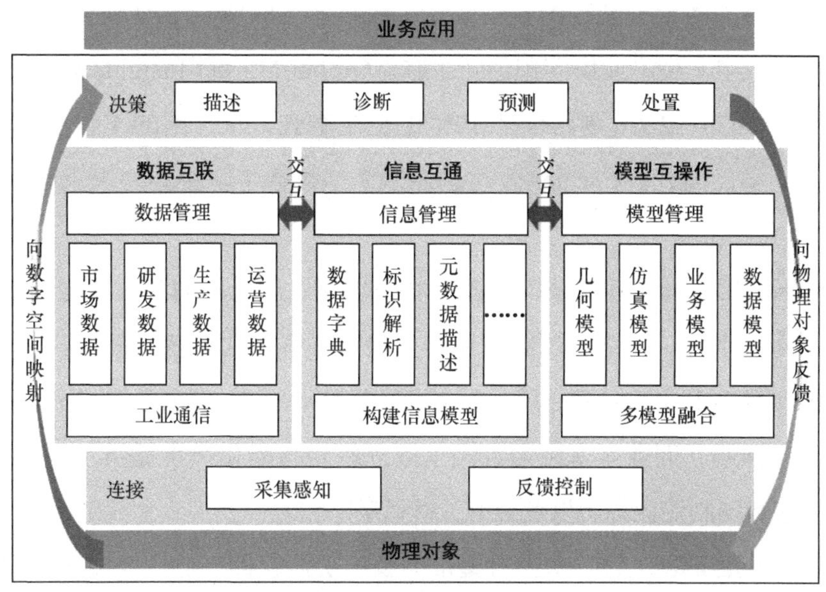

图 1-1　工业数字孪生功能架构

第三层，决策层。在连接层和映射层的基础上，该层通过综合决策实现描述、诊断、预测、处置等不同深度应用，并将最终决策指令反馈给物理对象，支撑闭环控制。

全生命周期实时映射、综合决策、闭环优化是数字孪生发展的三大典型特征。全生命周期实时映射指孪生对象与物理对象能够在全生命周期实时映射，并持续通过实时数据修正完善孪生模型；综合决策指数字孪生系统通过数据、信息、模型的综合集成，构建智能分析的决策能力；闭环优化指数字孪生系统能够实现对物理对象从采集感知、决策分析到反馈控制的全流程闭环应用。数字孪生的本质是设备可识别指令、工程师的知识经验与管理者的决策信息在操作流程中的闭环传递，最终实现智慧的累加和传承。

1.3 发展工业数字孪生的意义

发展工业数字孪生意义重大。当前，全球积极布局数字孪生应用，2020年美国、德国两大制造强国分别成立了数字孪生联盟和工业数字孪生协会，加快构建数字孪生产业协同和创新生态。Global Market Insights 公司认为数字孪生在 2020—2026 年将保持 30% 的稳定增长，从目前的 40 多亿美元增长到 350 多亿美元。Gartner 公司也连续 3 年将数字孪生列为未来十大战略趋势之一。

从国家层面看，随着我国工业互联网创新发展工程的深入实施，我国涌现了大量数字化、网络化创新应用，但我国在智能化探索方面的实践较少，如何推动我国工业互联网应用由数字化、网络化迈向智能化成为当前亟须解决的重大课题。而数字孪生为我国工业互联网智能化探索提供了基础方法，成为支撑我国制造业高质量发展的关键抓手。

从产业层面看，数字孪生有望带动我国工业软件产业快速发展，加快缩短我国工业软件产业与国外工业软件产业之间的差距。由于我国工业历程短，我国工业软件核心模型和算法一直与国外存在差距，这也是国家关键核心技术的短板。数字孪生能够充分发挥我国工业门类齐全、场景众多的优势，释放我国工业数据红利，将人工智能技术与工业软件结合，通过数据科学优化机理模型性能，实现工业软件快速发展。

从企业层面看，数字孪生在工业研发、生产、运维全链条上均发挥重要作用。在研发阶段，数字孪生能够通过虚拟调试加快推动产品研发低成本试错。在生产阶段，数字孪生能够构建实时联动的三维（3D）可视化工厂，提升工厂一体化管控水平。在运维阶段，数字孪生可以将仿真技术与大数据技术结合，使我们不但能够知道设备“什么时候发生了故障”，还能够了解“哪里发生了故障”，极大地提升了运维的安全可靠性。

1.4　工业数字孪生技术体系架构

工业数字孪生技术不是一项新技术，它是一系列数字技术的集成融合和创新应用，涵盖了数字支撑技术、数字线程技术、数字孪生体技术、人机交互技术四大类技术。其中，数字线程技术和数字孪生体技术是核心技术，数字支撑技术和人机交互技术是基础技术。工业数字孪生技术体系架构如图 1-2 所示。

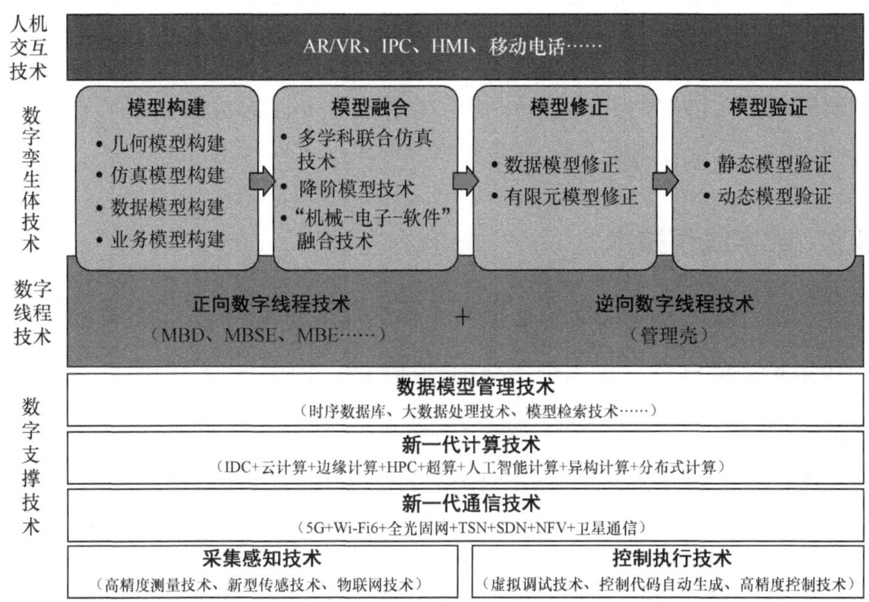

AR：增强现实　VR：虚拟现实　IPC：进程间通信　HMI：人机交互　MBD：基于模型的定义　MBE：基于模型的工程　IDC：信息传播中心　HPC：高性能计算　TSN：时间敏感网络　SDN：软件定义网络　NFV：网络功能虚拟化

图 1-2　工业数字孪生技术体系架构

1.4.1 数字支撑技术

数字支撑技术具备数据获取、传输、计算、管理一体化能力，支撑数字孪生高质量开发和利用全量数据，涵盖了采集感知、控制执行、新一代通信、新一代计算、数据模型管理五大技术类型。未来，集五大类技术于一身的通用技术平台有望为数字孪生提供“基础底座”服务。

其中，采集感知技术的不断创新是数字孪生蓬勃发展的原动力，支撑数字孪生更深入获取物理对象数据。一方面，传感器向微型化方向发展，能够被集成到智能产品中，实现更深层次的数据感知。如美国通用电气公司研发的嵌入式腐蚀传感器，被嵌入压缩机内部，能够实时显示腐蚀速率。另一方面，多传感融合技术不断发展，将多类传感能力集成至单个传感模块，支撑系统实现更丰富的数据获取。如第一款 L3 自动驾驶汽车奥迪 A8 的自动驾驶传感器搭载了 7 种类型的传感器，包含毫米波雷达、激光雷达、超声波雷达等，保证了汽车决策的快速性和准确性。

1.4.2 数字线程技术

数字线程技术是工业数字孪生技术体系中的核心技术，能够屏蔽不同类型的数据和模型格式，支撑全类数据和模型快速流转和无缝集成，主要包括正向数字线程技术和逆向数字线程技术两大类型。

其中，正向数字线程技术以 MBSE 技术为代表，在用户需求阶段基于统一建模语言（UML）定义各类数据和模型规范，为后期全量数据和模型在全生命周期集成融合提供基础支撑。当前，基于模型的系统工程技术正加快与工业互联网平台集成融合，未来有望构建“工业互联网平台 +MBSE”的技术体系。如达索公司已经将 MBSE 工具迁移至 3DEXPERIENCE 平台，一方面根据 MBSE 工具统一异构模型语法、语义，另一方面又可以与平台采集的 IoT 数据相结合，充分释放数据与模型集成融合的应用价值。图 1-3 所示为 MBSE 技术分析视图。

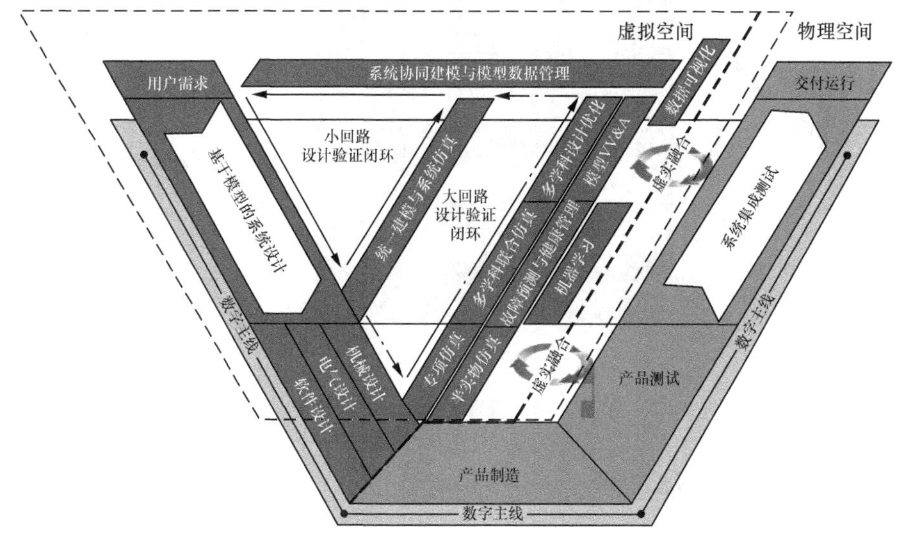

图 1-3　MBSE 技术分析视图

（数据来源：苏州同元软控信息技术有限公司）

逆向数字线程技术以管理壳技术为代表，依托多类工程集成标准，对已经构建完成的数据和模型，基于统一的语义规范进行识别、定义、验证，并开发统一的接口支撑数据和信息交互，从而促进多源异构模型之间的相互操作。管理壳技术通过高度标准化、模块化的方式定义了全量数据、模型集成融合的理论，未来有望实现全域信息的互通和互操作。中国科学院沈阳自动化研究所构建跨汽车、冶金铸造、3C、光伏设备、装备制造、化工和机器人七大行业的管理壳平台工具，规范定义元模型等标准，可支撑模型统一管理、业务逻辑建模及业务模型功能测试。图 1-4 所示为管理壳技术分析视图。

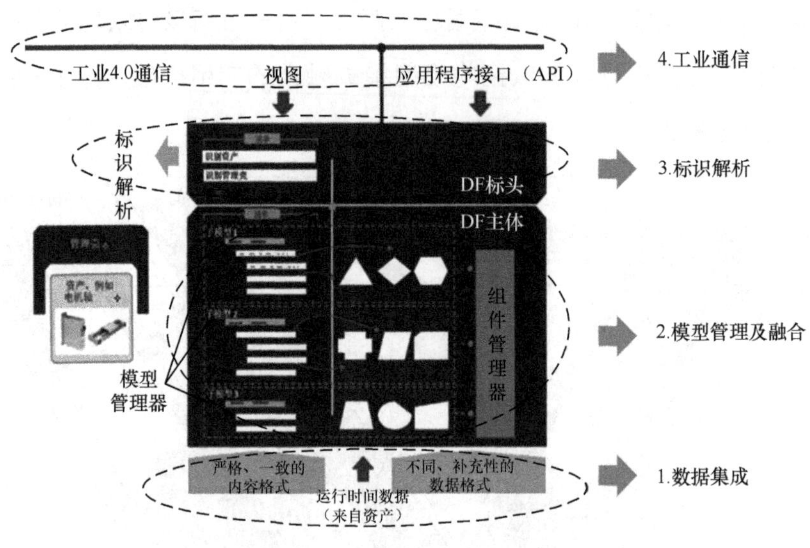

图 1-4　管理壳技术分析视图

1.4.3　数字孪生体技术

数字孪生体是数字孪生物理对象在虚拟空间中的映射表现，重点围绕模型构建、模型融合、模型修正、模型验证开展一系列创新应用。

1. 模型构建技术

模型构建技术是数字孪生体技术体系的基础，各类建模技术的不断创新，加快了系统对孪生对象外观、行为、机理、规律等的刻画效率的提高。

在几何建模方面，基于人工智能（AI）的创成式设计技术提升了产品的几何设计效率。如上海及瑞工业设计有限公司利用创成式设计帮助北汽福田汽车股份有限公司设计前防护、转向支架等零部件，利用 AI 算法优化产生了超过上百种设计选项，综合比对用户需求，从而使零部件数量从 4 个减少到 1 个，重量减轻 70%，最大应力减少 18.8%。

在仿真建模方面，仿真工具通过融入无网格划分技术缩短了仿真建模时间。如 Altair 基于无网格计算优化求解速度，解决了传统仿真中几何结构简化和网格划分耗时长的问题，能够在几分钟内分析全功能计算机辅助设计（CAD）程序集而无须进行网格划分。

在数据建模方面，传统统计分析叠加 AI 技术，强化了数字孪生预测建模能力。如通用电气公司通过迁移学习有效提升了新资产设计效率和航空发动机模型开发速度，以进行更精确的模型再开发，保证虚实精准映射。

在业务建模方面，业务流程管理（BPM）、机器人流程自动化（RPA）等技术加快推动业务模型敏捷创新。如 SAP 发布业务技术平台，在原有 Leonardo 平台的基础上创新加入 RPA 技术，形成“人员业务流程创新—业务流程规则沉淀—RPA 执行—持续迭代修正”的业务建模解决方案。

2. 模型融合技术

在模型构建完成后，我们需要通过多类模型“拼接”打造更加完整的数字孪生体，而模型融合技术在这一过程中发挥了重要作用，其重点涵盖了跨学科模型融合技术、跨领域模型融合技术、跨尺度模型融合技术。

在跨学科模型融合技术方面，多物理场、多学科联合仿真加快构建更完整的数字孪生体。如苏州同元软控信息技术有限公司通过利用多学科联合仿真技术为嫦娥五号能源供配电系统量身定制了“数字伴飞”模型，精确度高达 90% ～ 95%，为嫦娥五号飞行程序优化、能量平衡分析、在轨状态预示与故障分析提供了坚实的技术支撑。

在跨领域模型融合技术方面，实时仿真技术加快仿真模型与数据科学集成融合，推动数字孪生由“静态分析”向“动态分析”演进。如 ANSYS 公司与 PTC 公司合作构建用于实时仿真分析的泵孪生体，利用深度学习算法进行计算流体力学（CFD）仿真，获得整个工作范围内的流场分布降阶模型，在极大地缩短仿真模拟时间的基础上，能够实时模拟分析泵内流体力学运行情况，进一步提升泵安全稳定运行水平。安世亚太科技股份有限公司利用实时仿真技术优化空调节能效果，将 IoT 采集数据作为仿真计算的边界条件和控制变量，大大降低了空调用电消耗。

在跨尺度模型融合技术方面，一些企业通过融合微观和宏观的多方面机理模型，打造更复杂的系统级数字孪生体。如西门子持续优化汽车行业 PAVE360 解决方案，构建系统级汽车数字孪生体，从电子传感器、车辆动力学和交通流量管理方面整合不同尺度模型，构建从汽车生产、自动驾驶到交通管控的综合解决方案。

3. 模型修正技术

模型修正技术基于实际运行数据持续修正模型参数，是保证数字孪生不断迭代精度的重要技术，涵盖了数据模型实时修正技术、机理模型实时修正技术。

从互联网技术视角看，在线机器学习基于实时数据持续完善数据模型精度。如流行的 Tensorflow、Scikit-Learn 等 AI 工具中都嵌入了在线机器学习模块，基于实时数据动态更新机器学习模型。

从操作技术视角看，有限元仿真模型修正技术能够基于试验或者实测数据对原始有限元模型进行修正。如达索、ANSYS、MathWorks 等领先厂商的有限元仿真工具，均具备了修正有限元模型的接口或模块，支持用户基于试验数据对有限元模型进行修正。

4. 模型验证技术

模型验证技术是孪生模型由构建、融合到修正后的最终步骤，唯有通过验证的模型才能够被安全地应用到生产现场。

当前，模型验证技术主要包括静态模型验证技术和动态模型验证技术两大类，企业通过评估已有模型的准确性，可以提升数字孪生应用的可靠性。

1.4.4 人机交互技术

虚拟现实技术的发展带来了全新的人机交互模式，提升了可视化效果。

传统平面人机交互技术不断发展，但仅停留在平面可视化层面。新兴 AR/VR 技术具备三维可视化效果，正在加快与几何设计、仿真模拟融合，有望持续提升数字孪生的应用效果。如西门子推出的 Solid Edge 2020 产品增强了 AR 功能，能够基于 OBJ 格式快速导入 AR 系统，提升 3D 设计外观感受。COMOS Walkinside 3D VR 与 SIMIT 系统验证和培训的仿真软件紧密集成，可以缩短工厂的工程调试时间。PTC Vuforia Object Scanner 可扫描 3D 模型并将其转换为 AR 引擎兼容的格式，实现数字孪生沉浸式应用。

第2章

数字孪生技术应用及产业发展态势

2.1 数字孪生技术应用的发展范式

孪生精度、孪生时间和孪生空间是评价数字孪生发展水平的三大要素。孪生精度指数字孪生反映真实物理对象外观行为、内在规律的准确程度，可以被划分为描述级、诊断级、决策级、处置级等。孪生时间指孪生对象和物理对象同步映射的时间长度，可被划分为设计孪生、设计制造一体化孪生、全生命周期优化孪生等。孪生空间指单元级孪生对象在通过组合形成系统级孪生对象的过程中，所占用的实际物理空间大小，也从侧面反映了孪生对象的复杂程度，可被划分为设备孪生、产品孪生、产线孪生、车间孪生、工厂孪生、城市孪生等。理想数字孪生发展范式如图 2-1 所示。

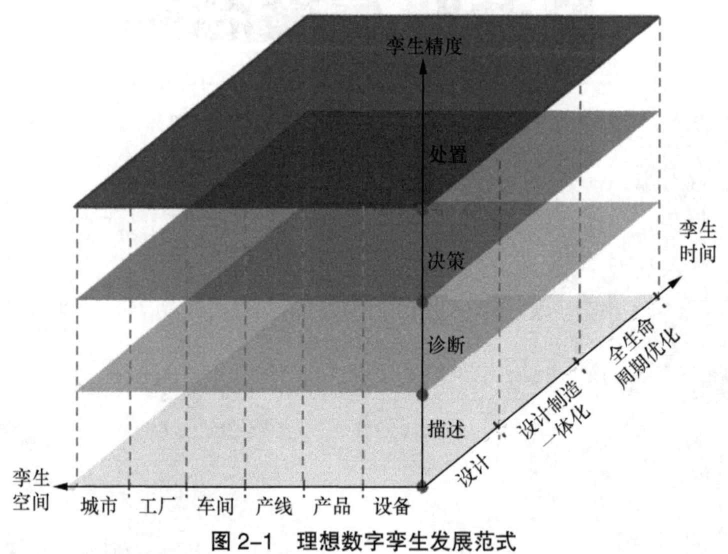

图 2-1　理想数字孪生发展范式

从孪生精度发展范式来看，数字孪生由对孪生对象某个剖面的描述向更精准的数字化映射发展。如果对一个物理对象进行数字化解构，其包含了对象属性、外观形状、实时状态、工程机理、复杂机理等不同的组成部分，而每个部分均可通过数字化工具在虚拟空间内进行重构。如信息模型可用来表述对象属性，CAD 建模可用来表述外观形状，实时状态可以通过 IoT 数据采集进行表述，工程机理可以通过仿真建模进行验证，人类尚未认识的复杂机理可通过 AI 绕过。而传统数字化应用更多的是在描述物理对象的某个剖面特点，数字孪生基于多类数据与模型的集成融合实现了对物理对象更精准、更全面的刻画。孪生精度发展范式分析如图 2-2 所示。

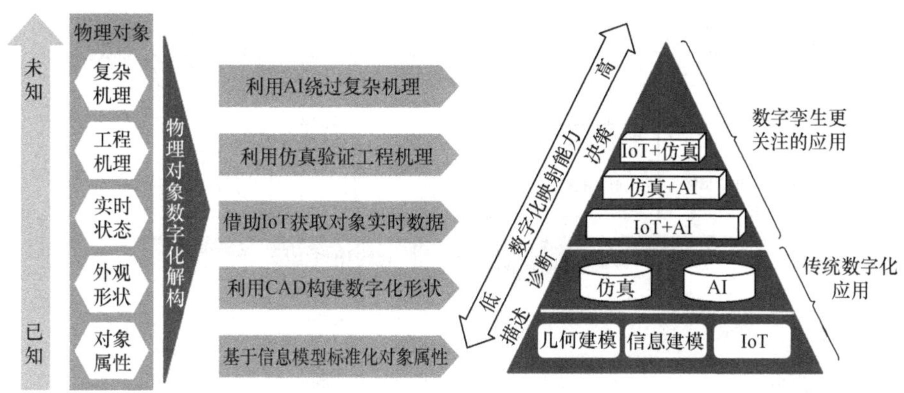

图 2-2　孪生精度发展范式分析

从孪生时间发展范式来看，数字孪生由当前从孪生对象的多个生命时期切入开展“碎片化”应用，向自孪生对象诞生起直至报废的“全生命周期”应用发展。由于不同的企业数字化发展水平不均衡，仅有少数企业自资产研发阶段便开始积累孪生数据和孪生模型，更多的企业仅仅在批量生产阶段和运维阶段才开始碎片化地打造数字孪生解决方案，这使得数字孪生并未有效结合研发阶段的孪生模型开展分析，难以发挥出数字孪生的潜在价值。从长远来看，随着企业日益重视数据资产价值，未来会有越来越多的企业自产品研发阶段便开始打造数字孪生解决方案，直至应用到产品报废。孪生时间发展范式分析如图 2-3 所示。

从孪生空间发展范式来看，数字孪生由少量孪生对象简单关联向大量孪生对象智能协同的方向发展，打造复杂的系统级孪生解决方案。任何一个复杂的孪生对象都是由简单的孪生对象组合而成的，比如设备是由机械零部件组成的，车间是由不同设备组成的，不同类型的车间又组成了工厂。在由单元级数字孪生向复杂系统级数字孪生演进的过程中，不同类型、不同尺度的独立孪生对象持续加快信息关联和行为交互，共同构建一个复杂的孪生系统。孪生空间发展范式分析如图 2-4 所示。

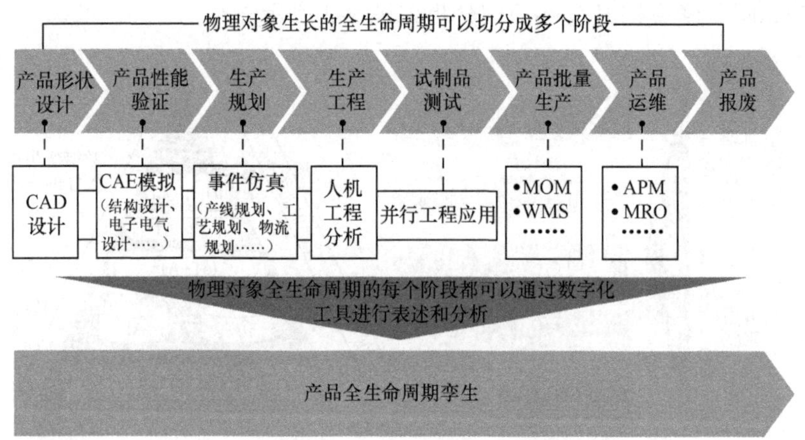

CAE：计算机辅助工程 MOM：制造运营管理 WMS：仓储管理系统 APM：应用性能管理

MRO：维护、维修、运行及停机大修的物料和服务

图 2-3 孪生时间发展范式分析

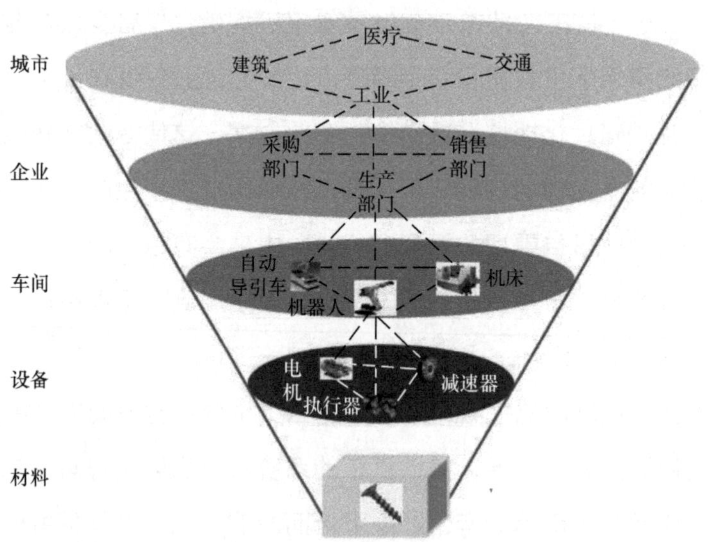

图 2-4 孪生空间发展范式分析

2.2　数字孪生的典型应用场景

在提升孪生精度、延长孪生时间、拓展孪生空间三大类数字孪生应用模式中，提升孪生精度的应用比例达到 87%，远超过延长孪生时间和拓展孪生空间的应用比例。这也说明，当前数字孪生应用仅处于初级阶段，更多的是对“点状场景”能力提升的简单应用，而在全生命周期应用、复杂系统应用等方面稍显不足。数字孪生典型应用场景分析如图 2-5 所示。

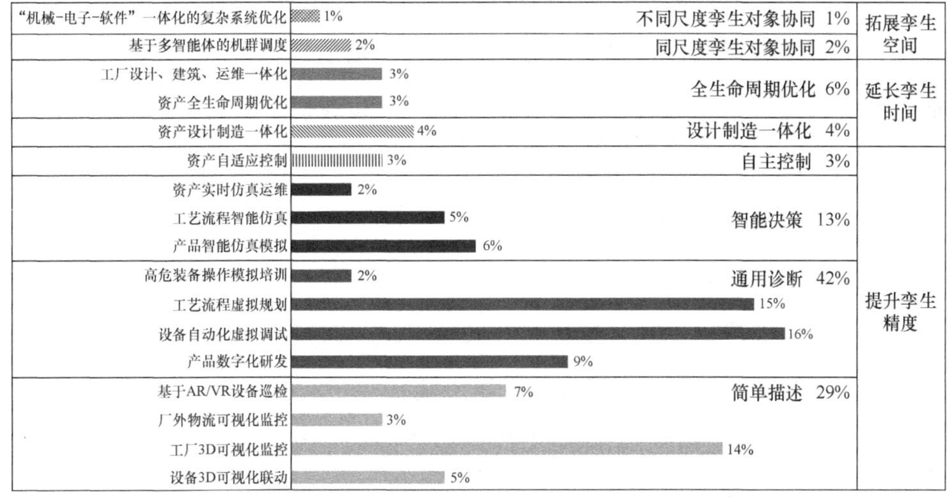

图 2-5　数字孪生典型应用场景分析

（数据来源：工业互联网产业联盟案例征集及互联网案例整理，共 300 个）

提升孪生精度的应用依次涵盖了“简单描述”“通用诊断”“智能决策”“自主控制”四大层级。当前，数字孪生应用更多停留在“简单描述”“通用诊断”层级，二者应用比例之和达到了 71%，智能决策类应用相对较少，自主控制类应用比例最小。其中，简单描述类数字孪生应用涵盖了设备 3D 可视化联动、工厂 3D 可视化监控、厂外物流可视化监控、基于 AR/VR 设备巡检等；通用诊断类应用除了包含基于 CAE 的产品数字化研发外，还涵盖了大量虚拟制造应用，如设备自动化虚拟调试、工艺流程虚拟规划、高危装备操作模拟培训等；智能决策类应用是将仿真建模与数据科学融合后产生的综合决策应用，如基于 IoT 数据驱动的资产实时仿真运维、基于 AI 技术优化的工艺流程智能仿真等；自主控制类应用是指智能决策类结果形成控制指令，自主控制物理对象行为，形成闭环优化的应用。

在延长孪生时间的应用中，少数企业围绕设计制造一体化、全生命周期优化等数字孪生应用开展积极探索，二者应用比例之和达到 10%。如在产品设计制造一体化方面，达索公司将产品 3D 设计与增材制造结合，用户自行设计产品后可以直接下发到增材制造设备，打印出 3D 产品。在全生命周期优化方面，机械工业第九设计研究院股份有限公司帮助红旗工厂 HE 焊装车间打造数字孪生工厂，先通过事件仿真工具进行产线规划，再利用前期规划阶段的建模成果，与物理产线进行实时数据连接，构建工厂级数字孪生监测体系，实现了工厂全生命周期管理。

在拓展孪生空间的应用中，主要涵盖同尺度孪生对象协同和不同尺度孪生对象协同两类应用。同尺度孪生对象协同应用的典型代表是基于多智能体的机群调度应用，如民用机场的飞机航班调度、无人战斗机群的作战调度等。不同尺度孪生对象协同应用的典型代表是“机械－电子－软件”一体化的复杂系统优化，如西门子基于数字孪生技术开发自动驾驶汽车产品 PAVE360，集成了从芯片设计到软硬件系统、整车模型及交通流量等不同领域和尺度下的模型，形成了跨尺度数字孪生构建能力。

2.3 垂直行业的应用特点

2.3.1 流程行业分析

流程行业具备数字化基础好、生产过程连续、安全生产要求高等特点。目前，数字孪生应用重点聚焦于提升设备管理、工厂管控和安全管理水平。流程行业数字孪生重点应用如图 2-6 所示。

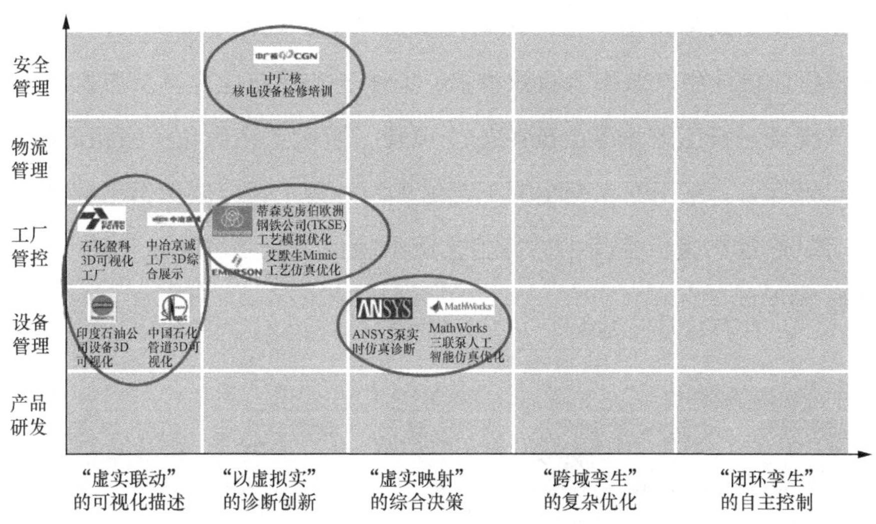

图 2-6 流程行业数字孪生重点应用

一是基于数字孪生的全工厂 3D 可视化监控，如图 2-7 所示。当前以石化、钢铁为代表的流程行业企业已经具备了较好的数字化基础，很多企业全面实现了对全厂设备和仪器仪表的数据采集。在此基础上，多数企业涌现出对现有工厂进行 3D 数字化改造的需求。一些企业通过构建工厂 3D 几何模型，为各个设备、零部件几何模型添加信息属性，并与对应位置的 IoT 数据相结合，实现全工厂行为实时监控。

图 2-7 基于数字孪生的全工厂 3D 可视化监控

二是基于数字孪生的工艺仿真及参数调优，如图 2-8 所示。工艺优化是流程行业提升生产效率的有效举措，但由于流程行业化学反应机理复杂，在生产现场进行工艺调参会面临安全风险，所以工艺优化一直是流程行业的重点和难点。基于数字孪生的工艺仿真为处理上述问题提供了解决方案，企业可以通过在虚拟空间中进行工艺调参验证工艺变更的合理性，以及产生的经济效益。

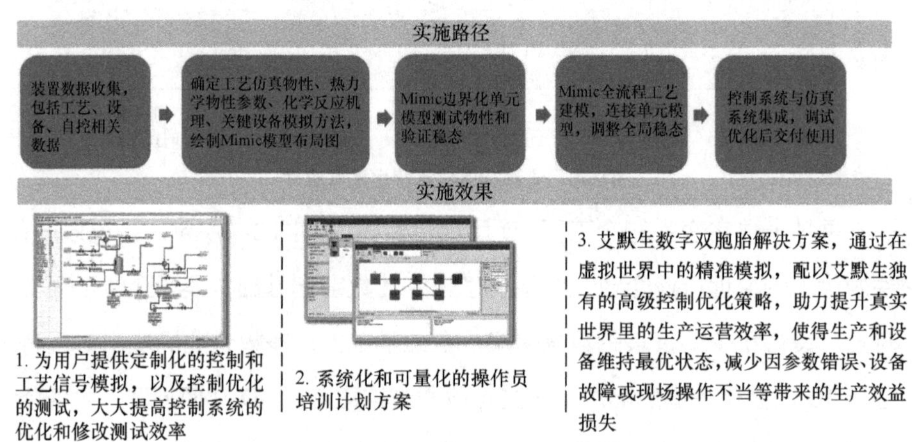

图 2-8　基于数字孪生的工艺仿真及参数调优

三是基于实时仿真的设备深度运维管理，如图 2-9 所示。传统设备预测性维护往往只能预测“设备在什么时间出现故障”，不能预测“设备的哪个关键部位出现了问题”。而基于数字孪生实时仿真的设备监测将离线仿真与 IoT 实时数据结合，实现了基于实时数据驱动的仿真分析，能够实时分析设备哪个关键部位出现了问题，并给出最佳响应决策。

四是基于智能仿真的设备运行优化，如图 2-10 所示。基于数字孪生的智能仿真诊断分析，将传统仿真技术与 AI 技术结合，极大地提升了传统仿真模拟的准确度。

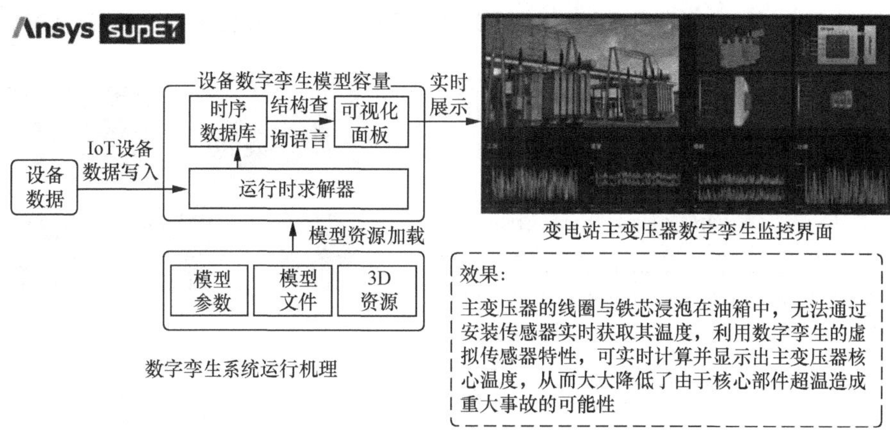

图 2-9　基于实时仿真的设备深度运维管理

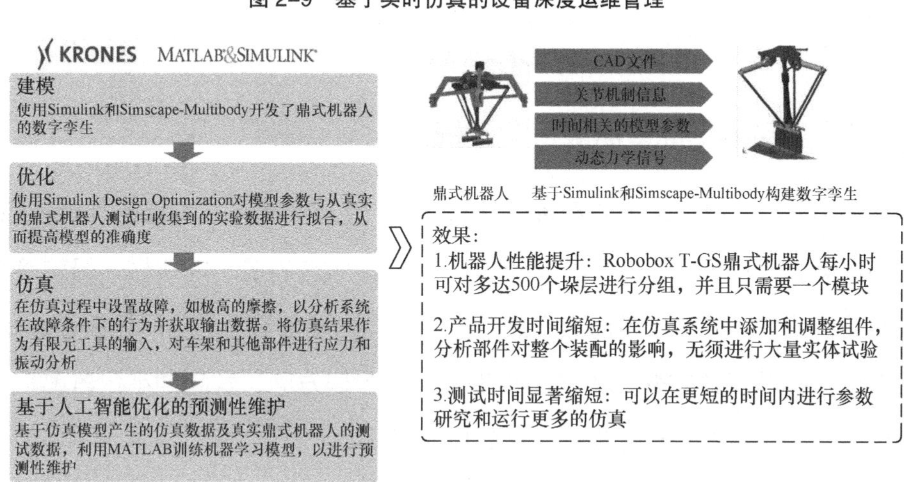

图 2-10　基于智能仿真的设备运行优化

五是基于数字孪生虚拟仿真的安全操作培训，如图 2-11 所示。流程行业具有生产连续、设备不能停机、生产安全等特点，导致无法为新入职的设备管理、工厂检修等技术工程师提供实操训练环境。基于数字孪生的仿真培训为现场工程师提供了模拟操作环境，能够快速帮助工程师提升技能，为其真正开展实际运维工作提供基础训练。

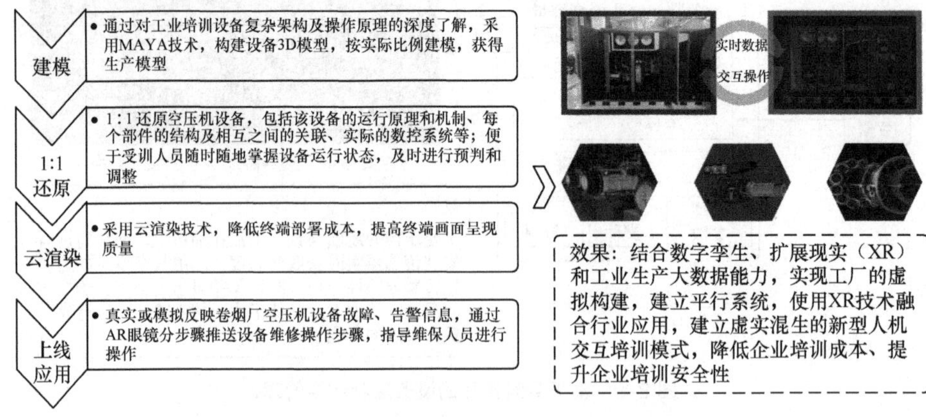

图 2-11　基于数字孪生虚拟仿真的安全操作培训

2.3.2　多品种小批量离散行业分析

多品种小批量离散行业具备生产品种多、生产批量小、产品附加价值高、研制周期长、设计仿真工具应用普及率高等特点。当前，以飞机、船舶等为代表的行业数字孪生应用重点聚焦于产品研发、设备管理、工厂管控等方面。可以说，在基于数字孪生的产品全生命周期管理方面，多品种小批量离散行业应用成熟度高于其他行业，如图 2-12 所示。

一是基于数字孪生的产品多学科联合仿真研发，如图 2-13 所示。多品种小批量离散行业产品研发涉及力学、电学、动力学、热学等多类交叉学科领域，产品研发技术含量高、研发周期长，单一领域的仿真工具已经不能满足复杂产品的研发要求。基于数字孪生的产品多学科联合仿真研发有效地将异构研发工具接口、研发模型标准打通，支撑构建多物理场、多学科耦合的复杂系统级数字孪生解决方案。

二是基于数字孪生的产品并行设计，如图 2-14 所示。为了更好地提升产品整机设计效率，企业需要通过组织多个零部件研发供应商协同开展设计。

同时，为了保证设计与制造的一致性，企业需要在设计阶段就将制造阶段的参数设定考虑其中，进而为产品设计制造一体化提供良好支撑。总之，产品并行设计的关键是在研发初级阶段就定义好每一个最细颗粒度零部件的几何、属性和组织关系标准，为全面构建复杂系统奠定基础。

安全管理
物流管理
工厂管控
设备管理
产品研发
诺格
F-35生产线
通用电气
风电设备
远程运维
马斯克载人
飞船自主回收
NASA火星探
测器自主控制
空客A320neo
多学科联合仿真
美国空军
F-15C机体孪生
空客A350XWB
总装线
“虚实联动”
的可视化描述
“以虚拟实”
的诊断创新
“虚实映射”
的综合决策
“跨域孪生”
的复杂优化
“闭环孪生”
的自主控制

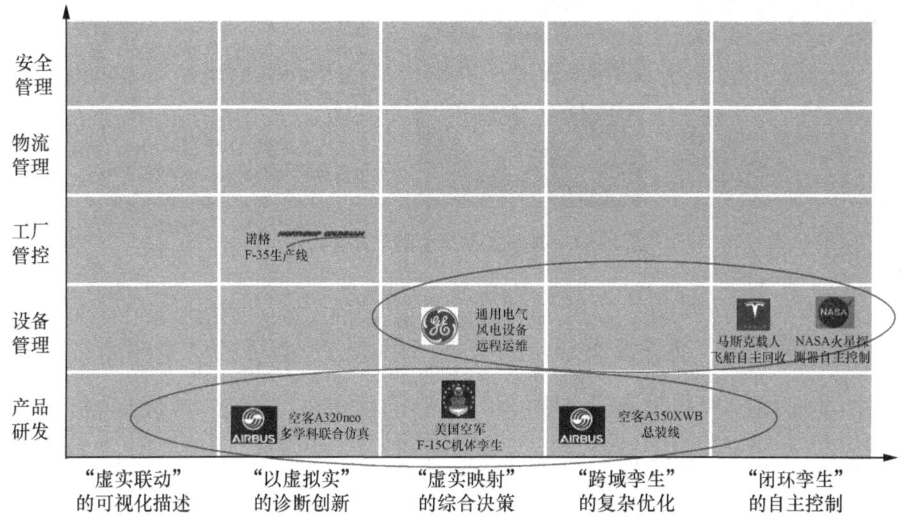

图 2-12　多品种小批量离散行业数字孪生重点应用

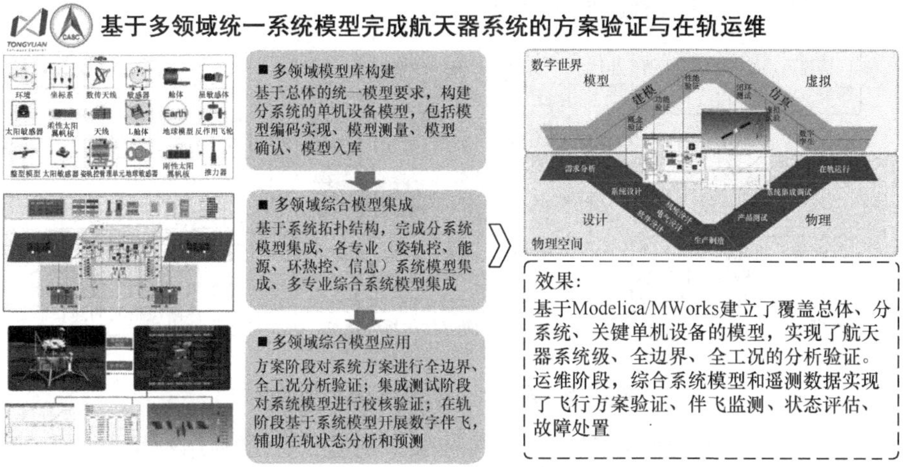

TONGYUAN
基于多领域统一系统模型完成航天器系统的方案验证与在轨运维
■ 多领域模型库构建
基于总体的统一模型要求，构建分系统的单机设备模型，包括模型编码实现、模型测量、模型确认、模型入库
■ 多领域综合模型集成
基于系统拓扑结构，完成分系统模型集成、各专业（姿轨控、能源、环热控、信息）系统模型集成、多专业综合系统模型集成
■ 多领域综合模型应用
方案阶段对系统方案进行全边界、全工况分析验证；集成测试阶段对系统模型进行校核验证；在轨阶段基于系统模型开展数字伴飞，辅助在轨状态分析和预测
数字世界
模型
虚拟
建模
仿真
设计
物理
物理空间
效果：
基于Modelica/MWorks建立了覆盖总体、分系统、关键单机设备的模型，实现了航天器系统级、全边界、全工况的分析验证。
运维阶段，综合系统模型和遥测数据实现了飞行方案验证、伴飞监测、状态评估、故障处置

图 2-13　基于数字孪生的产品多学科联合仿真研发

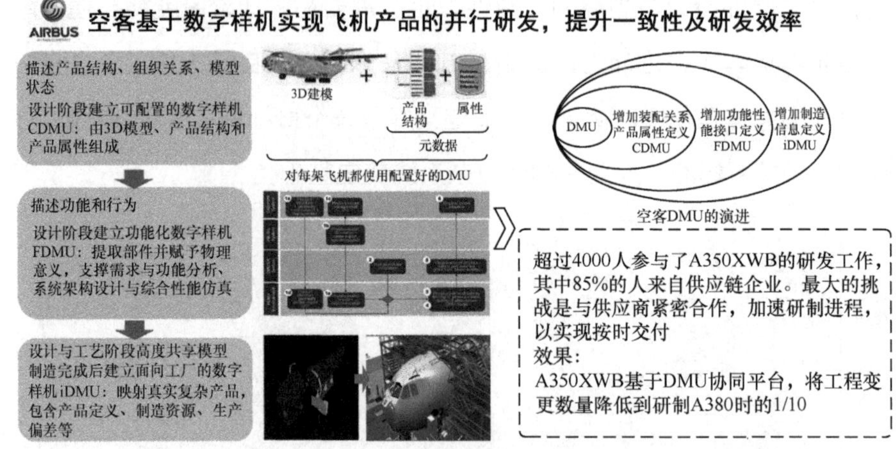

图 2-14　基于数字孪生的产品并行设计

三是基于数字样机的产品远程运维，如图 2-15 所示。对于飞机、船舶等高价值装备产品，基于数字孪生的产品远程运维是必要的安全保障。而脱离了与产品研发阶段机理算法相结合的产品远程运维，很难有效保证高质量的运维效果。而基于数字样机的产品运维将产品研发阶段的各类机理模型、IoT 实时数据、AI 分析相结合，实现更可靠的运维管理。

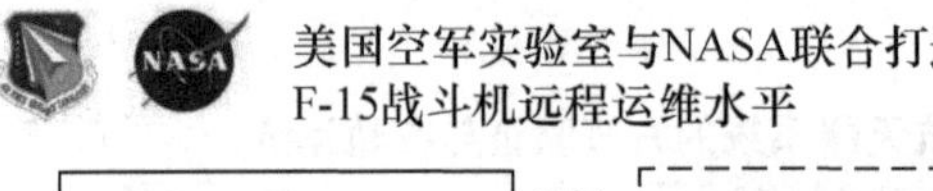

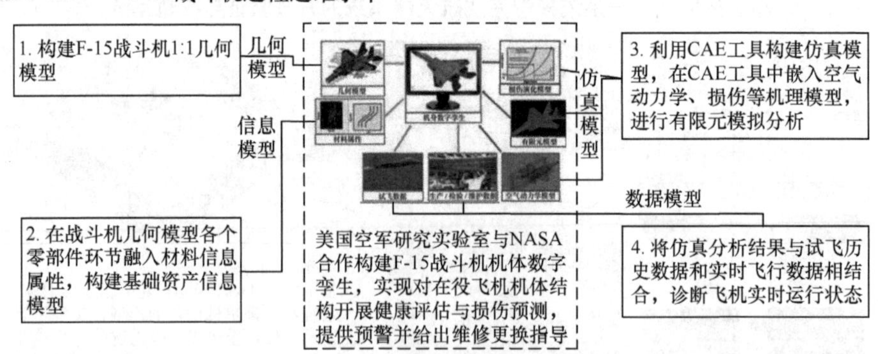

图 2-15　基于数字样机的产品远程运维

此外，以航天为代表的少数高科技领军行业，除了利用数字孪生开展综合决策外，还希望能基于数字孪生实现自主控制。特斯拉 SpaceX 飞船、我国嫦娥五号、美国国家航空航天局（NASA）航天探测器等均基于数字孪生开展产品自主控制应用，实现“数据采集—分析决策—自主执行”的闭环优化。

2.3.3　少品种大批量离散行业分析

少品种大批量离散行业以汽车、电子等行业为代表，生产品种少、生产批量大、生产标准化、对生产效率和质量要求高，多数企业基本实现了自动化。当前，少品种大批量离散行业数字孪生应用场景较多，涵盖了产品研发、设备管理、工厂管控、物流管理、安全管理等诸多方面，如图 2-16 所示。

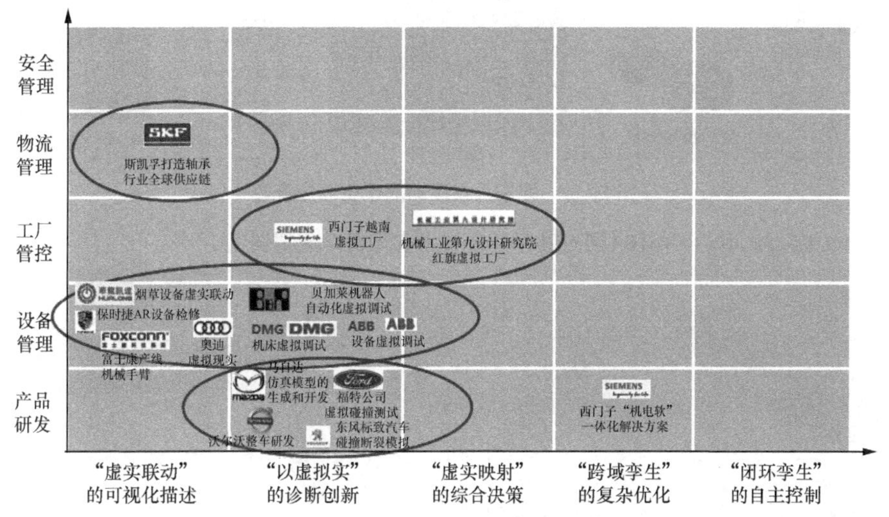

图 2-16　少品种大批量离散行业数字孪生重点应用

一是基于虚实联动的设备监控管理，如图 2-17 所示。传统的设备监控仅显示设备某几个关键工况参数的变化，而基于数字孪生的设备监控需要建立与实际设备完全一致的 3D 几何模型，在此基础上通过数据采集或添加传感器全方位获取设备数据，并将各个位置数据与虚拟 3D 模型一一映射，实现物理对象与孪生设备完全一致的运动行为，更加直观地监控物流对象的实时状态。

二是基于设备虚拟调试的控制优化，如图 2-18 所示。汽车、电子等多品种小批量离散行业在修改工艺时均需要进行设备自动化调试，传统设备自动化调试多数为现场物理调试，导致设备停机时间过长，生产效率降低。而基于数字孪生的设备控制调试能够在虚拟空间开展虚拟验证，有效缩短了物理调试时间，减少了物理调试费用。

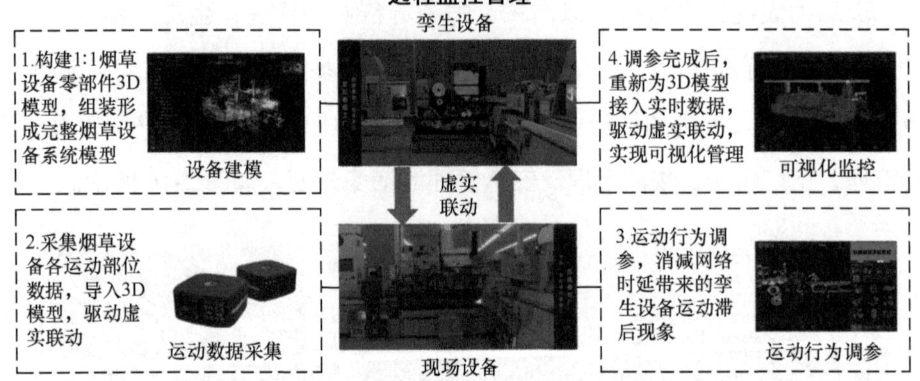

图 2-17　基于虚实联动的设备监控管理

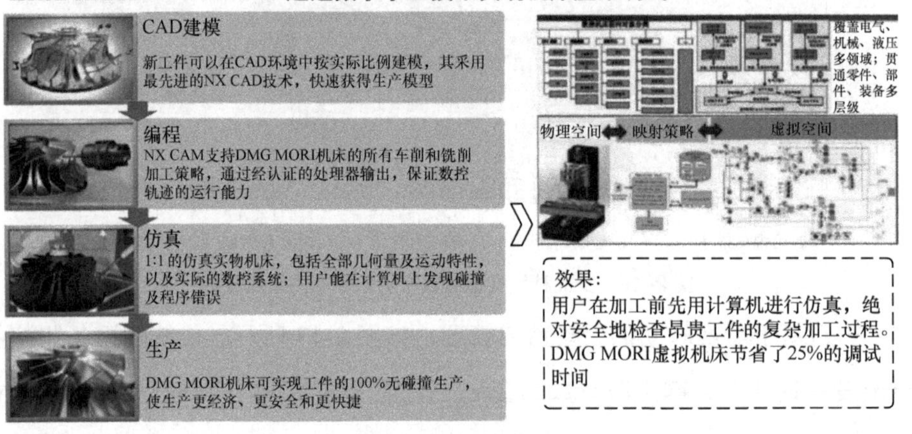

图 2-18　基于设备虚拟调试的控制优化

三是基于 CAE 仿真诊断的产品研发，如图 2-19 所示。传统 CAE 仿真是数字孪生产品设计的最主要方式，企业利用这种方式通过仿真建模、仿真求解和仿真分析等步骤评估产品在力学、流体学、电磁学、热学等多个方面的性能，在不断的模拟迭代中设计更高质量的新型产品。

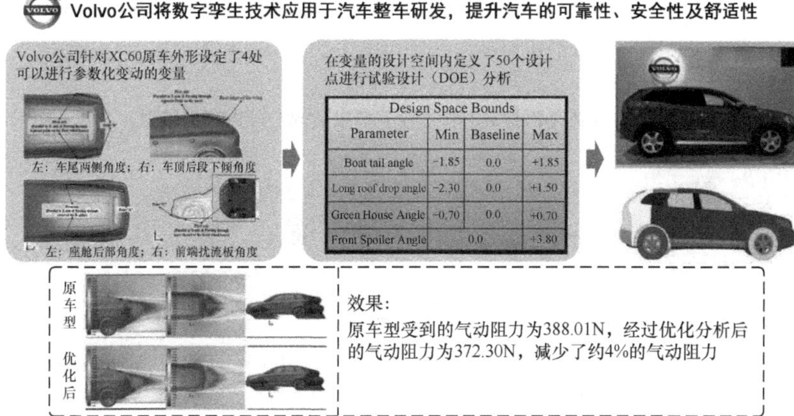

图 2-19　基于 CAE 仿真诊断的产品研发

四是基于离散事件仿真的产线规划，如图 2-20 所示。在传统的新建工厂或产线的过程中，企业确定各个设备的摆放位置、工艺流程的串接均凭借现场工程师的经验开展，影响了产线规划的准确率。而基于数字孪生的产线虚拟规划大大提升了产线规划准确率，通过在虚拟空间以“拖拉曳”的形式不断调配各个工作单元（如机器人、机床、自动导引车等）之间的摆放位置，实现合理的产线规划。此外，在对数字化产线进行虚拟规划后，部分领先企业还将数字化产线与生产实时数据相结合，实现了工厂规划、建设、运维一体化管理。

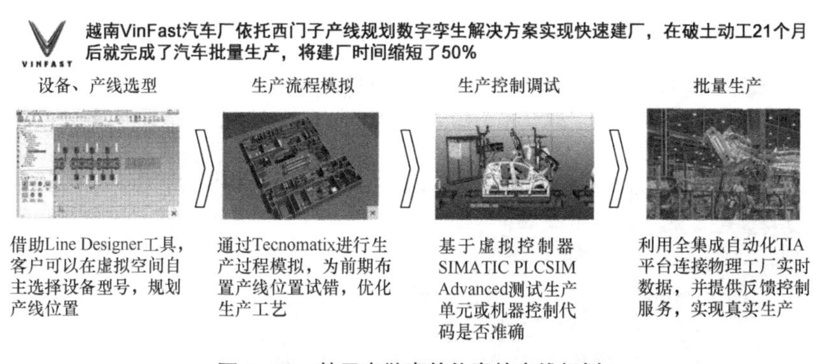

图 2-20　基于离散事件仿真的产线规划

五是基于数字孪生的供应链优化，如图 2-21 所示。少数少品种大批量离散行业企业构建了供应链数字孪生应用，通过打造物流地图、添加物流实时数据、嵌入物流优化算法等举措，打造供应链创新解决方案，持续减少库存量和降低产品运输成本。

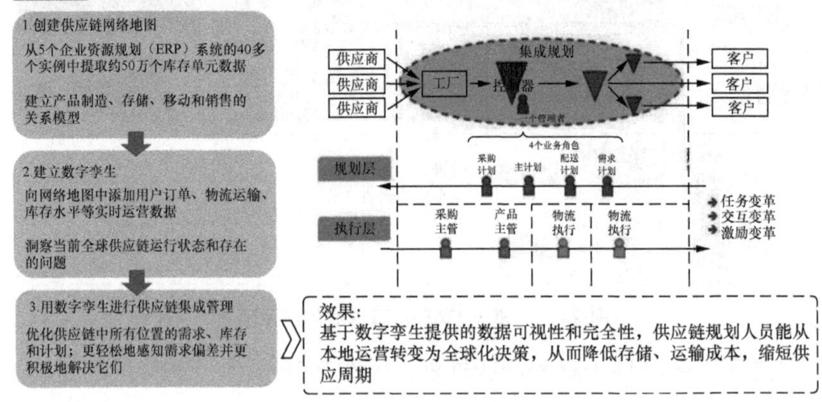

图 2-21　基于数字孪生的供应链优化

六是基于“机械－电子－软件”一体化的综合产品设计，如图 2-22 所示。如以汽车为代表的产品，正在由传统个人交通工具朝着智能网联汽车方向发展。在这一发展趋势下，新型整车制造除了需要应用软件工具和机械控制工具，还需要融入电子电气的功能，进而推动汽车发展朝着电动化、智能化方向演进。随着智能网联汽车发展愈发成熟，基于“机械－电子－软件”一体化的产品综合设计解决方案的需求有望不断加大。

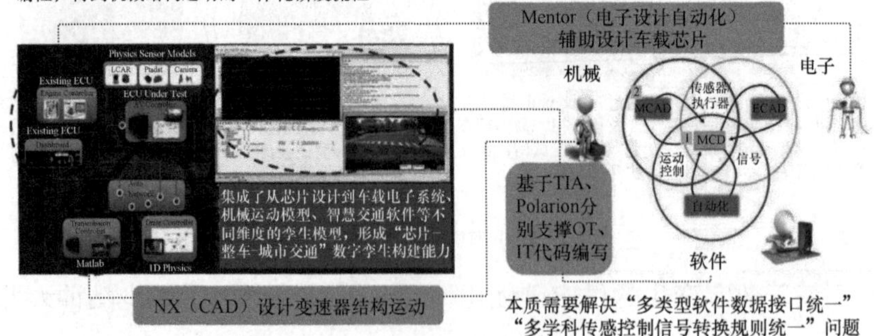

图 2-22　基于“机械－电子－软件”一体化的综合产品设计

2.4　工业数字孪生产业体系分析

目前，将工业数字孪生产业体系划分成 3 类主体：数字线程工具供应商提供 MBSE 和管理壳两大模型集成管理平台工具，成为数字孪生底层数据和模型互联、互通、互操作的关键支撑。建模工具供应商提供数字孪生模型构建必备的软件，涵盖几何外观描述、物理化学机理规律产品研发工具，聚焦生产过程具体场景的事件仿真工具，面向数据管理分析的数据建模工具及流程管理自动化的业务流程建模工具。孪生模型服务供应商凭借行业知识与经验积累，提供产品研发、装备机理、生产工艺等不同领域的专业模型。此外，标准研制机构为推动数字孪生理论研究与落地应用提供基础共性、关键技术及应用等准则。图 2-23 所示为国内外数字孪生产业视图。

图 2-23　国内外数字孪生产业视图

2.4.1 数字线程工具供应商呈现两极分化特点

MBSE 工具供应商聚焦模型“正向”集成，依托工业互联网平台将整套工具向云端迁移，打造“云平台 +MBSE”的模型管理系统，实现敏捷、高效的产品数字孪生全生命周期管理。如达索公司发布面向云端客户的 3D EXPERIENCE R2021x，助力 MBSE 工具云化迁移，大大简化了传统 MBSE 工具需要本地部署运行的过程，加快了企业应用实施效率。

管理壳工具供应商聚焦模型“反向”集成，正逐渐提升自身数据格式兼容能力，打造工厂设备、软件与企业信息系统集成的一体化管理模式。如菲尼克斯电气公司打造电气管理壳平台工具，遵循 IEC 61360 的数据定义格式规范，使用标准化的数字描述语言，来实现设备资产的统一数字化描述。

2.4.2 建模工具供应商加快布局

产品研发工具服务商聚焦从模型外观形状到内部多类物理化学规律的精准建模能力进行综合升级。一方面，CAD/CAE 企业致力于集成多类模型，构建产品网络化协同研发能力。如 PTC 推出 Creo Elements/Direct 工具，可合并多渠道 CAD 模型，显著提高协同设计效率。另一方面，图形渲染工具商专注打造高效的数据逻辑处理平台。如 Unity 打造 Unity 3D 实时创作平台，能够对模型数据、传感器数据及点云数据进行实时传输和渲染，并支持跨平台的模型 AR/VR 交互。

事件仿真工具服务商一方面横向集成多行业、多领域模型，扩大场景覆盖范围；另一方面聚焦工厂产线规划、设备虚拟调试等先进领域进行纵向深耕，持续加强自身场景化赋能能力。在场景横向拓展方面，通过不断积累模型库中的事件仿真模型，逐渐将应用场景延伸到不同行业、不同领域。如 Mevea 拥有强大的物理计算引擎，同时不断积累面向工程机械、矿业、船舶等的事件仿真模型，实现在驾驶舱上的事件模拟和培训。在场景纵向深耕方面，持续深化将事件仿真与数据科学相结合，优化事件仿真的精准度。如 Simio 打造专业模型库，将大数据分析的学习能力与模拟分析的预测功能相结合，实现流程计划仿真决策预测的便捷性和准确性。

数据建模企业依托自身优势不断打造新型数据管理及分析工具。一方面，数据管理平台企业立足传统数据库优势，叠加智能分析算法服务，提供集数据管理和分析为一体的数字孪生工具。如 OSIsoft 推出的 PI System 可实现针对数字孪生的产品组件 Asset Framework，将数据与 SAP HANA 中可用的预测分析和机器学习算法结合在一起，提供针对复杂数据的处理与管理功能。另一方面，数据分析企业依托数据分析工具优势，使数据分析工具与自研仿真软件形成组合，提供数据建模和仿真建模一体化工具。如 MathWorks 将旗下数学软件 MATLAB 和仿真软件 Simulink 打通集成，构建数据模型和仿真模型统一操作环境，打造将机理模型和数据模型融合的数字孪生体。

业务流程建模工具服务商重点聚焦数据集成，以独立研发或合作的方式打造业务流程管理软件，同时提升数据可视化能力，构筑部门协同运作优势。如对 iGrafx 与 myInvenio、UiPath、BP3 Global 进行核心功能整合，形成具有流程挖掘和组织数字孪生功能的产品。

2.4.3　孪生模型服务供应商构筑创新型数字孪生应用模式

产品研发模型供应商围绕产品研发设计过程提供模型服务。一方面，产品研发服务商结合自身多年的几何建模、设计仿真经验，根据用户需求为用户提供产品研发模型。如上海及瑞工业设计有限公司借助 Autodesk 建模工具，利用创成式设计帮助北汽福田汽车股份有限公司设计前防护、转向支架等零部件，实现产品重量减轻 70%，最大应力减少 18.8%。另一方面，产品制造类服务商通过与第三方合作，自身提供产品模型，共同推进新型产品研发。

如上海飞机制造有限公司基于华龙讯达数字孪生平台，将飞机模型与建模平台相结合，加快大飞机结构研发进程。

装备机理模型服务商从单纯卖设备向提供“物理设备 + 孪生体”模式演进，提升产品的市场占有率，并完成企业自身的产业技术升级。总体来看，可分为以下 3 种模式。一是装备企业依托自身对产品的深入理解，自行构建产品孪生模型。如ABB依托深厚的设备制造经验，在ABB Ability软件系统基础上，推出了 PickMaster Twin 产品，尝试打造完整的数字孪生体系。二是借助信息技术企业支持，共同构建产品孪生模型。如 DMG MORI 以自身产品技术特点为背景，与咨询公司 HEITEC 进行合作，有针对性地向数字孪生解决方案提供商演进。三是提升产品开放程度，辅助用户构建产品孪生模型。如 Chiron 公司、康明斯公司与 KUKA 机器人有限公司从自身产品功能出发，根据场景需要，对设备数据接口进行模块化集成，完善数字孪生体构建的边缘条件。

生产工艺模型服务商持续扩大与行业场景及业务需求的结合深度，为不同用户、场景提供差异化孪生模型及服务。一类是生产运营类服务商基于自身长期生产经验支撑提供工艺优化模型，如贝加莱基于 Automation Studio 内嵌的经验模型，对车间的产线设计和物流规划进行虚拟调试，可提前发现错误。另一类是咨询服务商立足大量的项目规划设计经验，提供生产工艺优化模型，如埃森哲凭借多年的咨询服务经验，构建面向特定行业领域的数字孪生解决方案。

2.5 多类主体构建深层次数字孪生应用

2.5.1 建模工具服务商与平台企业合作，实现数据和模型的汇聚打通

一方面，建模工具服务商与 IoT 平台厂商进行合作，强化模型的数据接入，提升孪生对象实时仿真能力。例如 ANSYS 与 PTC 合作，共同构建泵数字孪

生体，将泵实时数据不断录入仿真环境，促进数据识别和分析诊断，能够快速预测泵的损坏时间，此外还能实时诊断泵损坏的机理。另一方面，建模工具服务商与数字线程平台企业进行合作，打造模型一体化管理环境，实现孪生对象全流程仿真。例如西门子基于自身 Teamcenter 的 PLM 工具与 Bentley 软件公司合作，推出 PlantSight 产品，实现工厂工程各系统的一体化设计，提高整体建模仿真的兼容性。

2.5.2　建模工具服务商与新一代信息技术企业合作，优化数字孪生建设及应用

首先是建模工具服务商与 AR/VR 企业合作，打造可视化建模解决方案。例如 Autodesk 与微软合作，将产品模型设计过程从 Autodesk 的传统软件环境转移到微软 HoloLens 的虚拟现实环境中，支持企业在产品开发前期阶段以数字化方式查看完整模型，实现全息设计。其次是建模工具服务商与云计算厂商合作，共同提供数字孪生云化仿真解决方案。例如 ANSYS 与微软进行合作，推动传统本地化建模仿真软件向云端迁移，降低用户部署及使用数字孪生产品的门槛。最后是建模工具服务商与数据管理企业合作，推动构建资产数据集成与分析优化解决方案。例如海克斯康利用 SDx Connector 平台结合 OSIsoft 的数据管理系统 PI System，成功打造集资产设计、施工、运营为一体的综合工程管理解决方案。

2.5.3　建模工具服务商与垂直行业合作，提升数字孪生解决方案实施能力

一方面，企业聚焦行业特定生产环节及场景，通过将行业专有模型与仿真工具相融合提升单点优化能力。例如，ABB 公司和建模仿真工具企业 CORYS 合作，双方针对能源和过程行业工厂控制系统进行模型验证和测试，

缩短控制过程调试和启动时间。另一方面，面向行业生产全流程，融合数字线程、仿真工具与行业模型，打造覆盖产品全生命周期的一体化解决方案。例如施耐德与 AVEVA、Doris 合作，基于统一的模型管理平台，融合异构数据与行业模型，为石油和天然气行业提供结构化的产品与业务流程服务，提高工程项目实施效率。

2.6 巨头企业打造数字孪生核心竞争力

2.6.1 西门子构建虚实互动的工厂级数字孪生解决方案

西门子是全球领先的工业自动化厂商，拥有从工业控制到工业软件的完整产品谱系。在仿真设计方面，西门子持续收并购多类产品设计和工厂虚拟制造软件，如 NX CAD/CAE 等机械设计软件、电子设计软件 Mentor 和 Circuit、工厂工程设计软件 COMOS 等，能够在数字空间实现工厂工艺模拟、物流模拟、自动化虚拟验证等数字孪生解决方案。在产品生命周期管理方面，西门子打造 PLM 系统 Teamcenter，实现多类工业软件的数据打通和业务协同。在数据分析方面，西门子推出数据分析软件 Omneo，提升数字孪生虚实映射精度。此外，西门子基于工业互联网平台 MindSphere，将全类工业软件云化迁移，构建综合数字孪生产品 Xcelerator，打造工厂级端到端数字孪生解决方案。

2.6.2 达索公司构建闭环优化的产品数字孪生解决方案

达索公司多年来聚焦产品研发业务，持续提升数字孪生服务水平。在整个布局进程中，可将达索策略划分为 4 个阶段。第一阶段，通过收并购补齐虚拟空间全类工业软件。达索公司最早提供 2D CAD 建模软件服务，随后收购 SolidWorks，向 3D 设计迁移，提升几何建模直观性；收购 ABAQUS，建立仿真分析能力，将该能力与几何设计能力相结合，打造数字样机。第二阶段，构建云化平台整合业务能力和全生命周期服务。达索公司收购 IBM PM，自研 PLM 系统 ENOVIA，打造 3D EXPERIENCE 平台，并持续将收购的企业一体化质量管理系统（IQMS）、制造执行系统（Apriso）等软件与设计、仿真、PLM 工具集成整合。第三阶段，与运营技术（OT）企业合作打造虚实映射的闭环解决方案。达索公司与 ABB 公司合作补齐 OT 领域短板，ABB 公司的工业自动化能力帮助达索公司实现由仅在虚拟空间中进行诊断，向可利用自动化执行实现虚实联动的方向发展。第四阶段，基于 AI 持续优化数字孪生解决方案性能。达索公司收购 Proxem 公司，将 AI 工具集成到平台中，加快 AI 技术与仿真技术的集成融合，构建映射更精准的数字孪生。

2.6.3　施耐德电气公司打造行业专属的全套解决方案

施耐德电气公司（简称施耐德）是全球能效管理与自动化领域的龙头，长期聚焦能源电气领域，进行数字孪生布局，大致可将其整体战略规划分为三步。第一步，通过收并购提升自身在能源管理、优化、调度等方面的服务水平。施耐德早在 2006 年就陆续收购能源管理软件 Summit Energy、规划调度软件 SolveIT、InStep、Invensys 等，丰富强化能源管理领域工业软件能力。第二步，布局流程模拟与仿真设计领域，构建全套数字孪生运营管理解决方案。2018 年，施耐德反向收购 AVEVA，补强自身工厂流程模拟、电气设计等领域能力；收购 CAD 企业 IGE+XAO，强化在 CAD、PLM、仿真领域的产品研发能力。第三步，面向能源电力领域，持续深耕行业专属解决方案。2020 年，施耐德收购电力系统仿真软件平台 ETAP，打造新型数字孪生解决方案，基于 ETAP Digital Twin 平台，改善对电力系统的资产运营及整个电力网络的运营。

2.7　美国全方位布局数字孪生

首先是“政产研”合力推动将数字孪生上升到国家战略层面。自密歇根大学格里芬教授于 2002 年提出数字孪生概念后，NASA 于 2010 年在太空技术路线图中将数字孪生列为重要技术，并首次进行了系统论述。此后，美国国防部、美国海军开始加大对数字孪生研究开发的资金投入，美国海军计划在未来 10 年投入 210 亿美元支持数字孪生发展。同时，龙头企业也将数字孪生作为重点布局方向，如洛克希德 · 马丁公司将其列为 2018 年顶尖技术之首；2020 年 5 月，ANSYS、微软、戴尔等公司组建数字孪生联盟开展合作和布局，该组织将推动不同公司在数字孪生体系架构、安全和互操作性方面达成一致性，以帮助从航空航天到自然资源等诸多行业对数字孪生技术的使用。

其次是依托航空航天基础优势，探索形成了成熟的应用路径。第一阶段，基于系统级的离线仿真分析进行资产运维决策。如早在 1970 年，当阿波罗 13 号宇宙飞船在太空发生了氧气罐爆炸时，美国利用系统仿真技术进行模拟诊断，及时给出处置方案，使得宇航员安全返回地球。第二阶段，在第一阶段的仿真基础上，完善了系统仿真的工程规范和路径（即在仿真模型构建初期，给定每一个模型标识及属性关系，为后面研发、制造时模型集成融合奠定基础），形成了一套复杂的基于模型的系统工程（MBSE）。如洛克希德 · 马丁公司采用 MBSE 统一的企业管理系统需求架构模型，并延伸到机械、电子设备和软件的设计和分析，极大限度地提升了复杂产品的设计效率。第三阶段，在第二阶段的基础上推动将数字孪生应用拓展到全生命周期。如 2020 年 5 月底，特斯拉 SpaceX 载人龙飞船发射升空，基于数字孪生实现飞船的研发、生产、运维、报废全生命周期管理，首次实现飞船报废回收，极大地降低了下一代飞船生产成本。

最后是供给侧企业加快技术创新，利用新一代信息技术优化数字孪生应用效果。如在“IoT+ 仿真”方面，ANSYS 和 PTC 合作构建泵数字孪生体，实现实时数据驱动的仿真诊断，相较于传统离线仿真，大大提升了诊断的及时性和准确性。在“AI+ 仿真”方面，MathWorks 将数学软件 MATLAB 和仿真软件 Simulink 打通，将 MATLAB 人工智能训练数据集输入 Simulink 进行仿真及验证分析，极大地优化了仿真结果。

基于此，美国数字孪生综合优势体现在 3 个方面，一是构建了基于模型的系统工程方法论，通过统一语义和语法标准、给定系统集成路径，为数字孪生应用提供理论指导。二是拥有强大的仿真产业，ANSYS、MathWorks、Altair 等企业为数字孪生应用提供基础建模工具。三是拥有丰富的应用数据和模型，空客、洛克希德 • 马丁、特斯拉等公司的应用在产品研制过程中积累了大量机理模型，可持续优化数字孪生精度。

2.8　德国加快打造数字孪生竞争优势

德国立足标准制定基础优势，面向数字孪生打造了数据互联、信息互通、模型互操作的标准体系（即管理壳理论），实现各类数字化资产（数据、信息、模型）之间的无缝集成融合，提升了物理实体在虚拟空间中的映射精准度。如在数据互联和信息互通方面，德国在面向过程控制的对象链接和嵌入流架构（OPC-UA）网络协议中内嵌信息模型，实现通信数据格式的一致性。在模型互操作方面，德国依托戴姆勒 Modelica 标准开展多学科联合仿真，目前该标准已经成为仿真模型互操作全球主流标准。同时，2020 年 9 月，德国机械设备制造业联合会（VDMA）、电气和电子制造商协会（ZVEI）、信息通信及新媒体公会（Bitkom）联合 20 家欧洲龙头企业（ABB、西门子、施耐德、SAP 等）成立工业数字孪生协会（IDTA），目标是通过统一各个企业数字化工具标准提升数字孪生体并行开发效率。

此外，相较于美国侧重于开展“装备级”数字孪生，德国具有西门子单点优势，是全球极少数能够提供“工厂级”数字孪生的工业服务商。工业自动化巨头西门子近 10 年花费 100 多亿美元收购了几乎全类工业软件，涵盖了 PLM(Teamcenter)、CAD(NX)、EDA(Mentor)、事件仿真（ Simcenter)、MOM(Opcenter ）等，并持续将各类工业软件集成至 MindSphere 工业互联网平台。在此基础上，西门子能够基于平台构建全工厂数字孪生，不但能够实现虚实映射，还能基于工业自动化优势完成闭环控制。

2.9　中国数字孪生市场活跃

中国多类主体积极参与数字孪生实践，在理论研究、政策制定、产业实践等方面开展探索，但在整体上还需要进一步拓展应用深度、广度，更多工业应用场景尚待挖掘。

在理论研究方面，中国关于数字孪生思想的研究由来已久，1978 年钱学森提出系统工程理论，由此开创了国内学术界研究系统工程的先河。2004 年，继美国提出数字孪生概念，中国科学院王飞跃聚焦解决复杂系统方法论，首次提出平行系统的概念，将系统工程与新一代信息技术结合。

在政策制定方面，2021 年我国各部委和地方政府纷纷开始出台数字孪生相关政策文件。国家发展和改革委员会提出的“上云用数赋智”、中国科学技术学会提出的“未来十大先进技术”、工业和信息化部提出的“智能船舶标准”均将数字孪生列为未来发展关键技术，上海和海南在城市规划中也提出要打造数字孪生城市。

在产业实践方面，我国多类主体均开展数字孪生探索，如恒力石化股份有限公司、中国广核集团等企业积极构建 3D 数字化工厂，湃睿信息科技有限公司、摩尔软件有限公司等利用 AR/VR 提升数字孪生人机交互效果，工业自动化公司华龙讯达信息技术股份有限公司构建虚实联动的烟草设备数字孪生。尽管我国多类主体探索数字孪生的热情高涨，但在产业实践方面，大多数企业停留在简单的可视化和数据分析层面，与国外基于复杂机理建模的分析应用还存在一定的差距。

2.10 其他国家尚未形成体系布局

英国、法国、韩国等其他国家也开展了数字孪生探索，实践各有特色，但尚未形成“政产研”综合优势。英国是首个在国家层面发布数字孪生政策（《国家数字孪生体原则》）的国家，但在产业实践方面的探索较少。法国依靠龙头企业引领，以达索公司为核心，基于 3D EXPERIENCE 平台打造数字化创新环境，在数字孪生领域进行单点突破。韩国积极开展数字孪生标准制定，提出《面向制造的数字孪生系统框架》等，该标准有望成为数字孪生领域最早的国际标准。

2.11 工业数字孪生趋势展望

工业数字孪生创新与发展的大幕刚刚拉开，产业界、学术界对工业数字孪生的认识日渐统一，数据与模型、模型与模型的集成融合是工业数字孪生的本质内涵，尤其是仿真建模与数据科学的集成优化将成为未来发展主线。

工业数字孪生应用仅处于初级阶段，真正成熟的数字孪生应用还需要较长时期的探索实践。短期来看，4 类关键场景有望成为数字孪生重点应用方向。一是存量工厂 3D 可视化改造要实现“应用普及”，二是全场景虚拟制造诊断要实现“能力提升”，三是实时仿真 / 智能仿真分析要实现“单点突破”，四是大国重器系统工程建设要实现“科技攻坚”。

理想的工业数字孪生开发需要基于统一建模语言和多类建模工具，同时需要与底层物联网实时数据相结合。“工业互联网平台 +MBSE”“工业互联网平台 + 管理壳”等组合方式在有效统一异构数据、模型的一致性基础上，实现与物联网数据的有效结合，有望成为工业数字孪生开发的重要方法。

资产数字化是数字孪生发展源头，工业厂商对孪生数据、孪生模型的积累意识，间接决定了数字孪生未来的价值大小。工业装备制造商是整个工业产业链中的关键环节，由传统物理装备售卖向“物理装备＋孪生装备”的售卖方式转变，不但实现了装备级数字孪生应用，还将有效提升工厂级数字孪生建设的效率，为数字孪生产业整体发展带来良好的发展前景。

第3章

供给侧解决方案

3.1 数字线程工具供应商的 MBSE 平台工具

3.1.1 PTC-MBSE 解决方案

1. 产品主要特点

PTC-MBSE 解决方案的主要内容包括需求模型、功能模型（行为 / 服务）、结构模型、变型模型、系统仿真、产品需求、选型与约束及设计仿真 / 物理试验等。PTC-MBSE 解决方案总览如图 3-1 所示。

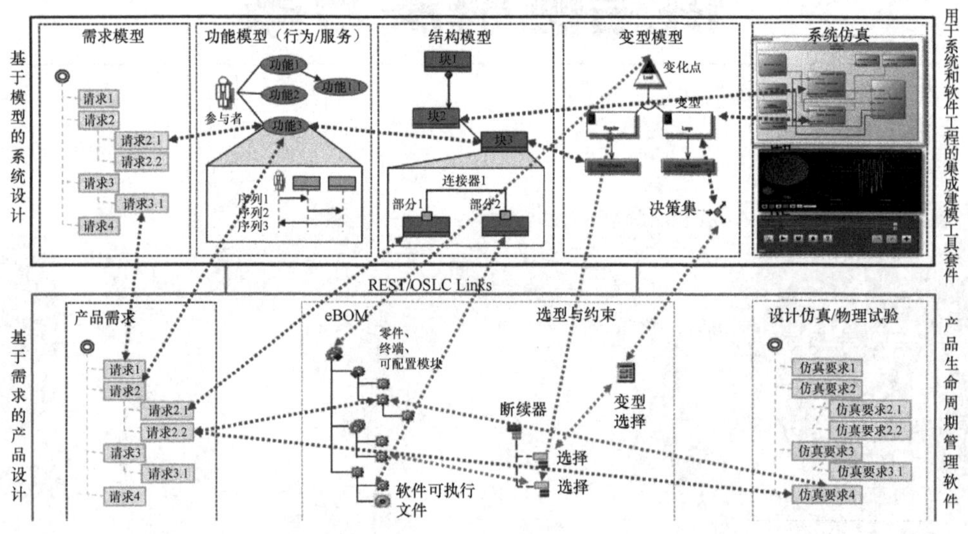

图 3-1 PTC-MBSE 解决方案总览

PTC-MBSE 解决方案主要应用于智能互联产品和高端复杂装备的研制，包括以下几个方面。

（1）在乘用车研制领域，PTC-MBSE 解决方案可用于统一管理全生命周期功能安全，确保车型开发满足功能安全 ISO 26262 标准体系。

（2）PTC-MBSE 解决方案可用于地铁、动车组等复杂装备的开发，以及可靠性、可用性、可维护性、安全性、生命周期成本需求管理、车型谱系规划等。

（3）在高科技电子行业，PTC-MBSE 解决方案可用于支撑集成产品开发（IPD）流程落地。

（4）PTC-MBSE 解决方案可用于航空航天、国防等领域的高端复杂装备的研制。

智能互联产品和高端复杂装备的研制面临着以下诸多挑战。

（1）系统的复杂性不断增加，因而全生命周期管理的难度也在加大。飞机系统的复杂性不断增加，如图 3-2 所示。

① 操作要求及功能需求增加。

② 功能集成性、扩展性、模块化要求不断提高。

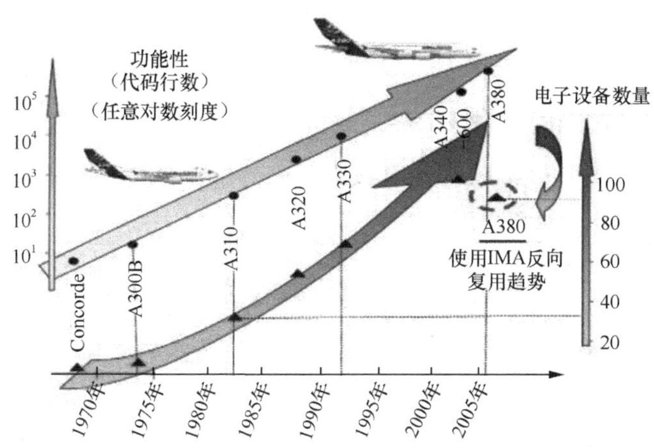

图 3-2　飞机系统的复杂性不断增加

（2）多专业、多单位参与，质量（功能、性能）、成本、进度、风险综合平衡难度大，如图 3-3 所示。

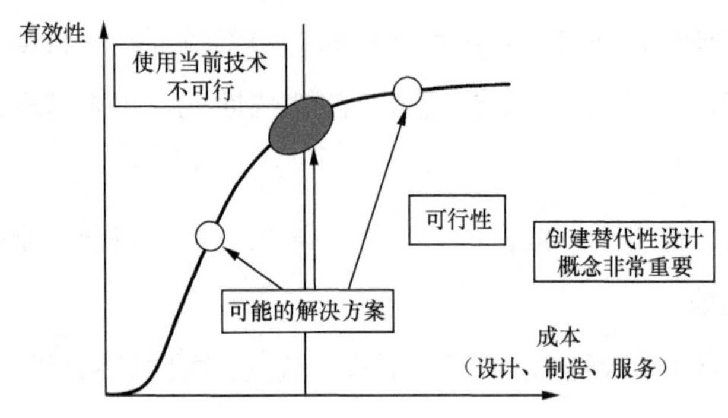

图 3–3　综合平衡难度大

（3）传统的业务管理模式亟待优化。

① 设计、制造、服务分离。

② 知识重用性差。

③ 逆向研发、事后检查、事后验证、正向规划不足。

PTC-MBSE 解决方案可以帮助企业有效缩短产品上市时间和降低研发成本，如图 3-4 所示。

（1）实现需求、系统模型、设计及试验验证等一体化管理，增进重用，确保合规，并通过准确的需求追溯，改善并最大限度地降低需求遗漏。

（2）尽早对需求进行验证，尽早识别出问题，提高一次合格率，避免后期进行成本高昂的更改，确保客户的需求和质量期望得到满足。

（3）协作各方基于统一的模型进行沟通，消除多专业间的沟通障碍，提高沟通效率，缩短设计复杂系统的时间。

（4）通过需求—功能—逻辑—物理（R-F-L-P）建模提升设计的效率和质量，高效驱动详细设计。

2. 功能创新性

PTC-MBSE 解决方案的优势有以下几点。

（1）需求和设计打通，通过需求牵引设计，设计实现需求，需求和设计开展一体化变更；通过需求重用驱动设计模块重用，避免重复设计。

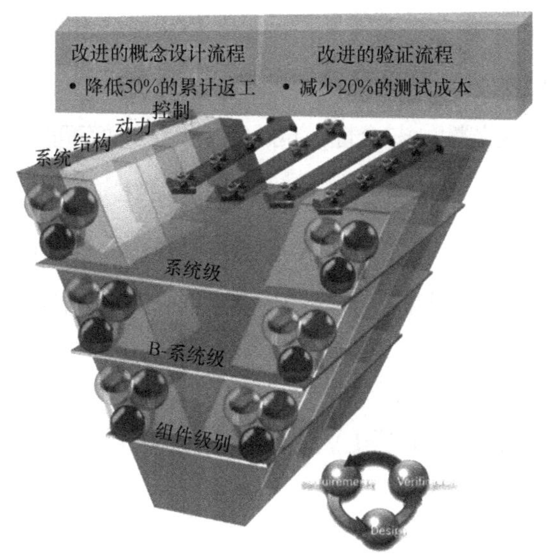

图 3-4　PTC-MBSE 解决方案可有效缩短产品上市时间和降低研发成本

（2）需求和设计仿真 / 物理试验打通，通过需求牵引设计仿真 / 物理试验，通过设计仿真 / 物理试验验证需求，驱动需求和设计仿真 / 物理试验一体化变更；通过需求重用避免重复验证，在保证质量的同时加快产品研制。

（3）提供一体化集成的 MBSE、基于模型的定义（MBD）、IoT 技术体系，打通数字世界和物理世界，帮助企业构建完整的数字孪生，实现差异化创新。

3. 推广应用性

（1）PTC Integrity 在支撑乘用车全生命周期功能安全管理（方法、流程、技术手段和验证方法）高效落地和汽车电子软件开发全生命周期管理上积累了丰富的案例。汽车功能安全 ISO 26262 成了汽车系统设计的关键要素，随着国内乘用车市场的进一步发展和人们对功能安全的更加重视，PTC 在该领域基于已经积累的丰富案例和实践经验，为行业客户提供咨询服务。

（2）PTC 需求管理在高科技电子行业获得了深入的应用，可帮助客户推进集成产品开发（IPD）落地，支撑平台 / 技术开发、产品开发流程。PTC 需求管理在 IPD 落地方面积累了丰富的实践经验，可以为国内企业在 IPD 建设中提供咨询服务。

（3）PTC Integrity Modeler 在轨道车辆、信号系统等复杂装备 / 系统的研发中可帮助客户解决复杂性、安全性、成本和交期压力等问题，并取得了合理的价值回报。随着国内轨道车辆行业的高速发展，PTC-MBSE 解决方案强调需求引领研发、制造和服务，在策划阶段就统筹考虑可靠性、可用性、可维护性、安全性、生命周期成本等指标，并在整个生命周期实施监控、迭代验证和确认，有效帮助客户实现正向设计。

3.1.2 数设科技的 MODELWORX

1. 产品主要特点

基于模型驱动的数字孪生智能一体化开发平台 MODELWORX 是基于数字孪生体建模的广义模型方法，采用模型驱动和微服务耦合架构，实现架构的统一标准，建立工业软件规范化的模型定义和变换规则，构建通用和集成化的数字孪生平台集成框架，提供数字孪生体和数字总线等架构设计、通用模块应用和专用模块开发等的一体化开发和运行环境，打通工业软件模块间的信息孤岛，根据不同的行业、领域、对象和问题需求构建专业的工业软件框架，以提供“通用框架 + 定制服务”，实现大规模、快速、个性化定制系统的用例开发合作方式，与工业企业进行深度合作。MODELWORX 架构如图 3-5 所示。

2. 功能创新性

该平台的关键技术及创新性可归纳为以下几点。

（1）该平台紧密结合实际场景需求，聚焦产品，统一产品模型的定义方法，实现对产品的完整数字化表达。

（2）该平台采用统一的架构标准和模型定义方法，可提高系统的稳定性和可扩展性。

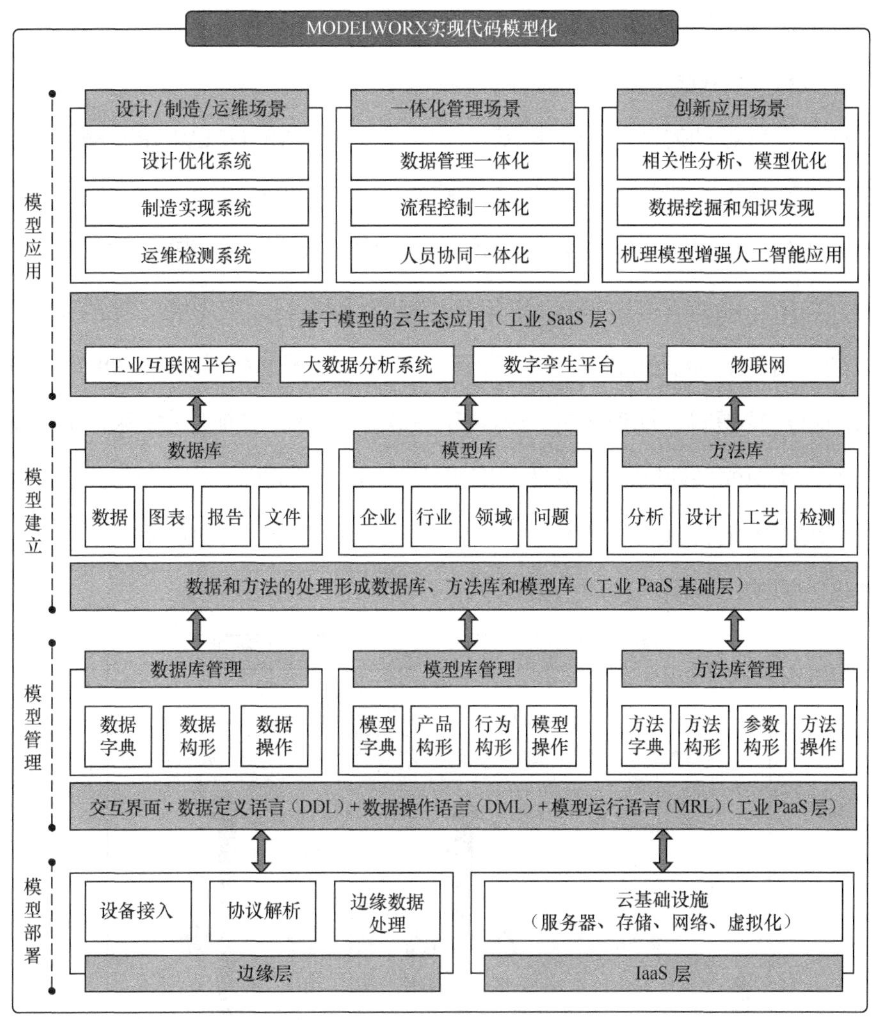

SaaS：软件即服务　PaaS：平台即服务　IaaS：基础设施即服务

图 3-5　MODELWORX 架构

（3）该平台采用微服务技术，可大幅提升系统集成能力，实现数据同源，打通信息孤岛。

（4）该平台采用模型驱动技术，可实现系统低代码、无代码的敏捷开发，大幅提升系统的稳定性。

（5）该平台采用六视图架构，实现人员明确分工，开发过程中高效协同，可将开发周期缩短 40% 以上，开发成本降低 30% 以上。

3. 推广应用性

基于模型驱动的数字孪生智能一体化开发平台 MODELWORX 覆盖了智能制造、航空航天、船舶等工业领域，面向工业产品研发设计、生产制造、运维管理等环节，紧密结合用户需求，聚焦产品本身，基于统一规范，实现对产品、行为、功能、用例等模型模板及库的资源分析和整理，应用统一规范实现对产品模型、行为、流程及界面模板的统一定义。如图 3-6 所示，MODELWORX 采用创新开发模式，加速智能一体化工业软件系统的定制开发；采用分布式管理技术，实现模型库的高效管理与应用；应用模型驱动技术使开发过程显性化，利于实现系统的低代码、无代码的敏捷开发；采用底层架构通用化、领域问题个性化的模式，应用产品模型实现了通用性和个性化的统一。

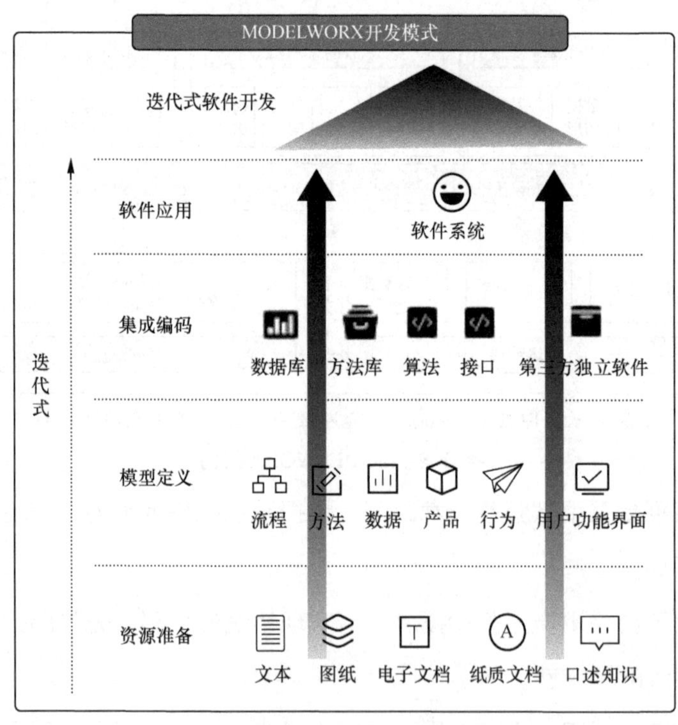

图 3–6　MODELWORX 开发模式

MODELWORX 聚焦数字孪生、工业互联网、工业大数据、IoT 及数字化转型升级，依托模型驱动及微服务等软件工程技术的融合应用技术，以及在此基础上的工业软件架构设计规则，提供工业软件平台框架开发的理论和方法依据，解决技术瓶颈；应用工业软件平台框架，开发各类行业性数字孪生平台及应用，解决模型驱动的复杂工业产品多学科全流程协同设计建模、仿真优化、预测分析方法的问题。MODELWORX 实现代码模型化的过程如图 3-7 所示。

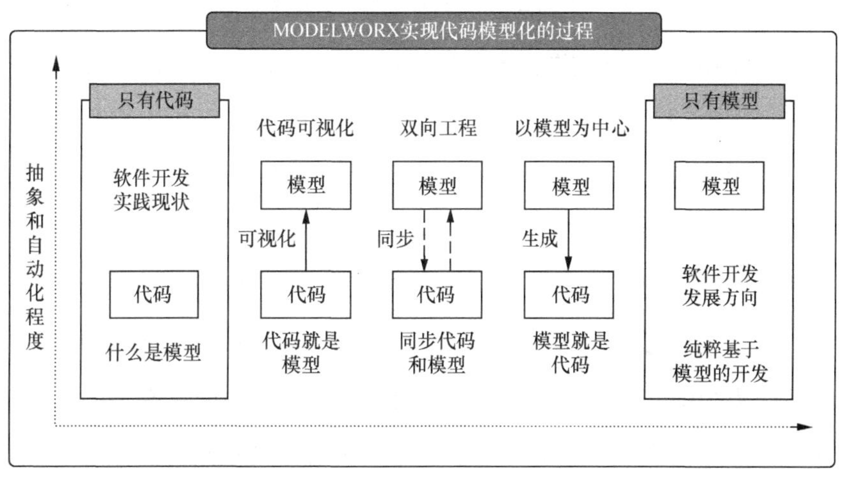

图 3-7　MODELWORX 实现代码模型化的过程

MODELWORX 通过用例库积累的方式，形成覆盖智能制造、航空航天、船舶、工程机械和工业自动化系统等多个工业领域，产品、设备、产线和系统等多种产品对象，以及设计、制造、运维和管理等全生命周期的工业软件产品及解决方案体系，为工业软件向专业化和平台化方向发展提供基础能力支持。通过 MODELWORX 的应用，制造业客户的智能化设计、制造、运维及管理能力大大提升，企业实现对系统各生产要素内在机理的全方位把控，扩展工业软件系统的应用场景，降低开发成本，并最终提升工业软件平台的精确性、稳定性和可扩展性，有效提升我国制造业的基础技术水平。

3.1.3 世冠科技的 GCAir

1. 产品主要特点

北京世冠金洋科技发展有限公司自主研发的数字孪生产品工具 GCAir 及技术解决方案适用于航空航天、车辆、船舶、工程机械等行业的产品研发工作全流程。集成、仿真、测试一体化平台 GCAir 可应用于产品从设计研发到运行维护的全生命周期，能够在同一平台上完成架构设计、功能设计、性能设计、虚拟测试、半实物测试，实现自产品设计到产品运维的全过程数字化，为工业用户提供开放、自主、可控的 MBSE 工具支撑，促进数字化与工业产品研发流程融合。

在产品方案 / 概念设计中，GCAir 能够基于同一套系统仿真模型提供多方案、多角度的快速比较功能，至少包括系统的可靠性分析、功能分析、动态性能分析等；重点关注系统需求的定义、系统及元件功能和性能指标的定义。

在子系统和元部件的详细设计中，GCAir 重点关注系统的功能实现及详细设计，能够支持工业产品子系统和元部件的详细设计，实现控制模型与机电系统等子系统的并行开发，并进行完整的系统动态性能研究。

在系统集成方面，GCAir 能够实现工业产品完整的系统集成，包括控制软件与机电系统的虚拟集成、真实硬件与机电系统的硬件在环（HiL）集成，仿真分析产品的系统级表现及完整系统的可靠性。

在系统测试中，基于 GCAir 仿真系统开发的自动化测试工具 TestManager 可以提高测试效率、系统级测试覆盖率及测试有效性，能够实现系统级的自动化智能测试，并自动生成和整理测试报告。

GCAir 的推出为产品研发过程中出现的几个关键问题提供了有效的解决方案。首先，基于 MBSE 思想及多源异构模型集成技术研发的集成、仿真、测试一体化平台 GCAir 将产品研发中仿真技术的应用提高到了系统整体层面，解决了产品研发中企业缺乏系统级协同仿真平台的问题。其次，在产品需求分析和架构设计阶段，GCAir 的架构设计模块能够继承基于系统建模语言的建模工具（如 Rhapsody 等）所得到的逻辑设计结果，GCAir 自动构建适配需求的系统架构，解决了系统需求模型与系统架构设计分离的问题。再次，在产品方案设计、详细设计和测试阶段，企业能够基于 GCAir 分别进行模型在环（MiL）测试、软件在环（SiL）测试及硬件在环（HiL）测试，使问题暴露在产品研发的前期阶段并得到解决。GCAir 解决了真实测试阶段发现问题太晚、设计修正成本提高、影响系统研制进度的问题。最后，基于 GCAir 开发的能够实现从全虚拟仿真到半实物测试便捷切换的半实物仿真测试一体化平台，主要包括实时操作系统、半实物仿真环境、实时仿真引擎，能够在同一平台上进行全虚拟、半实物两种测试，避免了重复建模，实现了模型复用最大化，解决了产品研发过程中设计和测试分离的问题。

2. 功能创新性

GCAir 是面向“陆、海、空、天”等领域，能够集成机、电、液、热、气、电磁、运动、控制等多专业、多源异构模型的系统级协同仿真软件平台，在系统集成仿真和虚实一体化测试方面具备核心竞争力。GCAir 具有以下关键技术和创新性。

（1）关键技术

① 多源异构模型集成技术

GCAir 模型集成采用了国际上统一的通用接口标准——FMI 标准，实现了接口规范化，即 GCAir 能够将多源异构模型封装成 FMU（基于该接口规范的模型的压缩文件），将外部软件系统、硬件系统、脚本封装为伪 FMU，并提供 FMI 标准接口，按照标准加载 FMI 格式模型，与 FMU 一同组成模型库，并调度模块进行仿真。

② 基于元模型的系统图形化设计技术

GCAir 系统架构设计工具 System Architect（SA）为系统提供了良好的图

形化人机交互界面，能够实现面向总体视角的多层次系统框架设计与管理、灵活的内部逻辑详细设计及产品模型库与系统快速原型构建。

③ 基于 GCAir 开发的半实物仿真系统

基于 GCAir 开发的半实物仿真系统能够复用从全虚拟仿真到半物理仿真的所有资源，支持接入自主研发的实时仿真机、模拟量 / 数字量 / 总线接口和多种类型板卡，支持符合传输控制协议（TCP）接口的程序及组件对象模型（COM）调用、多线程分配；全虚拟和半实物统一的仿真平台优化了硬件资源，提升了仿真的准确性。

④ 基于需求的自动化测试

自主开发的自动化测试工具 TestManager 能够对 GCAir 创建的系统工程进行批量的自动化测试，对需求 / 测试用例配置与结果进行评估，对系统性能进行针对性测试，自动评估批量测试结果、生成测试报告并自定义结果输出内容，对建模品质进行质量把控，确保每个环节的研发质量。同时，它还为用户带来了测试覆盖率提高、人工投入减少、模型 / 系统自检测、仿真质量提高、研发周期缩短等收益。

（2）创新性

① 虚实融合的一体化验证平台

GCAir 不仅能够在设计阶段构建系统虚拟模型，完成产品研发中需求的承接、系统设计及组件设计与仿真，而且能够在验证阶段利用其半实物仿真系统将系统部件实物进行集成测试，完成系统应用验证、系统集成测试及组件实物的调试与验证，实现产品研发中虚拟模型和实物制造的虚实融合。

② 一键式对象状态切换

研究人员基于 GCAir 开发了能够实现从全虚拟仿真测试到半实物仿真测试便捷切换的半实物仿真系统，该系统能够在同一平台上进行两种测试。在上位机 GCAir 软件中进行硬件的端口映射配置，可以实现仿真系统数学模型和实物对象的一键式切换。这样既避免了重复建模，实现了模型复用最大化，减少了人力投入，又避免了在模型转换过程中出现数据损失，减少了仿真结果的误差。

③ 故障模式与仿真评估

GCAir 还在软件中内嵌了方便快捷的故障注入模块，能够在信号层面进行基于数学模型的故障设计，并基于硬件设备进行故障注入，GCAir 主机工具可进行仿真设置和故障触发操作等一系列工程配置，实现快捷的故障注入和故障模式下的仿真试验评估，在处理 2D 显示模块及 3D 视景时直观显示系统发生故障后的性能变化和故障现象。

3. 推广应用性

在具体应用中，GCAir 能够实现产品设计的持续快速迭代，使架构设计的整体效率提高 50% 以上，使研发周期缩短 40% 以上；构建产品数字孪生体并在测试中准确定位与诊断产品故障，使产品维修费用减少 25% ～ 50%。

3.2　数字线程工具供应商的管理壳平台工具

3.2.1　东软集团的管理壳平台工具

1. 产品主要特点

东软集团的管理壳平台工具基于工业互联网标准架构，可提供平台网关和终端网关软件开发工具包（SDK）组件，平台可适配标准工业协议（如 Modbus 等），支持私有协议解析框架，快速配置解析脚本，实现私有协议的快速解析；支持多种网络传输方式和传输协议；支持基于 SDK 完成工业实时数据的加密传输，并支持超文本传输安全协议（HTTPS），确保数据安全。

该平台致力于构建面向物理对象的精准数字化映射，基于工业通信实现设备数据的有效集成、基于信息模型实现物理对象的语法统一，以及基于多模型融合实现物理对象的语义统一，进而完成工业细分领域的数据互联、信息互通及模型互操作等。

2. 功能创新性

该平台提供完善的协议解析框架，通过边缘网关 SDK 解决设备与设备、设备与平台之间的信息互通问题；提供物模型定义，通过对设备类型、设备型号、部件配置等的综合管理来实现设备的通信及互操作；提供数据分析模型配置及模型应用配置，实现模型管理、模型与物之间的互操作管理，以及模型与建模工具之间的交互接口；提供数据转发和接口等数据服务，实现基于物模型的数字线程服务。

3. 推广应用性

管理壳平台主要服务于以设备为中心的设备密集型企业用户，包括设备生产商、运维商、设备用户。新能源、智慧城市、轨道交通等行业借助 IoT 智能的发展将获得前所未有的蓝海机遇。

在智能应用方面的推广过程中，该平台支持智能应用的市集模式。基于管理与智能化应用服务平台，解决方案服务商与智慧工业企业间可进行深度对接，实现解决方案的高效复制推广，以及智能化方案的资源集中和成本降低。该平台已广泛应用于空调、风电、火电、石油化工和车联网等领域。

3.2.2 菲尼克斯的电气管理壳平台工具

1. 产品主要特点

资产管理壳（AAS）作为工业 4.0 实现设备节点间的数据交换接口，解决了工业 4.0 设备间的互感互知问题。

作为数字孪生的承载者，AAS 完全遵循 IEC 62890 产品生命周期价值链规范，以 Type 和 Instance 作为概念设计基础，创建 AAS 的数据模型。在数据模型内部，研究人员按照 Administration Asset Shell、Asset、Submodel、SubmodelElement 的架构进行设备 AAS 软件的开发，同时提取 Submodel 和

SubmodelElement 的数据共性，引入 ConceptDescription 的字典应用，极大地简便了 AAS 的开发过程。

2. **功能创新性**

在数据模型的创建过程中，AAS 严格遵循 IEC 61360 的数据定义规范，使用 eCl@ss 标准化的数字描述语言，保证了设备资产数字化描述的唯一性，也使实现设备的互感互知成为可能。满足工业 4.0 设备互访操作的设备 AAS 如图 3-8 所示。

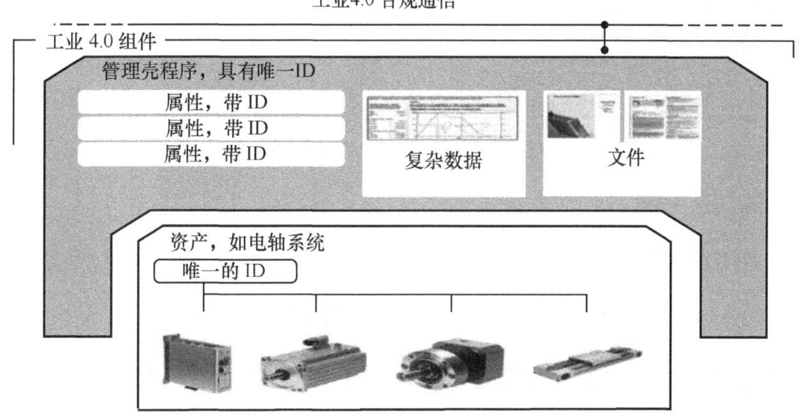

图 3-8 满足工业 4.0 设备互访操作的设备 AAS

菲尼克斯电气公司（简称菲尼克斯）联合 FESTO 等德国企业进行 AAS 应用的开发，目前已经完成了 AASServer、AASClient、AASExplorer 及部分其他产品的 AAS 开发工作。

AASExplorer 是一款面向操作者的 AAS 编辑与查看软件，基于 C# 语言开发，具有良好的平台通用性。除查看、编辑功能之外，AASExplorer 还集成了服务器功能，可提供 REST、OPC-UA 通信接口，方便开发者验证 AAS 的网络通信。软件的功能界面非常简洁，利于操作者迅速上手，如图 3-9 所示。其丰富的功能还在逐步开发完善中。

目前，菲尼克斯的 AAS 平台工具已完成测试床开发，在人工智能制造示范设备的基础上，研究人员将进行 AAS 的应用拓展和升级。

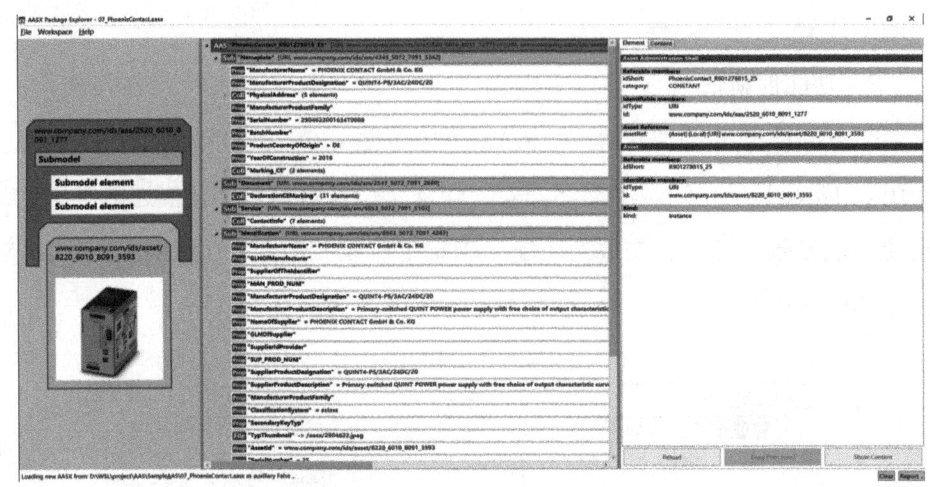

图 3-9　AASExplorer 界面

3. 推广应用性

人工智能制造示范设备是菲尼克斯投资搭建的智能制造应用研究平台，涵盖了工业 4.0 的智能工厂、智能产品、智能服务 3 个维度。人工智能制造示范设备以蓝牙音箱与多功能支架定制组合的智能产品为生产对象，包含智能订单、智能物流、智能装配、智能包装、智能交付等智能工厂环节，并利用 AI 的语音识别、人脸识别、数据挖掘等应用，为客户提供从订单到交付各环节的整体体验。

3.2.3　中国科学院沈阳自动化研究所的管理壳平台工具

1. 产品主要特点

该产品旨在面向工业互联网创新发展工程、边缘协议解析及管理项目中管理壳平台工具的研发和应用需求，构建基于云的标准模型库，以及面向汽车、冶金铸造、3C、光伏设备、装备制造、化工和机器人七大行业的实例模型库；制定管理壳平台工具元模型、类模型和实例模型标准草案；研发管理壳平台工具、标准化组态实施工具和边缘硬件网关 / 适配器；解决在供应链维度、纵向集成维度和全生命周期价值链维度中，七大行业 8 个工业场景信息物理不融合的痛点和难题；实现信息物理系统（CPS）管理壳技术成果的推广应用，支撑基于自主技术体系的边缘计算生态体系的构建。

管理壳平台工具的开发流程有云库平台管理、管理壳配置建模、管理壳业务模型绑定和管理壳业务测试 4 个步骤，具体如下。

管理壳平台工具首页如图 3-10 所示。

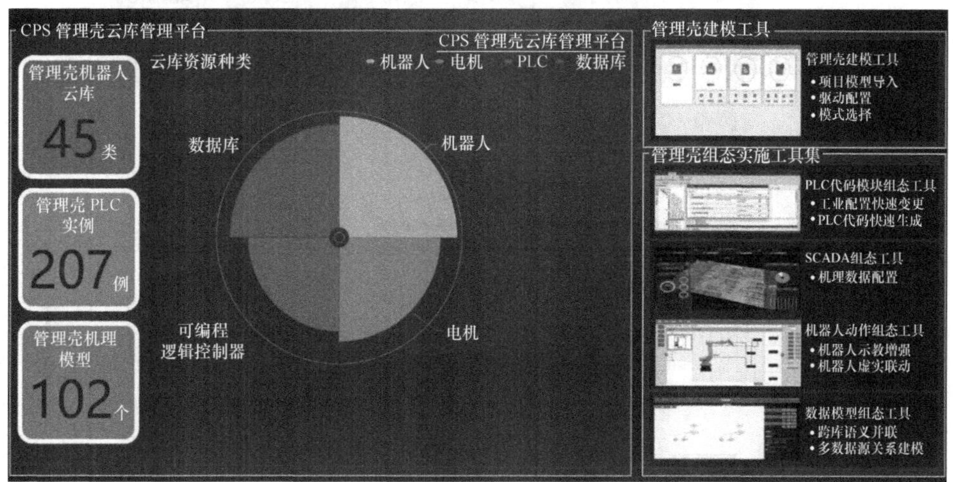

图 3-10　管理壳平台工具首页

云库平台管理，通过云库平台对模型进行统一管理，如图 3-11 所示。

管理壳配置建模，利用纯配置的方式进行管理壳数据采集和处理模型的建立，如图 3-12 和图 3-13 所示。

管理壳业务模型绑定，指的是根据平台内置的算法模型，将元素模型与算法模型相结合，形成最终的业务模型，如图 3-14 所示。

管理壳业务测试，指的是当建立完业务模型之后，平台可以与实际设备相结合，进行最终测试并应用（如虚实联动），如图 3-15 所示。

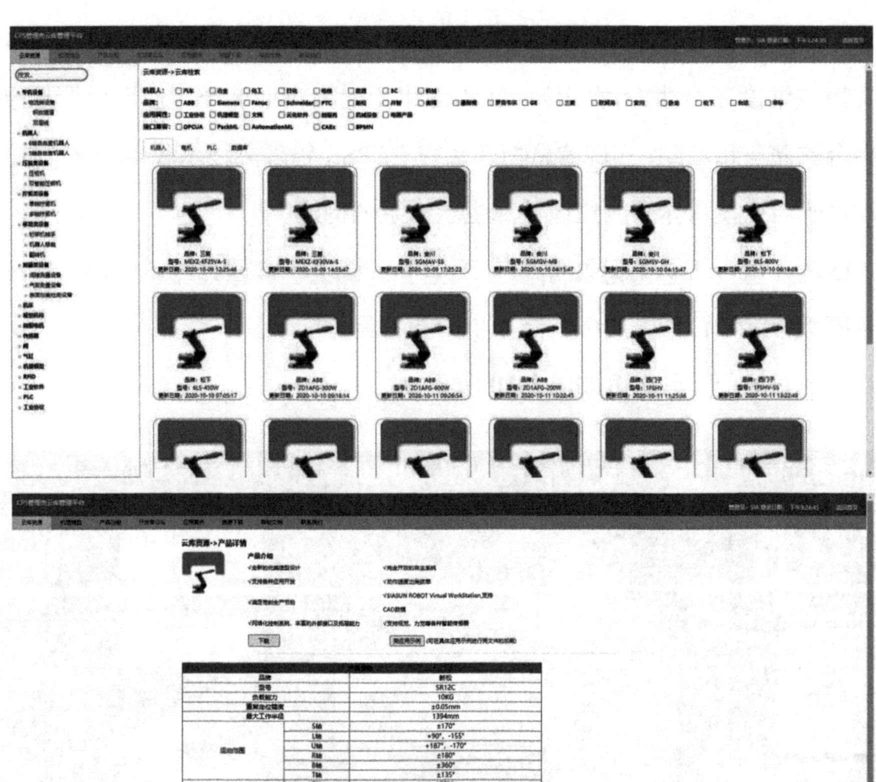

图 3-11　云库平台管理

图 3-12　管理壳配置建模

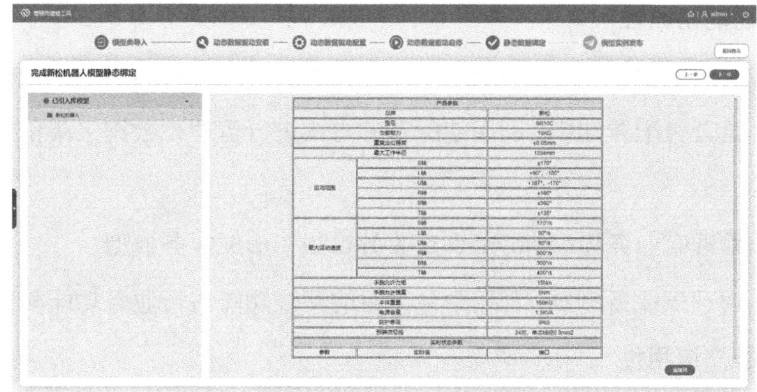

图 3-13　管理壳建模工具

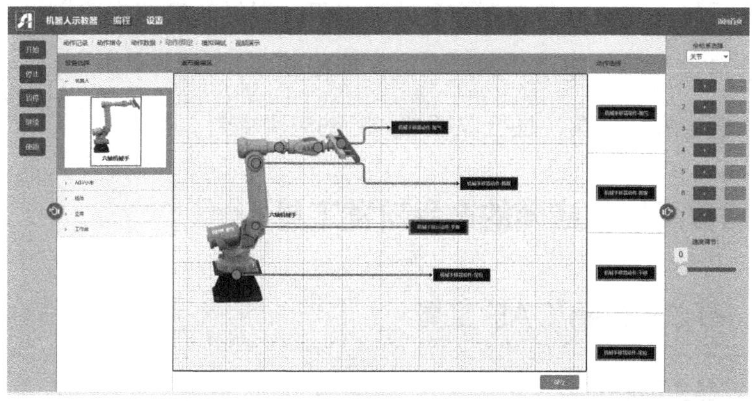

图 3-14　管理壳业务模型绑定

图 3-15　管理壳业务测试

2. 功能创新性

（1）云库平台管理：通过云库平台对模型进行统一管理。

（2）管理壳配置建模：利用纯配置的方式进行管理壳数据采集和处理模型的建立。

（3）管理壳业务模型绑定：绑定业务算法，形成业务模型。

（4）管理壳业务测试：利用平台内置的测试功能进行业务功能测试。

3. 推广应用性

目前，管理壳平台工具已应用于石化、汽车、铸管和电梯等多个领域，该平台在采集完工业业务数据之后，利用平台提供的管理壳建模方式对业务数据和业务逻辑进行建模，然后形成机理模型库，并借助实际场景的需要进行组态实例化解壳工作，是行业领域实际的应用平台。

3.3 建模工具供应商的产品研发工具

3.3.1 PTC-Creo/CAE 工具

1. 产品主要特点

Creo 的推出，正是为了从根本上解决制造企业在 CAD 软件应用中面临的核心问题，从而将企业的创新能力真正发挥出来，帮助企业提升研发协作水平，使 CAD 应用真正提高效率，为企业创造价值。

困扰制造企业在应用 CAD 软件过程中的四大难题如下。

（1）易用性有待提高。CAD 软件虽然在技术上已经逐渐成熟，但是软件的操作步骤仍较复杂，易用性有待提高。

（2）缺少互操作性。不同设计软件的造型与操作方法各异，包括特征造型、直觉造型等，2D 设计还在被广泛应用。但这些软件相对独立，操作方法完全不同，而对于客户来说，鱼和熊掌不可兼得。

（3）数据转换成本高。这个问题依然是 CAD 软件应用中的大问题。一些厂商试图通过图形文件的标准来锁定用户，因而导致用户有很高的数据转换成本。

（4）配置需求存在差异。由于客户需求的差异，往往会出现因为配置复杂而大大延长产品交付时间的情况。

Creo 是一个可伸缩的套件，集成了多个可互操作的应用程序，功能覆盖整个产品开发领域。Creo 的产品设计应用程序使企业中的每个人都能使用最适合自己的工具，因此企业中的每个人都可以全面参与产品开发过程。除 Creo Parametric 之外，还有多个独立的应用程序在 2D 和 3D CAD 建模、分析及可视化方面提供了新的功能。Creo 还提供了互操作性，可确保内部团队与外部团队轻松共享数据。Creo 的主要应用程序如表 3-1 所示。

表 3–1　Creo 的主要应用程序

<table>
<tr><th>名称</th><th>应用程序</th><th>简介</th></tr>
<tr><td rowspan="3">Creo</td><td>Creo Parametric</td><td>拥有强大的 3D 参数化建模功能；扩展提供了更多无缝集成的 3D CAD/CAID/CAM/CAE 功能，新的扩展功能将拥有更强的设计灵活性</td></tr>
<tr><td>Creo Simulate</td><td>提供分析师进行结构仿真和热能仿真所需要的功能</td></tr>
<tr><td>Creo Direct</td><td>通过直接建模提供快速、灵活的 3D 几何创建和编辑功能；拥有与 Creo 参数化功能前所未有的协同性，从而使设计更加灵活</td></tr>
<tr><td colspan="2">Creo Sketch</td><td>为构思和设计概念提供简单的 2D“手绘”功能</td></tr>
<tr><td colspan="2">Creo Layout</td><td>捕捉早期的 2D 概念布局，最终推动 3D 设计</td></tr>
<tr><td rowspan="2">Creo View</td><td>Creo View MCAD</td><td>可视化机械 CAD 信息以便加快设计审阅速度</td></tr>
<tr><td>Creo View ECAD</td><td>快速查看和分析 ECAD 信息</td></tr>
<tr><td colspan="2">Creo Schematics</td><td>创建管道和电缆布线系统设计的 2D 图</td></tr>
<tr><td colspan="2">Creo Illustrate</td><td>针对 3D 技术的插图功能，将复杂的服务、零部件、培训、工作指导等信息连接起来，以 3D 图形的方式提高产品的可用性等性能</td></tr>
</table>

2. 功能创新性

Creo 提供了以下 4 项突破性技术，突破了长期以来与 CAD 环境中的可用性、互操作性、技术锁定和装配管理关联的瓶颈。

（1）AnyRole Apps（任何角色应用）。Creo 在恰当的时间为正确的用户提供合适的工具，使组织中的所有人都参与到产品的开发过程中，可激发他们的新思路、创造力，并提高工作效率。

（2）AnyMode Modeling（任意模式建模）。Creo 提供业内唯一真正的多范型设计平台，使用户能够采用 2D、3D 等方式进行设计。在某一种模式下创建的数据能在其他任何模式中访问和重用，每个用户可以在所选择的模式中使用自己或他人的数据。此外，Creo 的 AnyMode Modeling 可使用户在模式之间进行无缝切换而不丢失信息，从而提高团队的工作效率。

（3）AnyData Adoption（任何数据采用）。能够统一使用任何 CAD 系统生成的数据，从而实现多个 CAD 的设计价值。参与整个产品开发流程的每个人都能够获取并重用 Creo 产品设计应用软件所创建的重要信息。此外，Creo 将提高原有系统数据的重用率，降低技术锁定所需要的高昂转换成本。

（4）AnyBOM Assembly（任何物料清单装配体）。Creo 为团队提供所需要的能力和可扩展性，以创建、验证和重用高度可配置产品的信息。利用 BOM 驱动组件及与 PTC Windchill PLM 软件的紧密集成，团队乃至企业将实现前所未有的效率和价值。

3. 推广应用性

Creo 支持离散制造商产品设计的计算机辅助设计应用。

PTC 发布的 Creo Simulation Live 解决方案结合了 PTC 和 ANSYS 在设计及模拟方面的能力。Creo Simulation Live 能在设计环境中直接实现实时模拟，帮助设计工程师在做出决策时了解其决策的影响。

3.3.2 艾迪普的 iArtist 3D 实时建模工具

1. 产品主要特点

iArtist 是一款动态 3D 建模工具软件，可以集成多种 3D 物件和特效元素，呈现特有的效果。同时，该工具软件也可以完成对数据信息连接的设定，以便于将实时渲染出来的 3D 模型与数据信息快速连接到一起，实时展现生产现场中的设备、产线、监控信息。此外，通过软件构建的数字化场景可以随时增加和修改展示的内容与形式，满足后续发展所需要的高度灵活性及可拓展性。

2. 功能创新性

（1）所有操作所见即所得，无须等待渲染时间

在整个界面中，用户可以拖曳物件迅速生成数字化场景，并可以立即在渲染窗口中预览效果。同时可以直接拖曳特效元素（贴图、材质、特效工具）到场景中和场景的物件上。用户可以实时在预览窗中看到动画特技效果。

（2）内置丰富的 3D 创作物件

软件内置丰富的 3D 创作物件，对于数字孪生场景下数据的呈现，可以快速创建诸如柱图、饼图、3D 地图等模型，不需要复杂的建模过程，只需要简单勾画出物件的形状即可。

（3）拥有强大的数据处理能力

软件可直接连接数据中心，方便、灵活地读取数据中心的数据，数据筛选和分析功能使得庞杂的数据瞬间变得简单化。同时软件支持各种数据来源，支持数据库直接接入，也支持传统网络流接口数据接入，还可以直接通过 Web 页面获取数据。

（4）包含可任意编程的数据接口

软件内置的 3D 图像渲染引擎 IDPRE 包含了非常丰富的应用程序接口（API），用户可以通过对这些 API 的编程管理实现对所有展示效果的控制，并可以通过这些 API 完成对显示数据的自动更新。为了避免过于复杂的外部编程工作，IDPRE 也支持用户在软件内部编写控制脚本，可以实现对显示及数据信息的自动处理，进而降低外部编程的复杂程度，达到快速易用的目的。

（5）可视化节点式逻辑编排

传统数字化场景的搭建通常需要编写大量代码，大场景、复杂产线流程的搭建更需要耗费大量的人力、物力。用户通过运用封装好相应算法的交互逻辑节点，利用可视化的逻辑编排方式可以实现各类数字孪生场景中 3D 模型与数据、3D 场景与特效、各类人机交互应用的快速搭建。同时，预制的各类逻辑节点可以帮助用户快速完成数据计算，以及逻辑判断等逻辑方面的运算，配合 3D 模型展示诸如报警信息、综合数据指标等内容。

3. 推广应用性

艾迪普科技股份有限公司（简称艾迪普）与高校协力打造的化工数字孪生实验室，借助艾迪普强大的 IDPRE 3D 图像渲染引擎技术，结合实时 3D 建模工具、3D 实时可视化交互工具，在数字图形资产云平台的资源支撑下，构建工业级的数字孪生实训平台。

化工数字孪生实验系统作为高校开展实验教学的基本单元，其建设水平直接决定了实验教学的整体质量。开展示范性数字孪生实验教学项目建设，是推进现代信息技术与实验教学项目深度融合、拓展实验教学内容广度和深度、延伸实验教学时间和空间、提升实验教学质量和水平的重要举措。

（1）教学层面

利用化工数字孪生实验系统逼真、立体的实时 3D 动态模型，使抽象的实验过程以高度还原现实的方式呈现出来。在提升教学效果方面，教师可结合实际的教学需求，最大限度地发挥虚拟设备的资源优势，借助实时交互手段，提升学生的感官体验，使学生置身其中，最大限度地激发学生的自主实验兴趣，为今后工作中的实际操作奠定基础。

（2）科研层面

利用数字孪生体完成一系列常规条件下不能完成的实验，如复杂实验、危险性实验、破坏性实验、反应周期过长实验、无法控制反应过程及通过传统实验方式无法完成的实验等。规避可能发生的危险，积累相关模拟数据，为优化实验流程积累经验。同时也可以将数据模型输出给企业。

（3）校企合作层面

企业为高校提供与生产作业相同的实体设备，高校利用数字孪生实验室有针对性地为企业培养定向人才。在校学习与企业实践相结合，强化了学校与企业资源、信息共享的双赢模式，也使化工领域的人才培养应社会所需，与市场接轨。

3.3.3　云道智造的 Simdroid

1. 产品主要特点

北京云道智造科技有限公司（简称云道智造）的核心产品 Simdroid，采用了“仿真平台 + 仿真 App”的模式，以一个统一的、强大的、开放不开源的仿真引擎作为底层平台，支持面向工业仿真应用场景的仿真 App 的开发和运行。

Simdroid 仿真内核已覆盖固体力学、流体力学、电动力学和热力学四大物理场，具备多物理场耦合仿真模块。

基于此自主仿真内核，该公司开发完成了可视化的仿真开发环境，可分为仿真环境和 App 开发器两个模块。在仿真环境中，该公司提供了包含参数 / 函数定义、几何建模、网格剖分、材料和材料库、分析设置、边界条件和激励 / 荷载设置、后处理结果可视化等覆盖仿真建模分析全流程的工具，仿真工程师在仿真环境开展模型创建、前处理设置、计算、结果提取和查看等工作。Simdroid 仿真环境（某电磁模型仿真结果）如图 3-16 所示。

App 开发器为无代码化的仿真 App 开发环境，内置多种常用界面控件，如按钮、输入框、滑动条、视图窗口、标签、图表等，与仿真环境数据统一，支持仿真工程师通过鼠标拖曳、键盘输入等无代码操作快速对仿真环境中的参数化模型、仿真流程和仿真经验进行封装，生成具有定制化用户界面的仿真 App。App 开发器同时提供了仿真 App 的编译工具，仿真工程师可以将封装好的仿真 App 编译生成可脱离 Simdroid 独立运行的可执行程序，便于仿真工具的分享和使用。Simdroid App 开发器如图 3-17 所示。

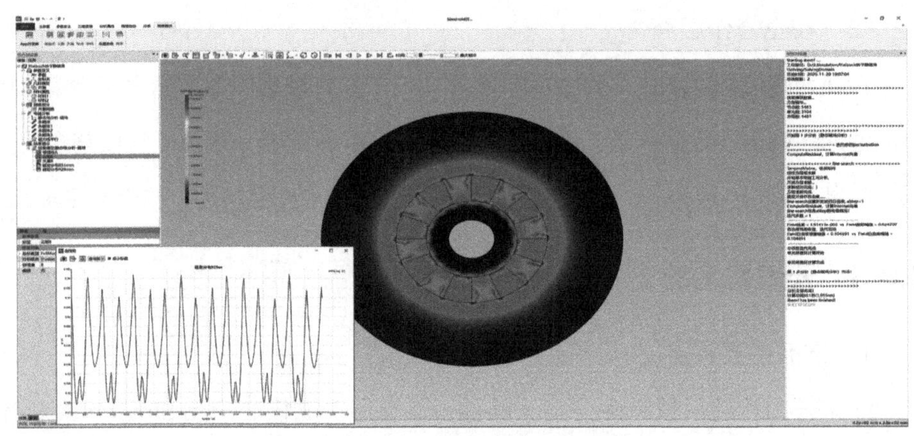

图 3-16　Simdroid 仿真环境（某电磁模型仿真结果）

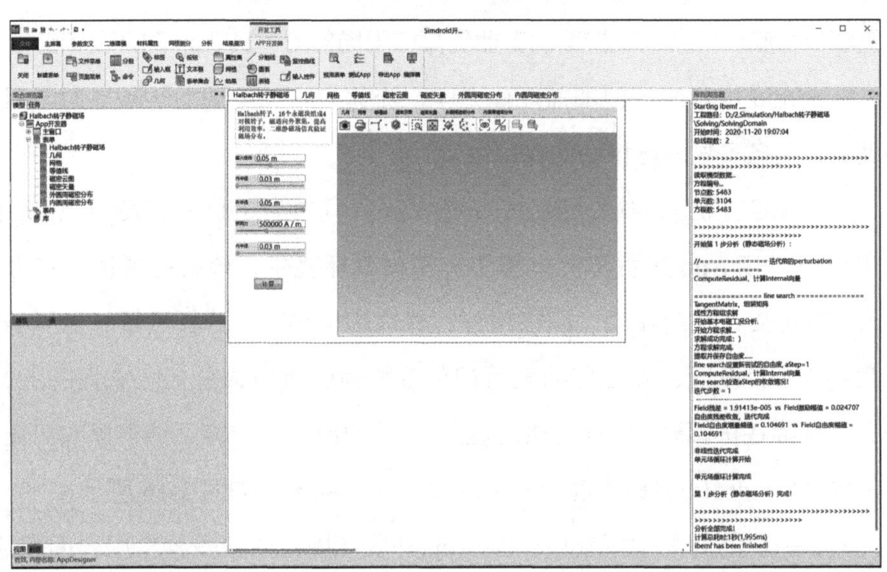

图 3-17　Simdroid App 开发器

使用 Simdroid 开发的各行业仿真 App 将在“仿真 App 商店”中集中呈现。仿真 App 商店如图 3-18 所示。对于工业企业用户来说，无须理解仿真操作系统和仿真 App 的开发过程，无须安装任何仿真软件，只需要直接登录“仿真 App 商店”，就可以找到自己需要的仿真计算工具。仿真 App 既可以在云平台上完成计算，也可以编译、下载到本地长期重复使用。如果没有找到合适的 App，则可联系 App 的开发者进行定制开发。

App商店

The Cloud Android Of SimJlation

登录

搜索App

双齿轮接触仿真

大齿轮施加强制转角，小齿轮在中心处施加扭转弹簧，弹簧刚度可变，计算齿轮的转动和接触。

橡胶大变形仿真

本案例为超弹性材料的基准案例，采用通用静力分析将上侧板下压与超弹性橡胶柱体接触，在移动过程中慢慢与刚性壁发生接触变形。整……

曲轴受离心荷载分析

本案例采用通用静力分析，二阶四面体单元模拟曲轴在高速运转过程中产生的离心荷载作用从而引起的应力和变形情况。

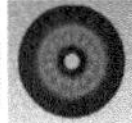

Halbach转子

Halbach转子，16个永磁块组成4对极转子，磁通向外聚集，提高利用效率，二维静磁场仿真验证磁场分布。

永磁无刷直接电机

永磁无刷直接电机，场路耦合，仿真其性能，计算磁密分布、气隙磁密、绕组磁链、绕组电压、绕组电流、转子转矩。

易拉罐屈曲分析

本案例采用线性屈曲分析，对易拉罐进行壳单元建模，固定约束易拉罐底面，在上端施加向下的从小到大的压力载荷，研究此结构在特定……

飞轮受离心力分析

本案例建立了1/8飞轮模型，在局部坐标系下进行边界条件约束，施加离心荷载模拟飞轮在高速运转过程中的受力与变形情况。采用二……

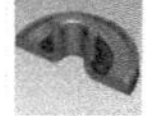

法兰盘感应淬火仿真

本案例为温度载荷和压力载荷共同作用下的仿真分析，几何模型分为法兰盘和淬火区，整体采用二阶四面体网格，两部件间共节点；法兰……

联板金具线性屈曲仿真

本案例为线性屈曲分析基准问题，联板采用二阶六面体单元，计算其临界载荷值，通过结果查看前几阶屈曲振型云图。

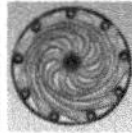

板簧刚度仿真

本案例为多载荷步仿真，首先计算钢板弹簧的前几阶约束模态，再在中心孔处施加轴向位移考察板簧的刚度特性。两个分析采用多载荷步……

NACA翼型

该App可模拟所有NACA四位数翼型在流体中的流动，用户可调节翼型的弦长、攻角等参数【网格】结构网络；边界层【流……

防振锤防振特性仿真

本案例基于频率特性，使用谐响应模态叠加法求解线夹简谐振动时防振锤的消耗功率，得到防振锤的防振特性。通过修改速度载荷大小计……

图 3-18 仿真 App 商店

基于 Simdroid，仿真 App 使用者、开发者、平台建设者将协力创造全新的工业仿真生态体系。仿真 App 使得包括中小企业在内的广大制造企业能够高效、便捷地利用计算机仿真技术提高设计、制造和运行维护水平，提高自身的核心竞争力。

2. 功能创新性

（1）无代码化的仿真 App 开发技术和工具

基于商业软件开发仿真 App，通常都需要借助 C#、Python 等编程语言实现，对仿真工程师的技术要求较高。Simdroid 仿真开发环境则实现了仿真 App 的无代码化开发，以构建完整的开发与设计流程为基础，对关键技术及应用场景进行抽象化，通过开发共性的用户界面（UI）控件对设计流程进行提取，使复杂的仿真设计流程简单化，实现了仿真 App 的快速开发，提升了仿真设计工程师的生产力。

（2）“仿真平台 + 仿真 App”的模式降低了仿真 App 的开发门槛和仿真技术的应用门槛

Simdroid 借鉴了移动互联网时代智能手机的成功模式，采用了“仿真平台 + 仿真 App”的模式。首先，在软件架构上，摒弃了传统商业软件“封闭大系统”的模式，采用“仿真操作系统 + 应用软件”的分层解耦模式，使主要依赖基础理论的“数学层”、依赖软件开发的“软件层”和依赖工业应用场景知识的“物理层”解耦分离，在技术上支持各个层面的分层协同开发；其次，在商业模式上，Simdroid 放弃了“桌面操作系统时代”的单纯软件销售模式，而是创造了多层次的商业协作机制和平台，使数学层的求解器、物理层的专业场景化 App 都能够实现大规模社会化交易和复用，调动了全社会各个层面的技术创新能力，用“众创、众包、共享”的生态化模式发展互联网时代的工业软件。

3. 推广应用性

云道智造基于 Simdroid 可以为客户提供以下服务：（1）提供仿真公有云平台，部署数万个仿真 App，解决中小制造企业常见的仿真难题；（2）根据企业特定需求定制开发仿真软件，部署私有云平台；（3）为企业定制开发仿真 App，固化企业知识、数据、模型和工艺流程。云道智造已为百余家企业提供了仿真技术服务，覆盖机械、电力、船舶、航空航天、医疗、汽车、轨道交通、电子、石油等重点行业。

3.3.4 普汉科技的多行业几何建模工具

1. 产品主要特点

广州市普汉科技有限公司（简称普汉科技）是一家专业从事自动化控制系统、建模工具研发与生产的高新技术企业，集研发、设计、生产、销售和服务于一体，现已形成多条成熟的运动控制系统产品线，生产了多个行业的几何建模工具，如 SmartLaser、LaserSoft、Digital Die Cutting System。几何建模工具拥有绘图功能、转换图形功能、加工算法、设备加工参数控制功能、仿真功能与开发接口六大核心功能。

（1）绘图功能。该功能支持 2D 几何图形的绘制，包括点、线、多边形、椭圆、贝塞尔曲线、文字等图形的绘制及图像插入。软件可以对图形进行节点优化、路径优化、曲线平滑、自动闭合图形、自动连接相连线段、自动合并重叠线段、阵列复制排布图形等操作。针对图像，软件可以进行图像亮度、对比度调整，轮廓识别提取，图像二值化转换，图像半抖动处理，将图像转换为扫描线等操作。

（2）转换图形功能。几何建模工具可以兼容市面上流行的绘图软件，支持 DXF、AI、PLT、SVG、DST、BMP、JPG、PNG 等格式的文件，可实现各系统间的无缝对接，并可进行二次调整。

（3）加工算法。将图形转换为加工文件，并根据图形自动匹配加工算法、轨迹平滑算法、曲线拟合算法、刀具半径补偿算法、最优切割路径算法等。

（4）设备加工参数控制功能。设置各类加工参数，如设置激光切割雕刻设备的激光加工功率、加工速度、雕刻方式、平滑系数、加工幅面等，设置数码刀模设备的切割路径、切割刀具、切割速度、切割次数、送料参数等，并可以通过网络、USB、RS-485、RS-232 等对机器进行远程控制。

（5）仿真功能。在加工图形、加工控制参数设置好的情况下，可以模拟仿真加工过程，确定图形、控制参数设置的正确性，估算加工时长等。

（6）开发接口。提供 SDK，供行业应用二次开发。提供与制造执行系统（MES）之间的接口，打通专业软件与制造企业车间执行层的生产信息化管理系统的通道，为智能制造赋能。可以直接将加工文件输出为可加工的 G 代码，方便集成厂家二次开发应用。

2. 功能创新性

曲线拟合算法：优化加工效果，减少加工时间，针对小线段密集的图形进行开发。企业根据误差限制生成保证精度的圆滑曲线拟合原有小线段图形，可以优化加工效果，减少加工时间。

自动刀尖补偿算法：保证刻刀的加工精度，针对刻刀加工行业开发，根据刀具半径对图形拐角处进行刀尖补偿，保证了刻刀的加工精度。

刀具半径补偿算法：提高作图效率，提升加工效果，针对铣床加工开发，根据刀具半径自动生成图形加工补偿刀路。

普汉科技针对计算机数控（CNC）领域开发了圆弧拟合曲线、圆弧拟合小线段功能，在提高加工效率的同时提高了表面加工光洁度。

该平台具备图形等距偏移功能，可根据图形生成任意等距放大或缩小的图形；具备轮廓提取功能，一键直接识别提取图像中的轮廓图形；具备路径自动优化功能，自动选择最佳的图形加工顺序，自动选择最佳的加工切入点及最佳的加工方向；具备添加引入引出线、封口长度功能，根据工艺需要自动为指定图形生成下刀、收刀引线，确保图形轮廓完美闭合。

跨平台：SmartLaser 几何建模工具采用 QT（应用程序开发框架）开发，支持跨平台应用，可以将其应用到 Linux、macos、Windows 操作系统上，且可以实现自主可控。

创新成果：该平台获得了 9 项几何建模工具相关的著作权，3 项关于几何建模算法的发明专利，6 项关于配套几何建模工具设计的激光切割雕刻设备相关的专利。

3. 推广应用性

该产品已经应用于激光行业、刀模切割行业、眼镜切割行业。激光行业从 2009 年开始应用该产品，已经迭代到第 7 个版本，支持激光切割与雕刻，已经服务了几万名客户。刀模切割行业实现了数码刀模切割，打破了传统行业刀模切割需要先制作刀模再进行切割的工序，直接由系统进行计算，实现了无刀模工序直接切割，大大节省了成本。眼镜切割行业实现了眼镜切割过程中刀具自动更换、切割路径优化、图层的设置优化，大大简化了复杂的操作过程。

目前，普汉科技主要将产品供应给激光设备制造厂家、刀模切割设备厂家、眼镜切割设备厂家及其他采用平面加工的设备厂家。

3.3.5 数洋智慧的流体仿真平台 DO-CFD

1. 产品主要特点

北京数洋智慧科技有限公司（简称数洋智慧）的 DO-CFD，是一款计算流体力学的仿真平台软件，主要解决工业数字孪生环境下工程中的化学反应、热传递、湍流、固体动力学、电磁学等流体仿真问题，可以应用于航空航天、能源、船舶、水利、冶金、建筑、化工、土木、环境、食品等各个领域。应用场景普遍且广泛，囊括了大型场景如飞机、火箭、船舶、建筑、风电、汽车等的外部流场仿真，中型场景如化学反应器、发动机、锅炉等内部反应、燃烧、传热、传质过程的仿真模拟，小型场景如喷墨打印机喷墨、人体微血管内血液流动过程的仿真模拟。在工程设计阶段，企业运用 DO-CFD 进行仿真，相较于传统的实验方式，可以更快速且低成本地获取各类工况下设计所需的结果。

数洋智慧的 DO-CFD 有以下几个特点。

（1）将计算流体力学与深度学习相融合

① DO-CFD 在跨领域、跨尺度、跨类型模型融合技术方面可以支撑复杂的数字孪生模型构建。

② DO-CFD 可以提供多物理场建模仿真解决方案，通过模型融合技术支撑复杂孪生模型构建。

③ DO-CFD 能够利用深度学习算法进行计算流体力学仿真，获得整个工作范围内的流场分布降阶模型，在一定程度上可以极大地缩短仿真模拟时间。

④ DO-CFD 支持多尺度建模技术。通过建模工具融合不同时间、空间的模型，使孪生模型能够融合微观和宏观的多方面机理。

（2）可视化操作，界面友好

DO-CFD 通过客户端的可视化界面实现对程序和求解器的复杂流程操作，避免人工操作所需要的烦琐的文本编辑输入。多种形式的网格划分可以在可视化的场景下进行，用户能直观地了解网格、几何体、切面之间的关系和设置，更方便地调整网格划分方式与密度。可视化界面还能简化用户的使用流程，加快仿真的参数配置速度，有效提高工作效率。DO-CFD 便捷的可视化操作界面如图 3-19 所示。

（3）部署环境多样，具有丰富的第三方接口

在部署环境方面，用户既可将 DO-CFD 部署在 Windows 环境中，也可将 DO-CFD 部署在 Linux 环境中。该产品既支持单机部署，也支持以客户端 / 服务器方式部署。用户可以在小型工作站上部署，也可以在超算平台上部署。

鉴于仿真在求解复杂或精度要求较高的问题时普遍存在计算量大、计算时间长的特点，DO-CFD 能够充分利用硬件资源，具有高度可扩展性，支持任意数目处理器并行运行，同时支持基于图形处理器（GPU）的并行运算。

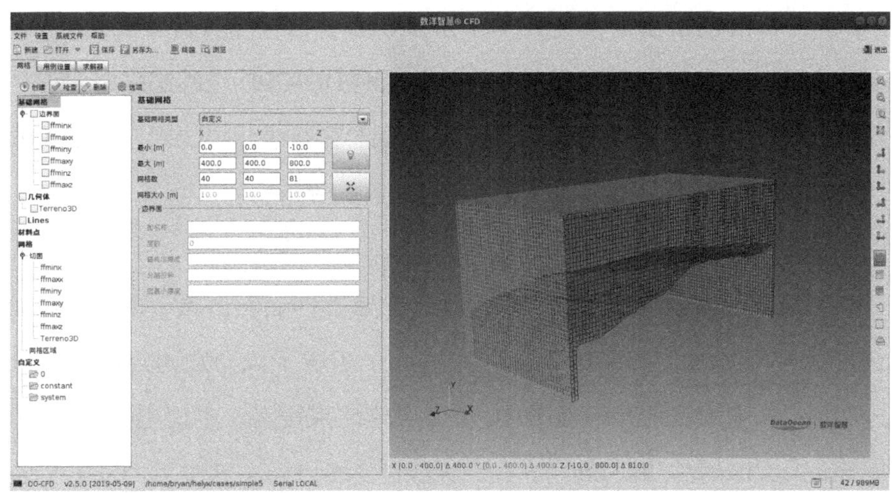

图 3–19 DO–CFD 便捷的可视化操作界面

当前，很多客户同时使用国外的计算流体力学仿真软件、地理信息系统（GIS）软件，DO-CFD 支持多种国外软件接口，便于用户对比相同问题在不同软件中的仿真效果，也便于用户将以往在国外软件中制作的网格导出，在 DO-CFD 中进行求解。当前 DO-CFD 可以支持国外主流软件如 Fluent、EnSight 等，DO-CFD 的后处理结果可以被直接转化为这些国外软件可读取的格式，方便用户同时使用。

2. 功能创新性

DO-CFD 的创新性表现在多样化的网格划分技术及丰富的求解器功能。

在网格划分方面，DO-CFD 支持结构化网格、非结构化网格、混合型网格、变形网格、重叠 / 拼接网格等，求解器和网格划分方法的丰富性使得 DO-CFD 可以有效支撑多行业、多领域应用，并有效解决复杂问题。

DO-CFD 提供的求解器种类丰富，可以实现从数值求解速势方程到求解 Euler 方程，从 Euler 方程附面层修正到求解完全雷诺平均（RANS）方程，从求解完全 RANS 方程到混合 RANS/ 大涡模拟（LES）方程、LES 方程，同时支持直接数值模拟（DNS）。

DO-CFD的创新性体现在3D可视化的操作界面，国内同类产品大多采用命令行式的网格划分操作界面，而数洋智慧的DO-CFD全程都采用图形化操作界面，便于用户所见即所得地调整网格等工况参数，减少用户在漫长的仿真计算过程中因为工况参数不适所引起的长时间等待。

3. 推广应用性

DO-CFD已被成功运用在火灾模拟、航空器件运行仿真、风力发电场微观选址等应用领域，并以微观选址为核心，拓展了风力发电经济性评价解决方案。400余家风能企业在2020年《风能北京宣言》中提出了“十四五”期间保证年均新增装机5000万千瓦以上的发展目标。这些风力发电机装在哪里才能产生最大的经济效益、获得最大的投资回报，使得以发电量仿真测算为核心的风力发电经济型评价解决方案变得尤为重要。数洋智慧把握这个机遇，直接向风机制造企业、风电场销售以DO-CFD为核心的风力发电经济型评价解决方案与尾流模拟解决方案。在与超算中心等合作伙伴共同开拓市场的情况下，数洋智慧提供DO-CFD，由使用者按照算力及DO-CFD使用次数付费。直销与渠道合作双管齐下，保证了DO-CFD使用规模的快速扩大。

3.3.6 英特仿真的INTESIM-MultiSim多物理场仿真及优化平台

1. 产品主要特点

英特工程仿真技术（大连）有限公司（简称英特仿真）的INTESIM-MultiSim多物理场仿真及优化平台是面向工程中对单场及多场耦合仿真的实际需求，提供的完整核心求解器解决方案。该产品具有以下优势及特点。

（1）丰富的物理场模型：将5种物理模型求解器集成到统一的平台上。

（2）强大的耦合方法体系：单元级强耦合、界面强耦合、跨求解器弱耦合。

（3）基于可靠度的优化设计：多场耦合，多目标的工程问题的优化算法。

（4）开放的技术集成平台、开放的 CAE 技术研发平台。

该平台在多场耦合分析技术方面具备世界领先的耦合方法体系，并且通过 INTESIM-GISCI 可实现第三方求解器耦合计算，满足不同行业用户对多场耦合分析的迫切需求。平台具备基于可靠度的寿命评估和优化软件，以及高性能计算软件等，可大幅降低企业用户的工作量，节省工时和提高工作效率。

INTESIM-MultiSim 多物理场仿真及优化平台具有以下四大核心功能软件。

（1）INTESIM-Structure 结构分析软件是英特仿真的核心产品之一，是技术领先的自主研发结构力学分析软件，具备强大的分析功能和丰富的软件配置。结构分析软件的适用范围非常广泛，包括航空航天结构（如飞机机身）、机械零部件（如叶轮、传动轴）、汽车结构（如车身骨架、悬置装置）、海洋结构（如船舶结构）、土木工程结构（如桥梁、建筑物）及应用于微尺度的微机电结构（如微泵、微电子芯片）。

（2）INTESIM-CFD1（全速流体力学计算软件）支持有限元法（FEM）和基于压力的格心有限体积法（FVM），该分析软件基于经典的流体动力学数值计算方法，可实现从不可压缩到亚、跨、超的全速流体力学计算，完成对物理问题的研究。为航空航天、汽车、机械重工、船舶等领域的相关问题提供解决方案。

（3）INTESIM-CFD2（基于密度的可压缩流体力学计算软件）用于解决可压缩流体的高超声速流动等问题的仿真计算，主要应用于高速航空航天器等高速仿真计算。

（4）INTESIM-Emag 3D 低频电磁分析软件包含电磁场、磁场、电流场、静电场分析及电路设计求解软件。INTESIM-Emag 可用于解决航空航天、风力发电、新能源动力汽车、电力电子等领域的电磁问题。INTESIM-Emag 以麦克斯韦方程作为电磁分析的出发点，有限元法计算的主要自由度为磁位和电位。INTESIM-Emag 可以从电磁效应、涡流等系统的分析中，获得电机、继电器、变压器、电磁阀等电磁元器件的整体特性；可以计算电磁体上的电磁力、电磁力矩和损耗等各项参数，同时可以形象、直观地提供电场和磁场密度分布的矢量图、云图。支持电磁场与电路耦合；支持与热、结构等物理场的耦合，为电磁场和结构场的耦合分析提供电磁力和电磁力矩，为电磁场和温度场的耦合分析提供各项损耗，以及为电磁场与流体场的耦合分析提供动子速度与位移。

INTESIM-MultiSim 多物理场仿真及优化平台的耦合方式如表 3-2 所示。

表 3-2　INTESIM-MultiSim 多物理场仿真及优化平台的耦合方式

<table>
<tr><td rowspan="8">强耦合</td><td rowspan="4">单元级强耦合</td><td>结构热耦合单元</td></tr>
<tr><td>热流体耦合单元</td></tr>
<tr><td>压电耦合单元</td></tr>
<tr><td>电磁耦合单元</td></tr>
<tr><td rowspan="4">界面强耦合</td><td>共轭热传导</td></tr>
<tr><td>热 – 结构热界面</td></tr>
<tr><td>结构 – 流体界面</td></tr>
<tr><td>结构热 – 热流体界面</td></tr>
<tr><td rowspan="4">弱耦合</td><td colspan="2">结构</td></tr>
<tr><td colspan="2">流体</td></tr>
<tr><td colspan="2">热</td></tr>
<tr><td colspan="2">电磁</td></tr>
</table>

2. 功能创新性

（1）统一求解器支持 4 种物理场，包括结构、流体、电磁、热分析软件。

（2）最完整的耦合方法体系在同一软件平台上实现的突破，即单元级强耦合、界面非协调网格强耦合、求解器间数据传递实现的弱耦合。

（3）在统一界面、集成环境下实现航空航天、汽车、电子等多个行业的完整解决方案。

3. 推广应用性

实践应用：目前，INTESIM-MultiSim 多物理场仿真及优化平台已被成功应用于航空航天、汽车、电子等高端装备制造行业。

市场前景：CAE 应用已经从传统的装备制造业领域向新兴市场转移，在医疗行业、虚拟建筑的设计、基于仿真应用的消费品市场、大气和环境状况仿真等领域，CAE 仿真的应用也日趋广泛。随着我国对 CAE 技术自主创新的大力投入和市场需求的带动，预计在未来的 10 年里，国内 CAE 市场会保持 25% 左右的平均年市场增长率，具有很大的发展潜力。

推广模式：由于国外 CAE 公司提供的相关产品并不开放核心技术，且来自欧美的 CAE 价格高昂，每套均价在 100 万元以上，远高于这些产品在国外的售价，因此，为客户提供开发的核心技术或者进行定制开发，并且使软件售价低于国外软件的售价，会非常有竞争力。

3.3.7　远算科技的格物仿真云平台

1. 产品主要特点

浙江远算科技有限公司（简称远算科技）推出的格物仿真云平台是基于法国电力集团（EDF）开源仿真软件体系打造的“云化 + 开源”的自主工业仿真软件与工业仿真应用协同平台，通过云平台的方式为用户提供包括模型导入、网格划分、数值求解、前后处理在内的一整套 CAE 工业仿真软件服务。

EDF 开源仿真软件遵从 GNU 通用公共许可协议（GPL），也包括 GNU 宽通公共许可协议（LGPL），GNU 通用公共许可协议是目前全球开放程度最高、应用范围最广的开源协议之一，安全可控。整套软件包含了固体力学、流体力学、水动力、前后处理等内容，几乎涵盖了目前工业仿真所需要的全部通用场景，是一款具有学科完整性、软件体系性，高性能并行计算，支持广泛工业验证的开源仿真软件。

该平台根据仿真软件在云端的实际运行进行开发，支持 3D 可视化建模、模型导入、仿真分析、结果处理、可视化展示、计算任务与仿真数据管理、数据传输优化等。通过云商业模式，降低软硬件成本，为用户提供即开即用的灵活服务。

该平台基于开源仿真软件与云平台深入能源、环保等重点行业领域，深度结合业务场景，提供基于行业的数字孪生解决方案，为企业提供全套解决方案，并邀请专业的仿真专家，真正降低使用门槛，帮助企业打造核心竞争力。

此外，企业可根据工业行业应用需要，应用工业仿真软件云平台丰富的求解器和标准化工具组件，将平台成熟过程与特定 CAE 仿真应用场景结合，打造结合监测数据的数字孪生解决方案，基于仿真工作流引擎开发适用于固定仿真业务流程的工业仿真 App，实现 App 的独立运行与敏捷部署，极大限度地简化常用固定 CAE 仿真流程，显著提升仿真效率。

2. 功能创新性

格物仿真云平台关键技术及创新点主要包括以下几个方面。

（1）云原生仿真平台。现有通用云原生平台无法满足 CAE 工业仿真软件高性能、高复杂度的仿真业务需求，该平台通过将云和端结合的平台架构高效连接异构算力资源，结合智能多云调度算法实现异构计算资源结构优化与负载弹性扩缩，以容器化运行的方式应用并实现 CAE 仿真软件的多点接口（MPI）应用，提升计算资源利用率和效率，支撑云端大规模工业仿真业务的运行。

（2）仿真组件模块化。基于容器技术对既有 CAE 软件进行重构，开发形成丰富的模块化 CAE 功能组件，以更小细粒度实现高内聚、低耦合、易拓展的多种 CAE 软件组件，通过平台标准化组件接口实现组件分布式的管理、部署、测试、监控、运行等，并通过多个求解器模块的耦合支撑实现 CAE 多物理场耦合仿真。

（3）仿真任务管理调度。对工业仿真软件平台计算集群的资源管理和任务调度进行抽象统一，实现高性能计算机群的标准化并形成标准化的资源接入接口，云平台对各种异构计算集群进行服务注册，并且实时监控资源和作业情况，形成对资源监控和仿真任务生命周期的标准化管理。当用户通过平台提交仿真任务时，调度器算法会根据仿真求解器、用户、资源注册信息、实时资源使用情况等按不同的业务目标进行多目标优化并进行不同的管理调度决策。

（4）平台仿真工作流。在工作流技术领域，由外部数据驱动的工作流引擎的全自动运行的问题是工作流的关键，平台通过将 CAE 软件组件与工作流引擎耦合，为各种工作流基础组件定义具体的业务流程建模和标注（BPMN）2.0 活动模型并为工作流实例制定统一标准的远程过程调用（RPC）接口，开发用于复杂装备的多种工作流可扩展标记语言（XML）描述文件，支撑实现各学科 CAE 求解器、前后处理工具、计算作业管理组件、数据管理组件等完整工作流业务处理。

（5）安全可控，可深入行业应用案例。基于 EDF 开源仿真软件体系打造的“开源 + 云化”的格物仿真云平台适用于能源等行业深度应用，可打造数字孪生解决方案。

3. 推广应用性

该产品投入市场后，已成功服务包括中国第一汽车集团、东风汽车集团在内的汽车主机厂等 50 多家重点行业客户，并可扩展应用于航空、航天、生物医药、能源、新材料、高校科研等 20 多个行业及 50 多个细分领域。

该产品运算团队打造行业内标杆项目，企业可通过渠道、生态合作进行复制和市场拓展。同时，运算团队针对高精尖产业主打“通用软件 + 专用 App”的模式，以大型客户、深度合作为目标；针对中小企业主打轻量化工业

App 模式，通过互联网运营、产业合作快速推广应用。

3.3.8 中汽数据的基于深度强化学习的有限元网格自动划分工具软件

1. 产品主要特点

中汽数据有限公司（简称中汽数据）的基于深度强化学习的有限元网格自动划分工具软件，结合网格大数据，兼容主流前处理仿真软件，且基于 AI 算法开展网格自动划分技术研究，适用于 CAE 前处理环节有限元网格划分，在保证较高网格质量的基础上，能有效提升网格划分效率 70% 以上。

该项目技术研究路线为梳理网格质量标准，首先基于前处理软件二次开发，实现基于网格的自动评判；其次基于网格大数据进行数据加工，实现正负样本均衡与高中低样本全覆盖；再次基于网格大数据，结合 AI 算法，开展数学建模及深度强化学习；最后实现模型驱动仿真软件，自动调整优化网格。研究内容主要包括梳理网格质量标准、数据加工、数学建模、深度强化学习、模型驱动仿真软件优化调整等。基于深度强化学习的有限元网格自动划分工具软件的技术研究路线如图 3-20 所示。

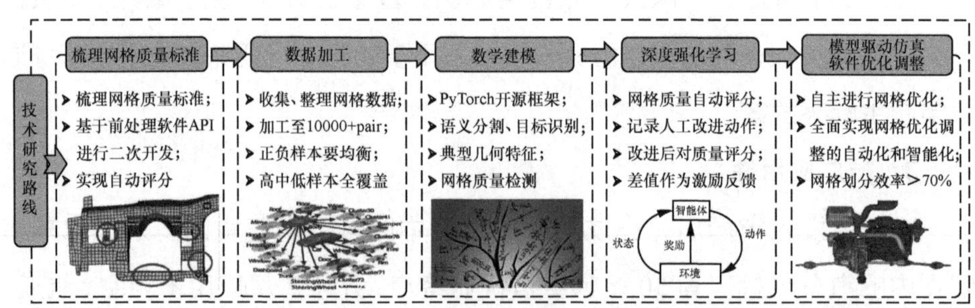

图 3-20 基于深度强化学习的有限元网格自动划分工具软件的技术研究路线

2. 功能创新性

基于深度强化学习的有限元网格自动划分工具软件的关键技术和产品创新性主要体现在以下几个方面。

（1）梳理网格质量检查标准。驱动仿真软件依据质量检查标准对网格进行评分，包括壳网格单元、3D 单元质量要求，以及圆孔、翻边、倒角等特殊形状网格评判标准，通过 Python、Tcl/Tk 等调用底层 API 进行网格质量判定。可适用于不同的网格质量评判标准，并能实现网格质量的自动评判。壳网格单元质量要求如表 3-3 所示，3D 单元质量要求如表 3-4 所示。

表 3–3 壳网格单元质量要求

序号	项目	标准
1	单元尺寸	10mm
2	单元最小尺寸	3mm
3	单元最大尺寸	15mm
4	Warpage（翘曲）	≤ 15°
5	Aspect Ratio（纵横比）	≤ 5
6	Jacobian（雅可比）	≥ 0.6
7	Skew（扭曲）	≤ 40°
8	四边形最小单元角	45°
9	四边形最大单元角	135°
10	三角形最小单元角	30°
11	三角形最大单元角	120°
12	三角形单元占总单元比例	≤ 5%

表 3–4 3D 单元质量要求

序号	项目	标准
1	单元尺寸	5mm
2	单元最小尺寸	1mm
3	单元最大尺寸	8mm
4	Warpage	≤ 15°
5	Jacobian	≥ 0.6
6	尺寸小于 1.2mm 的单元占总单元的比例	≤ 7%
7	Warpage 大于 10 的单元占总单元的比例	≤ 5%
8	Jacobian 小于 0.7 的单元占总单元的比例	≤ 5%
9	Aspect Ratio	≤ 5

续表

序号	项目	标准
10	四边形最小内角	45°
11	四边形最大内角	135°
12	三角形最小内角	30°
13	三角形最大内角	120°

（2）有限元网格大数据加工。这是基于网格大数据，对数据进行数据清洗、数据增强的工作。为使 AI 数学模型能够达到预期效果，有限元网格自动划分工具软件对网格数据量和数据质量均有特定要求。在数据量方面，该工具软件要求网格数据至少要达到 2500 的体量，数据质量方面要达到正负样本均衡，并基于网格数据实现模型几何特征线、典型几何特征等的数据标注和数据增强，以此来提升深度强化学习数学模型的训练效果。

（3）深度强化学习模型训练。主要包括深度学习模型构建和强化学习模型构建，图 3-21 所示为仿真业务场景下的深度强化学习模型，下面是深度学习模型，上面是强化学习模型，其中 Ansa 是一个高性能的有限元处理器。

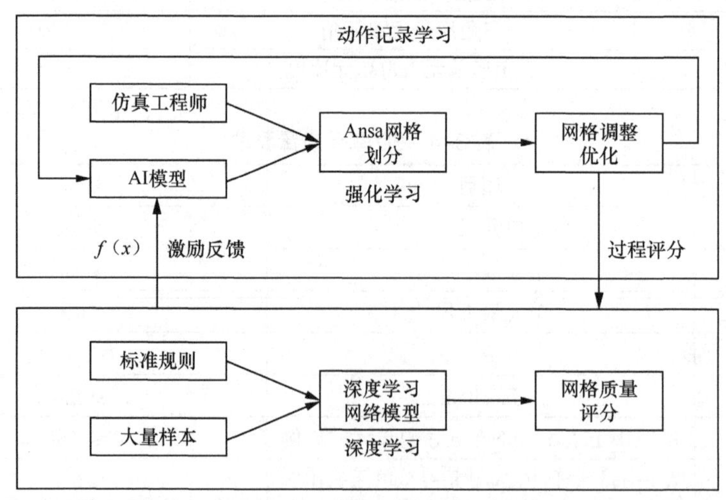

图 3-21　仿真业务场景下的深度强化学习模型

（4）模型驱动仿真软件优化调整网格。训练后的数学模型被封装集成到主流仿真前处理软件中，结合仿真软件实现网格自优化调整，如图 3-22 所示。

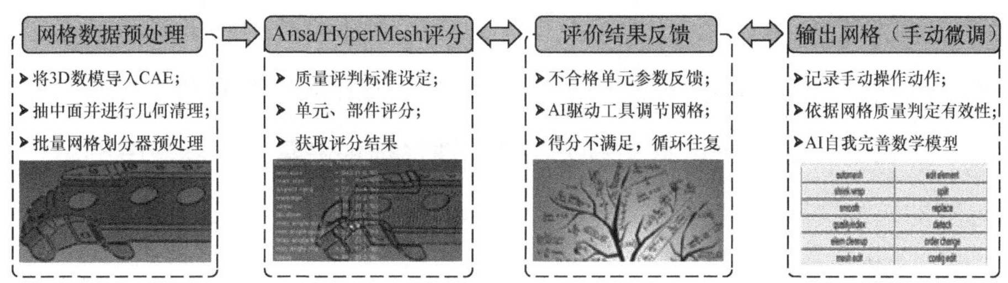

图 3-22　模型驱动网格自优化调整

3. 推广应用性

基于深度强化学习的有限元网格自动划分工具软件以年度许可证的方式在客户方部署使用，工具软件研发方针对汽车整车厂、零部件企业、第三方设计单位等受众群体，在汽车行业开展了前期市场调研，市场反馈较好。后续其将被推广至航空航天、船舶等领域。

3.4　建模工具供应商的事件仿真工具

3.4.1　傲林科技的“事件网络”技术

1. 产品主要特点

傲林科技有限公司（简称傲林科技）通过数字孪生技术解决了数据质量差、使用效率低，数据难以满足业务诉求，数据价值不显性，缺乏数字化转型全局统筹等问题。傲林科技通过构建整个企业组织体的数字孪生体，将采购、生产、销售、库存、财务等内部数据与外部市场数据进行整合，综合数据汇聚、存储、计算、建模等技术，并通过自创的“事件网络”技术，对企业经营活动进行描述、诊断、预测、决策，实现物理空间与赛博空间的交互映射，让数据充分发挥价值，辅助企业经营决策。

基于“事件网络”的决策笈是傲林科技研发的数字孪生产品。“事件网络”技术主要用于描述复杂的业务间的关系，决策笈产品基于这些关系进行全局或者局部的描述、诊断、分析、模拟和优化。傲林科技的决策笈产品通过着眼于企业的“生产 - 供应 - 销售”经营环节，把数字孪生技术拓展到企业组织体，并结合行业专业技术，为企业创新性地提供经营管理场景中的量化分析与辅助决策功能。

2. 功能创新性

企业在进行实体数字孪生应用部署时会遇到系统负荷重、运算量大，以及孪生体需要跟随企业经营变化动态调整等诸多挑战，影响实施的效果。为应对这些挑战，傲林科技首创了“事件网络”技术。

“事件网络”技术既能用于描述系统的组成结构，也能用于描述事件的因果关系，帮助企业构建数字孪生体的“神经系统”。利用“事件网络”技术构建实体数字孪生，能够反映企业已有的知识图谱和内在联系，让数据分析更加简明、快捷。

数字孪生体涉及行业专业技术与大数据分析能力的充分融合，构建难度大，而“事件网络”技术可降低数字孪生体构建的复杂度，也能够以行业模型为基础快速构建行业知识图谱，通过基于历史数据的智能调参，快速完成业务模拟仿真，大大减少了运算量，提升了分析效率，同时能节约企业对硬件设备的投入。

3. 推广应用性

（1）实践应用

傲林科技使用基于“事件网络”的决策笈等产品，帮助钢铁、石化、水泥等流程工业客户提升数字化转型水平。

在傲林科技所服务的客户中，有一家钢铁企业，管理层希望能实时、全面、穿透式地掌握整个企业的经营情况，并根据企业运营状况适时调整经营策略。

从具体管理方式上看，企业希望通过大数据分析，及时发现生产运营管理过程中出现的问题，迅速分析原因和可能带来的影响，定位相关责任单位或个人，并能为其后续决策提供辅助支持。

在客户需求的基础上，傲林科技进行深入的调研分析，提出钢铁行业的经营分析和智慧决策支持数字孪生模型，并通过决策笈等产品的实施，不仅为该企业构建了纵横贯通的企业级数字化支撑体系，还为该企业实现了全方位的智能分析决策支持服务体系。

从实施效果上看，该企业的运营指标得到了系统强化。数据利用能力大幅增强，如数据完整性提升至 92%，数据关联性提升至 100%；决策水平全面提升，如决策分析效率提升了 10 倍，风险响应速度提升了 80%；运营效率显著提高，如安全库存天数和库存资金占用降低了 17%；资金效用明显加强，如资金成本降低了 8.8%，资金周转率提升了 23.5%。

（2）市场前景

数据显示，占中国国内生产总值的 52% 的泛工业领域仍处于数字化早期的信息化阶段，泛工业企业亟待从信息化转向数字化，让数据发挥显性的业务价值。传统行业的数字化转型将是中国数字经济发展的主赛道。另据互联网数据中心统计，2019—2022 年，中国企业数字化转型相关支出达 1 万亿美元，全球市场空间超 7 万亿美元，世界正迎来以大数据和人工智能为主要标志的新时代——用数据为企业创造新的价值，用人工智能赋能企业的生产、运营。

企业进行数字化转型，首先需要解决数据孤岛和烟囱式应用的问题，更重要的是要打通运营数据和体验数据，实现输入价值和输出价值的联动，这个联动依赖于数字孪生。

可以说，企业数字孪生不仅反映了企业已有的知识图谱和内在联系，让数据分析更加简明、快捷，同时也是企业数字化转型的“引擎”。可以预见，随着我国数字化转型市场规模的不断扩大，企业数字孪生及其具体应用，也将迎来更加广阔的发展前景。

3.4.2 北京航天智造的虚拟工厂服务套件

1. 产品主要特点

（1）产品介绍

基于 INDICS 云平台的离散事件仿真工具——虚拟工厂服务套件（VFSS）是一款致力服务于离散制造的工业应用服务软件，现已成功入选工业和信息化部《中小企业数字化赋能服务产品及活动推荐目录（第一期）》，主要包含虚拟制造、产线规划、虚拟培训 3 个产品。产品基于 VR 技术和仿真建模技术，为离散制造企业提供一种集产线改造规划、产品生产培训指导、生产过程监控、仿真优化于一体的仿真系统服务。虚拟工厂服务套件如图 3-23 所示。

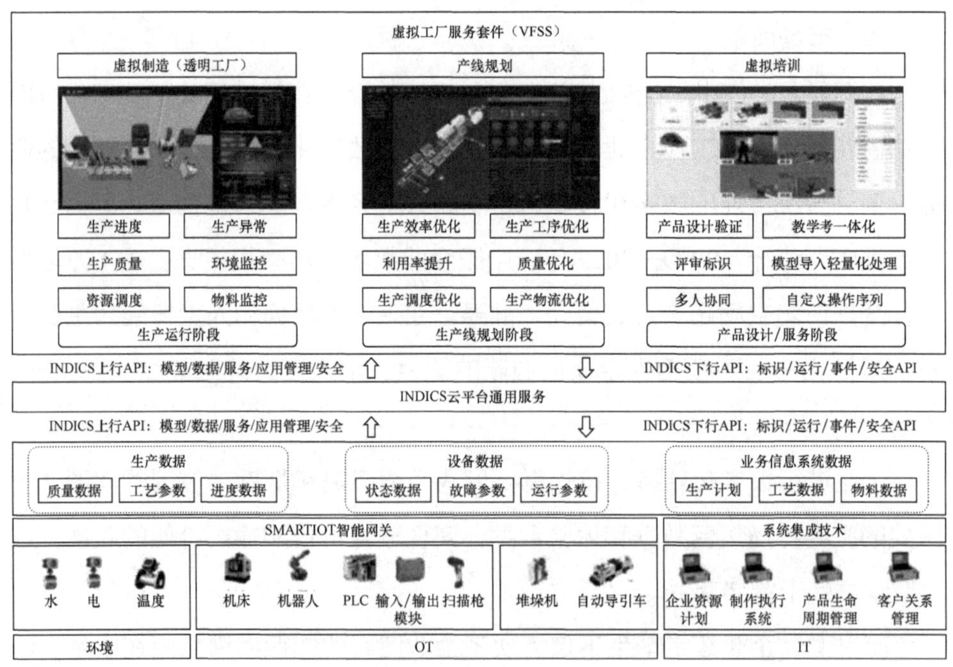

图 3-23 虚拟工厂服务套件

① 虚拟制造产品

该产品基于云平台物联网技术支撑，完成生产过程中产生的数据（生产进度、生产指令、设备运行状况）和设备控制信号数据的实时接入，支持物理系统数据驱动虚拟系统的仿真运行，达到虚拟系统和物理系统的实时映射，在生产制造过程中实现生产的透明化监控管理，对生产关键指标进行监控、响应、分析、调整，帮助生产管理人员全面了解生产状态，在应对生产问题时进行准确的决策响应，减少生产损失。

② 产线规划产品

该产品具备仿真事件模型库，支持离散制造行业生产线系统仿真模型的快速搭建，能够实现对产线布局设计及改造方案的仿真分析、对生产工艺流程的仿真分析、对生产周期及产能达标情况的仿真分析、对生产物流配送路径及配送策略的仿真分析等，帮助企业对产线进行整体评估和优化，实现降本增效。

③ 虚拟培训产品

该产品基于 VR/AR 技术，为新型工艺、技术、安全培训提供理论和实践相融合的实训平台，支撑定制化培训内容设计开发，为教学提供更为直观的沉浸式操作训练场景。用户可借助系统进行反复训练，并对技能掌握情况进行考核，帮助企业实现对一线人才的快速培养和选拔，在提高企业培训效率的同时降低培训成本投入。

（2）适用场景

利用虚拟工厂服务套件，实现与实际工厂中物理环境、生产能力和生产过程完全对应的虚拟制造系统的建模，在打通数据链条的基础上，对接物理生产线、信息化系统实时数据，实现虚拟工厂数字孪生系统的构建和运行，提供制造过程中集产线改造与规划、产品生产培训指导、生产过程监控、仿真优化于一体的仿真系统服务。

2. 功能创新性

（1）针对离散制造业各异构生产要素不同的属性划分，北京航天智造科技发展有限公司（简称北京航天智造）提出利用基于 Simpy 的离散事件仿真技术构建离散仿真事件库及产线系统异构生产要素仿真模型库的方法，以实现离散事件仿真引擎基础能力建设，支撑对离散制造过程中的生产效能仿真优化问题的解决。

（2）针对离散制造过程中，产线前期生产规划不合理、生产系统边生产边修改造成产能持续浪费的问题，北京航天智造研发产线仿真规划工具，对产线布局、工艺流程、生产物流、产能指标进行建模及仿真运行评估分析，实现对产线规划设计方案的“预演”验证，优化生产系统不增值环节活动，降低用户试错成本。

（3）针对生产线物理制造资源的异类、异构及固有制造模式的约束造成的产线虚拟制造系统与物理系统信息对称不完整、协同调度大、仿真优化置信度不高等问题，北京航天智造的虚拟工厂服务套件基于虚拟制造技术及数字孪生虚实映射集成技术完成生产系统实际数据的集成接入，实现设备、产线、车间、工厂、企业的多维互联映射和集成优化，支持数字孪生系统的数据分析和仿真优化，提升物理系统智能维护、快速重构和配置优化能力。

3. 推广应用性

（1）应用情况

虚拟工厂服务套件以为用户降本增效为目标，帮助用户合理规划生产布局、调整生产线作业流程、优化产品设计流程，减少设计资源浪费。目前，该套件已在航空航天、机械制造、轻工家电、汽车等行业中开展应用，实现了近千万元的经济收入。

① 航天电器某产线规划、虚拟制造及虚拟培训项目

在产线规划阶段，该项目利用工具对生产设备、物流设备、托盘及运输

策略等进行产线布局、工艺流程、生产物流等方面的建模，通过仿真运行得到规划产线的关键仿真数据，帮助企业快速优化产线、缩短建设周期。在生产阶段，该项目利用工具对车间 14 台设备、传送带系统、托盘及产品进行仿真建模。该项目以物理产线数据驱动虚拟产线运行，真实还原了复杂工序的生产过程，支持企业实时查看设备的运行数据及产线订单信息等。

② 某电子制造企业产品线虚拟制造项目

该项目利用工具对生产设备进行仿真建模，通过集成接入生产系统实际数据，实现设备、产线、车间的多维互联映射，提升企业远程监控和维护能力。某电子制造企业产品线虚拟制造场景如图 3-24 所示。

图 3-24　某电子制造企业产品线虚拟制造场景

（2）推广模式

虚拟工厂服务套件面向航空航天、机械制造、轻工家电、汽车、电子等行业，充分利用航天云网跨行业、跨领域工业互联网平台及云制造生态布局已有基础，通过航天云网平台、区域工业云平台、行业工业云平台、企业云平台和第三方工业互联网平台为离散制造业企业提供涵盖虚拟培训、产线规划和虚拟制造的产品套件和服务。同时基于航天云网平台运营能力，联合区域或垂直行业的第三方平台共同在离散制造企业中推广应用，逐步建立互利共赢的商业模式和市场化机制。

3.4.3 东软集团的连续系统仿真工具

1. 产品主要特点

东软集团的连续系统仿真工具为工业组态管理系统，是基于超文本标记语言第 5 代（HTML5）标准技术的 Web 前端 2D、3D 图形界面开发框架，其包含通用组件、拓扑组件和渲染引擎等丰富的图形界面开发类库，提供完全基于 HTML5 的矢量编辑器、拓扑编辑器及场景编辑器等多套可视化设计工具和完善的类库开发工具，以及针对 HTML5 技术进行大规模团队开发的实施策略，为企业在过程控制、状态连续监测等方向的建模提供一站式解决方案。

2. 功能创新性

相比于传统工业图形组态界面，基于该工具开发的应用致力于呈现更生动、更友好的交互形式，采用 Web 方式即时且直观地呈现隐藏在瞬息万变且庞杂的数据背后的业务场景。无论是在工业、电力、水利、环保领域，还是在交通领域，通过交互式实时数据可视化应用来帮助业务人员发现并诊断业务问题，是工业数据解决方案中不可或缺的一环。该工具为在工业领域中实现实时物理世界数据驱动的在线仿真，以及真正实现虚实映射提供基础支撑。

3. 推广应用性

工业组态管理系统聚焦于工业互联网监控运维可视化应用领域，为客户提供从咨询、设计、实施到售后的全方位可视化管理支持服务；专注基于 Web 的 2D 和 3D 图形界面组件技术在虚拟电厂、风电光伏、智慧能源、智慧水务、智慧矿山、轨道交通等工业领域的应用推广；使得企业得以在虚拟空间对物理世界的行为进行模拟验证，降低工厂实际开工后的停机率以及传统物理调试所需要的成本。

3.4.4　明材教育科技的数字孪生应用开发系统

1. 产品主要特点

数字孪生应用开发系统可以支持数字孪生应用的快速构建、发布并支撑孪生应用的运行管理功能。该系统拥有分布式的平台架构，具备出色的可扩展性和可伸缩性，且拥有以下几个特点。

（1）该系统支持数字孪生应用的开发，并允许多个孪生应用同时运行。系统会为每个孪生应用提供运行环境，运行数据的处理能力包括数据的实时存储、处理和分析能力。

（2）该系统具备多用户的管理能力和用户数据的安全隔离能力。

（3）该系统除了支持半实物仿真外，还支持多种控制器接入系统，如各种类型的可编程逻辑控制器（PLC）和各种品牌的机器人控制器等。该系统具备伸缩能力，允许用户通过扩充硬件数量的方式来提升平台支撑的可运行应用的数量和计算能力。

（4）该系统具有出色的可用性和并发性，具备支持百万级用户同时在线使用的能力，还具有针对平台内部各种设备的调度算法，能够合理地对计算资源进行分配、回收调度。

（5）该系统允许被接入多种第三方软件。系统内部的数字孪生应用可以与第三方软件进行有效的互动，构建与控制场景。

（6）该系统为孪生应用提供功能热更新的能力，允许孪生应用即时获得最新平台功能，同时具备平台功能与 3D 资源分离的特征，可以对 3D 资源进行独立的部署与管理，允许孪生应用按需获取 3D 场景资源。

（7）该系统具备基于插件化架构的二次开发能力，可以大幅降低构建孪生业务的开发成本。

2. 功能创新性

（1）数字孪生基础开发平台具备系统热更新功能，可以让使用者在不重新安装新版本的情况下，将仿真控制逻辑与仿真 3D 场景资源更新到最新的版本，并能够不分使用目的地对更新逻辑进行细粒度控制。

（2）数字孪生执行系统可以实现对孪生应用的生产过程控制，可以通过生产指令将孪生系统中的物料、加工命令送到某一虚拟加工单元，开始工序或工步的操作控制。

（3）数字孪生平台大数据和 AI 集成解决方案能够充分体现用户利用物理模型、传感器更新、运行历史等积累的大量数据，并利用大数据、数据挖掘、AI 等技术集成多学科、多物理量、多尺度、多概率的算法再现仿真过程，在仿真虚拟空间中完成映射，从而反映相对应的实体装备的全生命周期。

3. 推广应用性

（1）MINT 仿真云平台

数字孪生应用开发系统在职业教育的产线教学中发挥了重要作用。上海明材教育科技有限公司（简称明材教育科技）在该系统的基础上，开发了针对职业教育智能制造、工业互联网相关专业的 MINT 虚拟仿真实训教学平台（简称 MINT 仿真云平台）。

MINT 仿真云平台是一个覆盖智能制造、工业互联网的教学与技能综合训练平台，平台利用虚拟调试技术融合仿真系统、控制系统和工业软件，为学习者提供了一个全景的技能训练平台。

平台的目标定位如下。

① 定位于工程实践，培养企业级人才。

② 基于真实需求进行项目案例的人才培养课程体系开发。

③ 以虚实结合的技术方式支撑教学与实训。

④ 专注于对专业技能与工程实践能力的培养。

（2）市场前景

MINT 仿真云平台是深化产教融合人才培养的创新平台，针对院校物理产线教学难、无法与教学相结合等问题，形成定制化的解决方案，可以满足智能制造、工业互联网相关行业人才的实训培养需求，培养高技能人才，间接带动产业结构优化和产教深度融合，促进产业能级的提升。

集综合实训与学习资源于一身的 MINT 仿真云平台，只需要一个账户，就可以使用户实现随时随地学习，彻底打破时间和地点的限制。MINT 仿真云平台主打虚拟仿真实训课程，专为学校开设培训课程端口，提供定制化培训课程开发和服务。此外，明材教育科技配套研发仿真实训的硬件设备，可为服务群体提供线下培训学习平台，满足用户长期进行动态跟踪和技能提升的需求，全面提升线上线下运营服务水平。

（3）推广模式

① 制造执行系统实施与应用教学仿真实训系统

教学仿真实训系统是一款面向智能制造教学应用的数字孪生仿真平台，能够以云服务或单机版的形式提供在线或离线的仿真训练资源，成功拓展项目实训时间、空间维度和载体内容。

教学仿真实训系统是实训平台及更多工业真实场景的数字孪生体，该虚拟生产线以生产线硬件设备为载体，根据教学大纲以及针对教学实训的适用性，设计开发教学实训仿真项目，可覆盖 1+X 及专业日常教学内容与实训操作。虚拟生产线环境界面如图 3-25 所示。

② 工业互联网设备数据采集教学仿真实训系统

该系统在虚拟仿真系统中搭建高度模拟真实物理数采环境的仿真数采场景，可模拟物理空间设备运动行为与运行逻辑。虚拟仿真数采环境界面如图 3-26 所示。

图 3-25　虚拟生产线环境界面

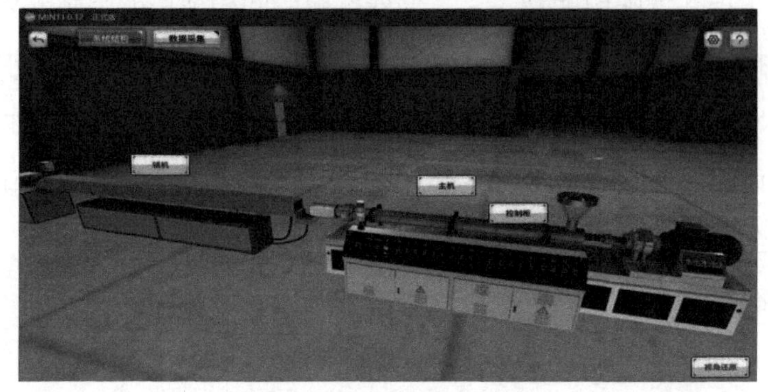

图 3-26　虚拟仿真数采环境界面

该系统通过使用可视化编程软件进行数采软件的编程开发，并与仿真系统进行通信连接，进而实现对虚拟环境中各类数据（如生产工艺数据、设备运行控制数据、生产环境数据等）的实时模拟采集，并在虚拟状态下寻找最优的控制策略与参数，使得仿真系统具有运行与验证的能力。

3.4.5　华龙讯达的木星数字孪生开发平台

1．产品主要特点

深圳华龙讯达信息技术股份有限公司（简称华龙迅达）推出木星数字孪生开发平台，其核心是在制造业现有的自动化、信息化的基础上，成为开发智能制造解决方案的重要工具，是制造数字化、网络化、智能化发展的核心载体，实现异构数据的汇聚与建模分析、工业经验知识的软件化与模块化。木星数字孪生开发平台具备数据采集组件、数据建模组件、虚拟数字孪生组件、标准接口组件，可实现数据连接、数据传输和数据管理。企业可以通过木星数字孪生开发平台实现生产前数字孪生、生产中数字孪生、生产后数字孪生、产品制造生命周期数字孪生和设备运行生命周期数字孪生，建立新一代智慧工厂应用模式和生态体系。

木星数字孪生开发平台适用场景为工业企业数字化车间的建设，如图 3-27 所示。

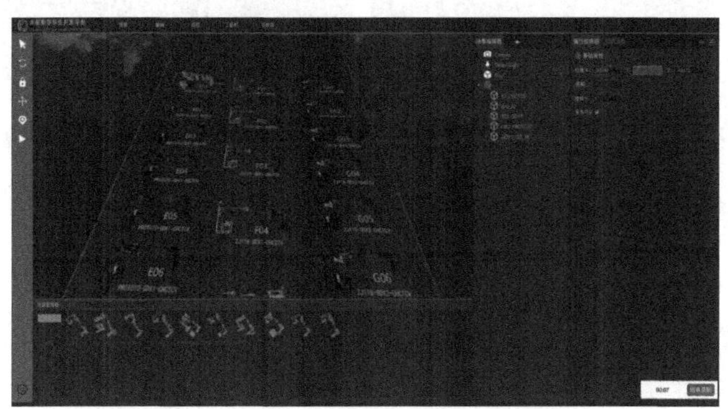

图 3-27 木星数字孪生开发平台适用场景

2. 功能创新性

该平台的创新性在于以数据模型的驱动力，通过实体空间与虚拟空间的双向映射与实时交互，实现实体空间、虚拟空间的数据集成和融合，实现生产要素、生产活动计划、生产过程等在虚拟车间的同步运行，为企业寻找生产和管控最优的生产运行模式提供辅助。

该平台拥有完全自主的知识产权，实现了安全、自主、可控的目标。

3. 推广应用性

木星数字孪生开发平台于 2019 年推出，已经应用于国产大飞机制造、装备制造、汽车制造、生物医药、交通、烟草工业、烟草商业等行业，木星数字孪生开发平台应用场景如图 3-28 所示。

图 3–28　木星数字孪生开发平台应用场景

深圳巴士集团（简称深圳巴士）智能维保系统是基于木星数字孪生开发平台研发打造的，通过采用智能感知、边缘计算、工业物联网、虚拟仿真、大数据可视化等技术，全面采集车辆大数据，科学建立仿真模型，在数字空间实时建立车辆运行的数字镜像，助力深圳巴士实现基于数字孪生的实时、准确、高效的企业级综合智能巴士运维管理。智能维保系统可实现车辆运行的可视化调度、车辆的预防性维护和保养，消除车辆零部件超期使用的安全隐患，降低运营维护成本，为提升管理效能、运营效率、经营效益和创新能力提供平台支撑，为巴士管理带来 4 个方面的“智能”。一是智能感知。智能实时感知车辆运行状态，为车辆运维计划提供依据，助力打造平安巴士。二是智能预警。通过车辆运行生命周期管理，提供零配件更换预警，降低车辆运营成本，助力打造智慧巴士。三是智能计划。通过进行车辆运维经验和运维大数据分析，智能生成并持续优化运维计划，开展智能预防性维修，减少运行隐患。四是智能可视化。通过数字孪生可视化实时监视，助力提升车辆的运营效益和管理效率。

（1）市场前景

中国智能制造处于电气自动化和数字化发展阶段，强于南非、巴西、印度等新兴制造业国家，但与美国、日本、德国相比还有一定差距。根据亿欧智库的调研，当前中国 90% 的制造业企业配有自动生产线，但仅有 40% 的企业实现了数字化管理，5% 的企业打通了工厂数据，1% 的企业使用了智能化技术，而预计 2025 年，数字化、网络化、智能化制造企业占比将分别达到 70%、30% 和 10%，实现总体进入“数字化 + 网络化”阶段。

（2）推广模式

① 联合体生态式推广

华龙讯达联合国家级研究机构、知名高校、行业内知名企业共同构建联合体，整合平台提供商、系统集成商、设备制造商、系统运维商、研究机构、大专院校、终端用户等产学研用资源，建设基于工业互联网平台的数字孪生技术、研发、服务推广团队，形成以联合体为核心、以示范企业为外延、广泛吸引制造企业的服务生态，促进基于工业互联网平台解决方案的落地推广。

② 形成众创开发的资源生态推广模式

在支持服务方面，智能维保系统为合作伙伴及用户提供平台开发者社区和应用市场。以华龙讯达积累的 30 万工业机理模型为基础，该系统采用微服务技术架构，构建从底层设备数据采集到用户、开发者合作共享的完整体系，与合作伙伴共同完善平台组件，可以在短时间内汇集海量的数字孪生微服务组件，实现平台能力共享。平台生态的相关各方，利用华龙讯达提供的工具和模板，构建和开发具有制造行业属性或面向制造企业生产制造、运营管理、市场营销等全链条的业务应用，在平台上实时对接制造场景、实时共享工业应用、实时交流知识经验、实时部署新的工业 App，打造资源富集、多方参与、知识共享、合作共赢、协同演进的智慧工厂新生态。

3.4.6 英特仿真的数字人软件

1. 产品主要特点

数字人软件是一个集成了多个功能模块的针对航空环境定制的人体建模及仿真软件平台。从各模块的功能性质上，该软件平台主要分为针对飞行员群体的几何建模工具和仿真分析工具，同时，作为两个工具的延伸，座舱内人体运动、生理系统连续仿真工具也日趋完善。

（1）几何建模工具

几何建模工具涉及体表建模、体内建模和姿态调整，用于解决人体的精细 3D 建模问题，模型可用于后续多学科仿真分析。

体表建模：基于人体真实测量数据，可以通过参数驱动或扫描点云拟合的方法构建标准分位或个性化的高质量体表 3D 模型。

体内建模：根据体表模型的特征分布，自适应建立包括骨骼、血管、呼吸道、肌肉的几何模型，并可以提取管道中心线、直径、标记点等数据信息。

姿态调整：通过旋转关节带动相关体段完成体表与体内模型的同步姿态调整。

（2）仿真分析工具

仿真分析工具包括供氧（呼吸系统）仿真分析、抗荷（血液循环系统）仿真分析和人机工程分析，继承几何工具中建立的人体模型，用于解决人体生理系统及人机工程相关的安全性和舒适性仿真分析问题。

供氧仿真分析：针对呼吸系统，通过肺通气（一维仿真系统）和肺换气（数值算法）过程完成血氧饱和度的仿真计算，判断低气压、低氧等工况条件下人体的安全性和舒适性。

抗荷仿真分析：针对血液循环系统，通过包含动静脉、心脏和毛细血管的系统级模型完成血压、血流、储血量等关键参数的仿真计算，可以添加抗荷服、氧气面罩等装备的工作响应，判断大过载条件下人体的安全性。

人机工程分析：针对驾驶员视野和操作可达域问题，进行座舱空间内个性化的人机工程分析。

抗荷仿真分析模块界面与人机工程分析示意如图 3-29 所示。

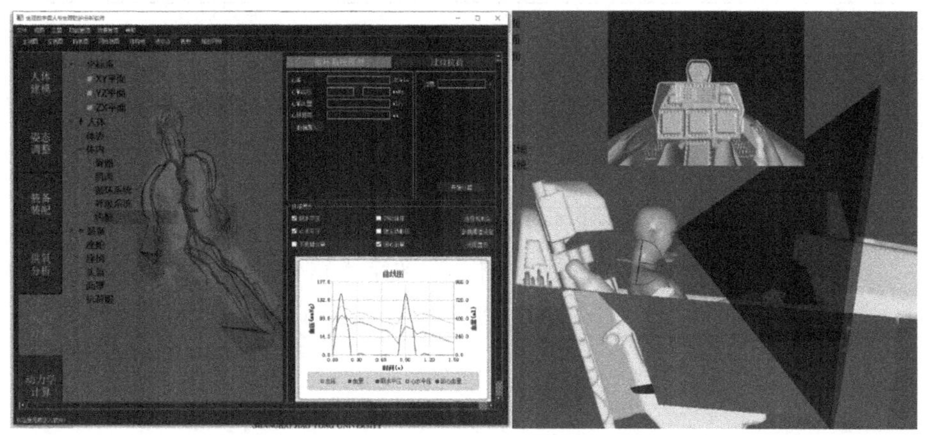

图 3–29　抗荷仿真分析模块界面与人机工程分析示意

（3）连续仿真工具

研发人员基于几何建模工具中的姿态调整功能，以及仿真分析工具中的供氧、抗荷和人机工程分析功能，配合实时检测设备，建立座舱内连续的人体运动、生理系统仿真工具，用于解决一段时间内人体生理系统、动作的连续检测、仿真分析与预警等问题。

2. 功能创新性

数字人软件的核心竞争力不仅仅在于人体建模与仿真分析功能的先进性，更重要的是针对特定场景，形成了流程化、模块化的功能架构体系，通过数据交联与多学科联合仿真，可以专业、高效地执行定制化的解决方案。数字人软件的功能创新与关键技术如表 3-5 所示。

表 3-5　数字人软件的功能创新与关键技术

功能	创新特点	关键技术
人体建模	可以针对特定群体进行高质量的人体建模	基于标准人体点云的多模板空间插值参数化变形算法
		扫描点云分区拟合
		个性化人体内部系统自适应建模
仿真分析	继承个性化人体模型，开展连续的多学科联合仿真	数值算法、一维系统联合呼吸系统仿真模型
		基于一维、3D 流固耦合算法的循环系统仿真模型
		基于透视算法的人体视野分析

3. 推广应用性

目前，数字人软件已经在航空领域进行了实践应用，根据需求完成了人体高精度建模、人体抗荷与供氧防护分析、装备设计方面等体系化的解决方案。

考虑到国内民用等领域日益增长的工业仿真正向开发需求，以及以人为本、重视安全性及舒适性的发展趋势，在数字人软件已有建模和仿真功能的基础上，企业可以根据场景需求进一步丰富分析功能或设计通用分析流程，形成数字化人体建模和仿真分析软件平台。

3.4.7　中冶赛迪的铁水铁路调度仿真库

1. 产品主要特点

中冶赛迪集团有限公司（简称中冶赛迪）的铁水铁路调度仿真库基于离散系统仿真开发，采用调度与线路分离的架构，能够大幅缩短仿真建模周期，结合优化算法，可对铁水铁路运输系统的设计和生产调度进行快速验证和优化。铁水铁路调度仿真示意如图 3-30 所示。

2. 功能创新性

铁水铁路调度仿真库建模效率高，模块齐全，除工艺模块外还包含避碰、路径寻优等算法；通用性强，将最短路径算法和有向图相结合，解决了机车行走需要中转的问题；适应性好，该仿真库根据实际需要，既可以整体使用也可以被分解为不同的小模块使用。

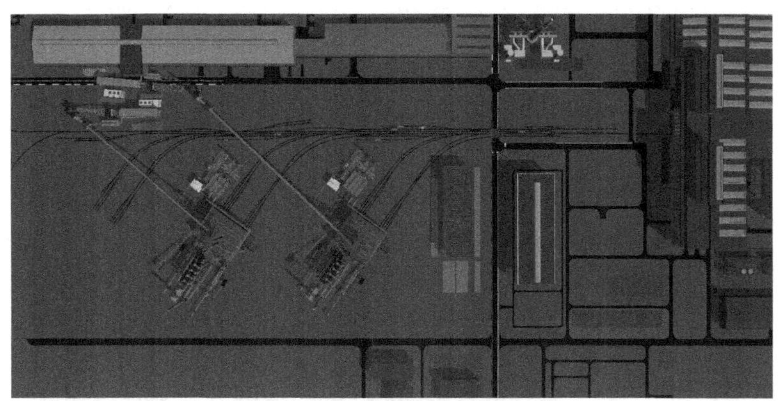

图 3-30　铁水铁路调度仿真示意

3. 推广应用性

铁水铁路调度仿真库已在巴西 CSN-UPV 设备供货项目、湛江工程铁水铁路、梅钢铁水铁路、台塑铁水铁路等多个工程中使用，其中湛江工程铁水铁路仿真优化设计取消了经四路立交桥的总图布置方案，节约投资 2000 多万元；缩短铁水平均运距 700 米，每年可增加效益 2000 多万元。

3.4.8　中冶赛迪的 StreamDEM

1. 产品主要特点

StreamDEM 是中冶赛迪自主研发的通用离散元仿真软件，可仿真任意形状颗粒的运动、磨损及传热过程，并可与流体动力学仿真软件耦合仿真气固两相流动；StreamDEM 可快速而准确地模拟颗粒储存、运输、加工等工业过程，广泛适用于工程机械、采矿、煤炭、钢铁、农业、石油、化工和医药等领域。StreamDEM 离散元仿真软件操作界面如图 3-31 所示。

2. 功能创新性

StreamDEM 采用 GPU 加速技术，大幅提升了离散元仿真的计算速度，比市场主流商业软件计算快 5 ～ 8 倍；采用全中文的操作界面和帮助文档，工程师易于学习和掌握；可针对行业或项目的具体需求定制开发，并集成行业或工程经验，形成相应的专业解决方案。

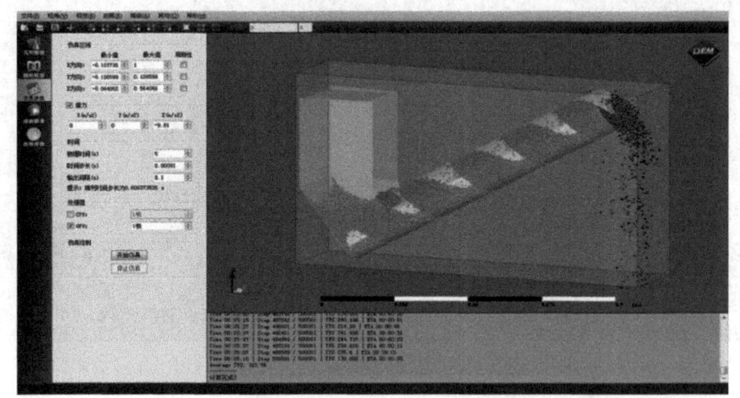

图 3-31　StreamDEM 离散元仿真软件操作界面

3. 推广应用性

目前，中冶赛迪已将 StreamDEM 提供给 30 多家企事业单位使用，包括商用与试用。在中冶赛迪的高炉炉顶料罐研发中，StreamDEM 的使用使企业缩短了半年以上的产品研发周期，并节约了至少 50 万元的实验费用；在转底炉冷却筒改进项目中，StreamDEM 协助企业缩短了 1 ～ 2 个月的工期。

3.5　建模工具供应商的数据建模工具

3.5.1　寄云科技的大数据分析建模平台 DAStudio

1. 产品主要特点

北京寄云科技有限公司（简称寄云科技）的大数据分析建模平台 DAStudio 是专注大数据挖掘与可视化分析的全流程建模工具，该工具利用训练好的模型对新数据进行实时预测，并在业务系统中进行可视化呈现。寄云科技的大数据分析建模平台 DAStudio 的特点如下。

（1）支持丰富的数据源。DAStudio 支持对接多种不同类型的数据源，屏蔽底层的连接细节和数据量，而将来自不同数据源的数据抽象成可直接被分析的数据对象。它支持海量数据的准备、处理。

（2）支持海量数据的全流程分析。DAStudio 支持可扩展的并行计算引擎，以及支持数据准备、构建数据模型、训练模型、部署任务、场景化应用。

（3）支持在线部署和高效模型应用。DAStudio 可以直接对接各种实时数据流，实现分析、监控结果的在线输出。

（4）操作简单，分析结果可视化。DAStudio 的整个建模流程设计基于拖曳式布局、连线式流程编排和指导式参数配置，使用者可根据业务需要快速完成建模分析，并且每步的执行结果均支持可视化显示，理解内在趋势并发现数据的质量问题。

（5）组件可扩展，支持团队协作。用户可上传自己写好的分析组件，也可订阅其他用户公开的组件进行建模分析，以灵活应对不同的场景。

寄云科技的大数据分析建模平台 DAStudio 的架构如图 3-32 所示。

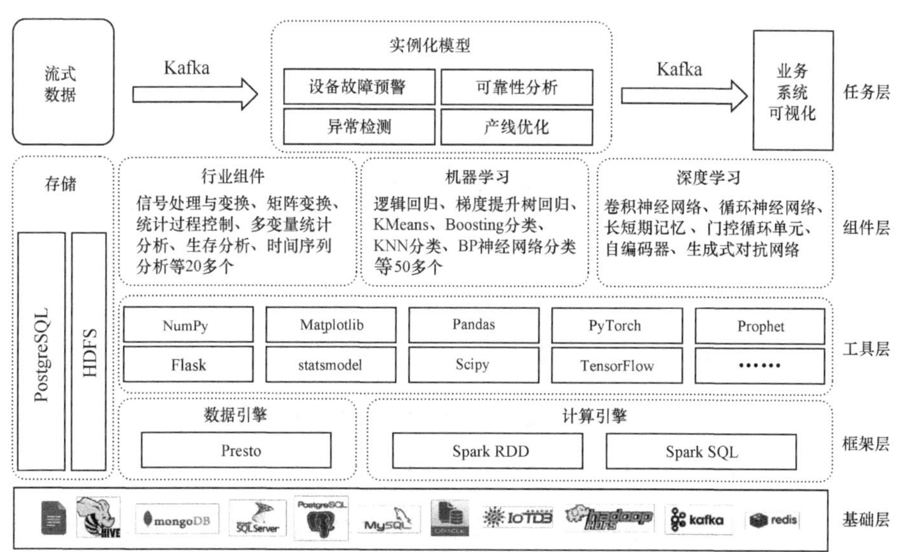

Kafka：一种高吞吐量的分布式发布订阅消息系统　PostgreSQL：一种开源对象关系数据库管理系统
HDFS：一个分布式文件系统　KMeans：K 均值是聚类中常用的一种方法
Boosting：提升方法　KNN：K- 近邻法

图 3–32　寄云科技的大数据分析建模平台 DAStudio 的架构

2. 功能创新性

（1）数据集

针对工业数据量大、结构复杂、实时性要求高等特点，DAStudio 数据源管理使用统一的操作方式对接不同的业务数据库，对分析的数据进行跨库表关联查询。数据对接如图 3-33 所示。

图 3-33　数据对接

（2）数据模型

数据模型的定义是将物理世界中的设备类型、工艺流程，抽象成一个通用的数据模型，并实例化成数据对象，来适配被映射到不同的物理实体，构建数字孪生体，相同场景可以复用同一个数据模型。数据模型还支持定义不同的属性，包括动态指标、计算指标及静态的属性。以分析风力发电机是否异常为例，由前期的数据探查可以看出，风力发电机分析与 20 多个特征变量有关（如与机舱角、轮毂转、风速、机舱与风向偏角差、变桨角度、变桨速度、变桨电机电流、变流器等有关），所以首先需要创建一个有关这些变量的数据模型。

数据模型是基于知识、工业机理和数据构建的，优势在于沉淀了一定的行业知识，对即将要分析的对象特征或属性清晰明确，操作简单高效。构建数据模型示意如图 3-34 所示。

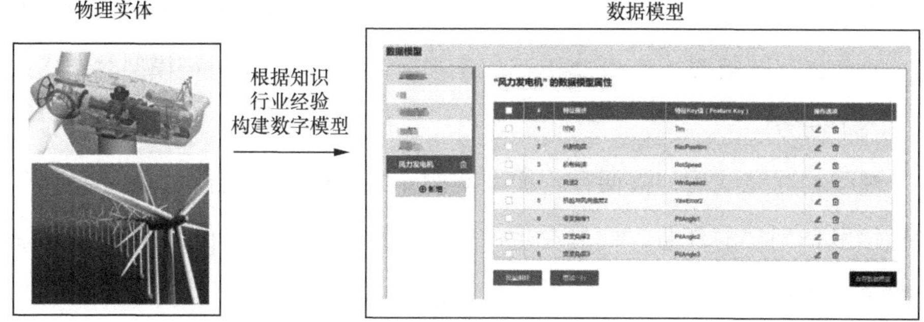

图 3-34　构建数据模型示意

（3）数据对象

数据模型关联数据库中的数据后，实例化成数据对象。一个数据模型可以实例化成多个数据对象，使得知识和经验可以复用。

（4）模型拓扑图

数据模型之间可创建子属关系，可对多物理、多层级的模型进行扩展，模型指标间支持关键绩效指标（KPI）计算，可定义计算公式，根据指标之间的嵌套关系及指标包含关系自动生成模型拓扑图。

（5）自定义分析组件

DAStudio 支持用户上传自定义组件，完成特定高级功能的开发，用户按照输入 / 输出格式编写代码，代码的逻辑计算部分由用户自己控制，然后以文件形式上传，即成为可拖曳的组件，在工程操作页面上显示出来，用户自定义上传的组件能与平台提供的组件相连接。自定义组件方便用户根据实际业务需要上传行业特定组件，方便组件扩展。

（6）工程

DAStudio 分析建模过程是在工程中实现的，工程是拖曳式数据分析建模流程，可实现对落入数据库或文件中的数据进行分析、建模。执行完成的工程可以发布成实时、定时及交互式任务，用于对新数据进行分析和预测。

（7）模型支持导入导出

DAStudio 支持用户将训练好的模型导出为预言模型标记语言（PMML）格式文件，灵活部署在不同边缘端计算，也可与其他平台进行模型共享。

（8）任务

模型创建完成后，被保存到模型实例库中，用户可将模型实例库中的模型直接发布为实时任务，使其在生产环境中运行，对设备的实时健康状态及故障进行预测分析。

3. 推广应用性

（1）梳理车辆设备层级结构关系

数据模型建立的前提是车辆、系统、设备层级结构清晰，建模平台根据机理模型梳理分析建模所需要的特征属性，沉淀知识和经验，为后续相关分析形成可参考的模板。

（2）数据统一管理，信息共享协同

该建模平台打通各子系统的设计、运营相关数据，将所有车辆数据统一集成到数据管理中心，采用分布式存储和计算技术，提供工业大数据的访问、处理以及异构数据的一体化管理能力。

（3）训练机器学习模型，执行预测分析

该建模平台针对各子系统设备，根据历史数据训练机器学习模型，通过采用大数据、云计算、机器学习、IoT 相关技术，最终使模型可以在实际生产环境中运行，对设备的实时健康状态及故障进行预测。

（4）建立智能决策可视化系统

该建模平台通过对设备运营数据进行统计分析，建立从设备备件到财务、管理等方面的智能辅助决策系统，动态、实时地展示运营相关信息，方便企业更宏观地对资源进行调度，对设备进行健康状态评估和预测，制订设备维修保养方案。

3.5.2　数码大方的 CAXA 3D 实体设计

1. 产品主要特点

CAXA 3D 实体设计是集创新设计、工程设计、协同设计于一体的新一代 3D CAD 平台解决方案，具有完全自主的知识产权，易学易用，稳定高效，性能优越。它提供 3D 数字化方案设计、详细设计、分析验证、专业工程图等完整功能，可以满足产品在开发和定义流程中各个方面的需求，帮助企业以更快的速度、更低的成本研发出新产品，并将新产品推向市场，服务客户。在专用设备设计、工装夹具设计、各种零部件设计等场景中得到了广泛的应用。

CAXA 3D 实体设计可解决以下问题。

① 传统的 CAD 主要针对零部件建模，缺乏对产品设计的有效支持。

② 不能将零部件模型与装配模型直接关联，使模型复杂且维护困难。

③ 不能有效解决概念设计中零部件布局、联结与配合关系定义等方面的问题。

④ 缺乏对符合国际、国家和行业标准的 3D 参数化标准件库的支持。

⑤ 缺乏具有行业特色的方便、快捷的造型工具和特征库。

⑥ 产品设计与设计对象本身固有的设计流程缺乏相关性，造成设计过程不规范，过分依赖设计人员。

⑦ 将 CAD 看成 3D 建模工具，缺乏设计规范与知识的支持。

⑧ 产品设计的各个环节难以实现在数据、功能、过程上的集成，缺乏统一的产品信息模型。

⑨ 难以实现在网络平台上的设计过程的协同及远程异地设计资源的共享。

2. 功能创新性

CAXA 3D 实体设计的关键技术及核心竞争力体现在以下几方面。

（1）3D 与 2D 的集成应用技术

CAXA 3D 实体设计集成了完整的 2D 电子图板产品。用户可通过标准视图、投影视图、向视图、剖视图、局部放大图等功能方便地得到符合制图标准的图样，在一个软件中既可以制作 3D 模型，又可以快速地得到对应的符合标准的 2D 图纸。

（2）建模中的智能更新技术

智能更新技术是 CAXA 3D 实体设计特有的设计模式。此种更新技术可以保证在零部件的特征之间没有严格的依赖关系但又能完成根据局部历史关系进行模型更新。其具有简单、直接、快速、所见即所得的特点。

（3）3D 数据关联技术

通过此技术用户可以对不同种类的 CAD 模型进行关联，将原来分割的两个 CAD 体系联系起来，使两个 CAD 体系不再是孤立的系统，实现了在两个或多个 CAD 体系之间进行混合建模的设计方式。如果用户对原始模型进行了修改，可以直接对另一类系统中的 2D 模型进行更新，从而省去了重新导入、建模、转换、标注、整理的工作。

（4）图素库技术

CAXA 3D 实体设计的设计元素库包含图素、高级图素、钣金、工具标准件库、渲染、动画、贴图、纹理、颜色等，以及标准件与设计工具。此外，用户还可利用 CAXA 3D 实体设计强大的参数化设计能力，对零部件进行详细的参数化设计，生成参数化、系列化的图库。客户可快速、便捷地得到理想的产品模型，实现知识和资源的重用。

（5）大装配文件的显示、存储技术

大装配文件具有模型复杂、零部件多的特点。因此，用户在打开大装配文件进行操作保存时很容易卡顿。CAXA 3D 实体设计对模型显示和存储过程都进行了优化。

（6）3D 数据接口技术

当前用户操作的模型可能并不来自同一出处。CAXA 3D 实体设计有功能强大的3D数据转换接口，可以支持市场上大部分主流3D数据格式之间的相互转换。

（7）智能装配技术

该技术建立了一种快速、便捷、智能化的装配方法，使零部件从生成到装配，最后生成工程图和物料清单完全实现自动化，主要分为两大部分，即建立零部件库及装配方法的实现。

（8）文件信息提取技术

CAXA 3D 实体设计提供了功能完备的文件信息提取技术，可以快速获取文件的各种属性信息、零部件物料清单（BOM）信息，并且还能够实现模型文件预览功能，不仅可以预览 3D 模型，还可以在窗口中拖动、缩放查看它，为用户使用带来了极大的便利。

（9）智能注释技术

CAXA 3D 实体设计提供了一种灵活的智能注释技术，它不仅可以在模型上灵活地添加注释，还可以根据设计过程分步改动设计模型而不破坏原有模型。用户在一步一步查阅注释的同时可以实时查看模型的具体修改情况。

（10）3D 球技术

3D 球技术是 CAXA 3D 实体设计独有的专利技术，可以为客户在 3D 环境下对零部件或装配体的高效操作提供解决方案。3D 球技术可进一步增强实体设计中操作的灵活性，大幅提升设计效率。

（11）功能完备的二次开发技术

CAXA 3D 实体设计提供了一套功能完备的二次开发技术，用户可以利用二次开发技术操作软件的任何层面，包括软件架构、文件结构、模型建模、属性信息等。

3. 推广应用性

（1）前景

数据显示，2019 年，我国工业软件产品收入 1720 亿元。2012—2019 年，我国工业软件产品收入年复合增长率为 20.34%。2020 年，我国工业软件产品实现收入 1974 亿元，同比增长 11.2%；2021 年我国工业软件产品实现收入 2414 亿元，同比增长 24.8%。逐年增速也进一步表明，当前我国工业软件市场已处于快速发展期。

（2）实践

CAXA 3D 实体设计作为企业创新发展的重要基础，服务的重点行业和领域包括航空航天、船舶、电力、家电、电子、汽车、石油化工、工程机械、机床、仪器仪表、农业机械、矿山机械、模具等。目前，全国正版应用总量接近 10 万套。

（3）推广

北京数码大方科技股份有限公司（简称数码大方）始终坚持“为客户创造价值”的技术和服务理念，重视用户体验、不断提升本土化服务能力，在全国建立了 13 个营销和服务中心；企业以“精准推广、精准营销、合作共赢”的理念，在各个区域通过行业、区域、定向、综合 4 种路径进行产品推广。同时数码大方通过行业大型展览会、30 家行业协会、80 个网络媒体和智能制造体验中心展示、大方工业云等渠道，结合线上线下多种形式推广宣传，有效助力企业业务开拓和软实力提升。

3.5.3 东软集团的数据建模工具

1. 产品主要特点

东软集团的数据建模工具是数据科学平台，能够提高企业构建智能应用的能力及效率，简化复杂机器学习算法的使用成本，从而帮助企业实现数据驱动的商业模式。平台产品基于大数据分布式处理框架提供一站式机器学习与分析服务，提供全流程可视化的特征分析、模型构建评估及部署应用功能，采用最新 AutoML 自动化机器学习及 ModelFlow 全流程预测服务，降低 AI 技术在企业中的使用成本，帮助企业提高智能应用的构建能力及效率。

2. 功能创新性

平台采用 Notebook 的方式来提高模型构建效率及团队之间的协作能力。通过 Notebook 可视化操作的形式，机器学习系统能够对数据科学家所有的操作进行完整的记录及展现。通过可视化引导式的 Notebook Web UI 的模型构建形式降低大数据挖掘的使用成本。

相较于传统的单机垂直扩展计算能力，数据科学平台更加强调计算能力的横向扩展，通过分布式计算、分布式内存技术支持用户对海量数据进行挖掘、建模。在领域专业知识方面，数据科学引入自然语言处理技术、本体技术、信号图像处理技术来支持用户对半结构化及非结构化的文本、音频、视频数据进行处理，实现多源数据的统一集成，从而大大提高数据挖掘的精准性。

3. 推广应用性

数据科学平台支撑的技术应用涉及的领域越来越广，其中典型应用场景包括客户智能、异常监测、欺诈风险分析等。数据建模工具基于大数据智能分析挖掘技术将在行业领域中获得广泛应用，使得每个企业都能够利用精妙的数学算法及大数据处理技术来解决其面临的具有挑战性的业务问题。

3.5.4 朗坤的苏畅工业数据智能平台

1. 产品主要特点

苏畅工业数据智能平台是专注于工业数据智能的开发平台，是数字孪生数据管理、分析、建模工具，实现了从数据集成、预处理、特征工程到模型训练、评估与服务开发的一站式 AI 开发平台。平台可帮助用户快速实现工业数据智能模型、数字孪生模型建立与应用，让 AI、数字孪生技术更好、更快地服务于工业领域。苏畅工业数据智能平台界面如图 3-35 所示。

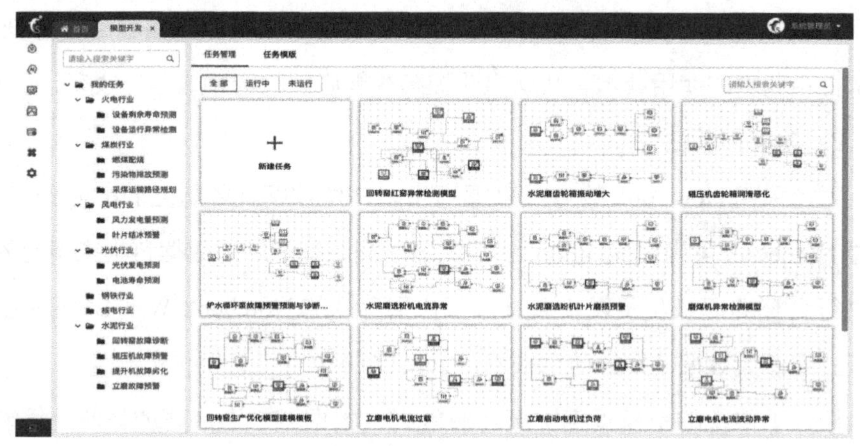

图 3-35　苏畅工业数据智能平台界面

2. 功能创新性

（1）苏畅工业数据智能平台实现了 AI 开发的全流程，支持多源异构数据采集、深度学习、机器学习、模型评估与模型服务发布，是一站式的 AI 数据建模与数字孪生建模平台。苏畅工业数据智能平台的部分算法组件如表 3-6 所示。

表 3-6　苏畅工业数据智能平台的部分算法组件

序号	类型	组件场景	组件名称
1	算法库	数据采集	TrendDB 历史采集、本地 csv 文件上传、MongoDB 数据采集、PostgreSQL 采集、Oracle 数据采集、Kafka 数据采集、TrendDB 实时采集、数据分割、数据合并、数据拆分
2		数据预处理	删除特定列、缺失值填充、去除重复值、保留特定行、sigma 准则、相关性分析、数据排序、数据描述、数据采样、数据差分、滑动窗口统计
3		数据可视化	折线图、一维 Kde 密度图、直方图、小提琴图、箱线图、联合分布
4		特征工程	多项式特征、Log 变化、Box-Cox 变换、标准化、独热编码、最大最小归一化、二值化、主成分分析（PCA）、特征重要性

续表

序号	类型	组件场景	组件名称
5		机器学习	支持向量机、被动共计分类、多层感知机、KNN、引导聚集算法（Bagging）、决策树、Adaboost 算法、随机森林、高斯朴素贝叶斯、K-means、一类支持向量机、孤立森林
6		深度学习	Squential、Dense、Dropout、MaxPool、CuDNNLSTM、Flatten、Compile、Activation、LSTM、Conv2d
7		模型评估	模型预测、分类评估、回归评估、混淆矩阵、ROC 曲线、Precision-Recall 曲线

（2）基于创新的前端交互方式，实现可视化、拖曳式 AI 建模。

该产品采用 Topology 绘图引擎，将复杂的 AI 建模过程通过拖曳、可视化的方式呈现，降低 AI 开发门槛，提高开发效率，如图 3-36 所示。采用有向无环图（DAG），支持查看各任务执行状态、查看运行日志、结果查看与导出、数据在线可视化等功能，解决了 AI 建模过程中训练进度不可知、运行过程不可控的难题，日志在线查看工具如图 3-37 所示，结果查看工具如图 3-38 所示。

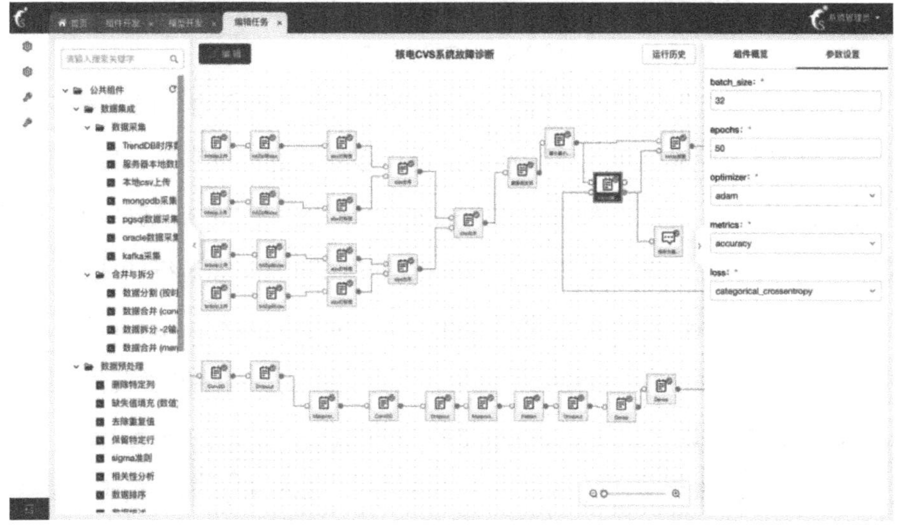

图 3-36 拖曳式 AI 数据建模

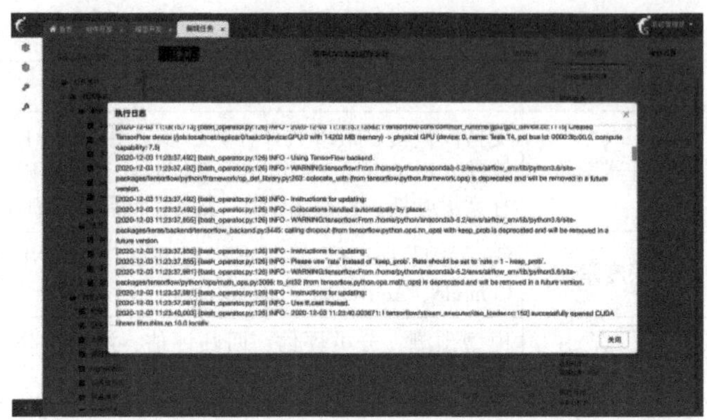

图 3-37　日志在线查看工具

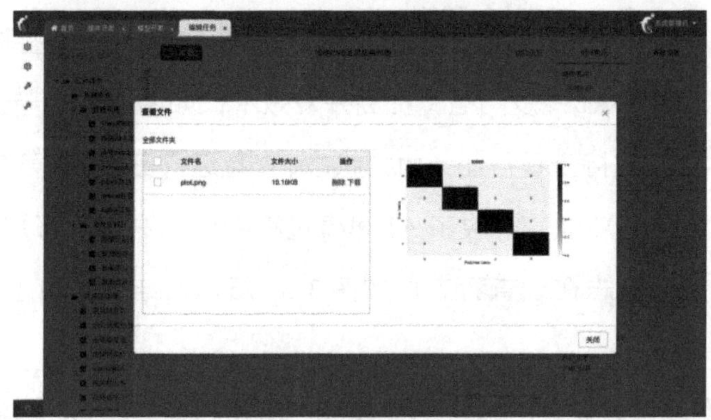

图 3-38　结果查看工具

（3）通过节点化流程运行机制，支撑多语言、多框架算法与模型兼容运行。

为了使平台更具通用性，实现多语言、多框架的算法开发，平台采用节点化流程运行机制，制定节点数据格式与交换规则，完成 AI 建模节点解耦，实现了同一建模流程下，多语言、多框架算法与模型兼容运行功能，同时支持主流 Python、Java 语言和常用 TensorFlow、Scikit-Learn、Keras 等框架。

（4）深度集成应用大数据技术框架，打造分布式、高性能建模调度引擎。

基于 Airflow 调度框架，平台打造了分布式、高性能的调度引擎。AI 训练过程时间长、算法消耗资源量大、计算任务依赖性高，平台采用有向无环图构建任务依赖关系，通过负载均衡切分工作流的任务，将多个任务分配至多台 Worker 上，解决了建模任务依赖与算法资源冲突的问题。同时建模工作流的每个任务均具备原子性，任务执行失败可以直接重试，无须重新运行建模工作流，提高了建模效率。

（5）模型自更新与多版本管理功能，实现模型全生命周期管理。

平台在实现模型训练、评估、优化的基础上，通过添加定时运行机制，实现了模型的定期自动更新与增量学习功能，解决了模型在实际应用过程中出现的准确率下降问题。同时增加了模型上线版本切换功能，强化工业数据智能模型迭代、更新管理机制。平台初步实现了工业模型的全生命周期管理。模型多版本管理如图 3-39 所示。

图 3–39　模型多版本管理

（6）在线组件定义工具与完善的开发标准，推进工业核心算法、模型积累。

算法模型积累是苏畅工业数据智能平台的核心工作之一。平台提供组件在线定义工具与开发标准，并在 Python 官方仓库 pypi 发布了 sushineAI 开发包。开发人员已在平台开发集成了近百个通用与细分领域的算法组件与模型。

3. 推广应用性

（1）应用实践

在煤矿行业构建近 50 个设备数字孪生与设备故障预测模型。

苏畅 AI 团队基于苏畅工业数据智能平台，为某煤矿集团下属公司的压风机、通风机、提升机等设备建立了近 50 个数字孪生设备故障预警与异常检测模型，先后发现压风机、提升机、通风机共出现 7 次设备劣化预警，实现了设备故障预警预测，降低了现场因设备故障意外停机导致的安全风险与财产风险，并提前发现排水泵阀门泄漏故障，初步估计可为企业每年节省 20 万元。

（2）推广模式

① 项目制推广方式

为企业输出苏畅工业数据智能平台，企业研发人员可基于平台构建企业自身的数字孪生应用。企业采用统一的建模平台，方便自身实现工业数据、算法、模型的积累。

② 平台制推广方式

苏畅工业数据智能平台可作为面向开发者和企业的开放式数字孪生建模平台。企业可通过苏畅数据智能平台发布课题、任务，并提供数据与奖励；苏畅工业数据智能平台可进行数据加密、竞赛发布、算法模型排名、算法交易等；算法开发者基于苏畅工业数据智能平台进行算法、模型开发。苏畅工业数据智能平台对接算法开发者与需求方，能加速 AI 技术在工业企业中的应用与落地，激活工业 AI 技术发展。

3.5.5 沈阳自动化研究所的数据建模工具

1. 产品主要特点

工业物联网低代码快速开发平台，主要用于快速、准确、便捷地搭建与工业物联网相关的操作展示系统。研发人员基于现有的工业物联网平台进行分析总结，推出了一个可通过图形化配置、拖曳、少量代码级的快速开发平台。

工业物联网低代码快速开发平台主要特点如下。

（1）少量编程：可以大大减少针对工业物联网平台系统的代码开发量，缩短工时。

（2）图形化界面：用户通过图形化的填写信息、拖曳等操作，即可完成对工业物联网展示系统的搭建，普通人经过简单的培训就可以使用，学习成本低。

（3）可拓展：针对工业物联网低代码快速开发平台中前台的控件、布局，后台的处理逻辑，该平台皆预留了可拓展的接口。用户通过导入配置文件或简单操作的方式即可拓展该平台的覆盖范围。当后续项目覆盖新领域后，用户通过分析对应特点，简单拓展现有的快速开发平台即可覆盖其他领域。

工业物联网低代码快速开发平台的开发流程包括创建业务数据、创建业务项目、创建业务结构、创建业务元素及绑定业务数据 5 个步骤，具体如下。

（1）创建业务数据，指的是研发人员根据业务的需要创建数据库与数据表，进行数据建模，如图 3-40 所示。

图 3-40　创建业务数据

（2）创建业务项目，指的研发人员在建立完数据模型之后，需要创建一个项目容器，进行项目单元的隔离和划分，如图 3-41 所示。

（3）创建业务结构，指的是研发人员根据业务需要，进行业务菜单的创建与分类，如图 3-42 所示。

图 3-41　创建业务项目

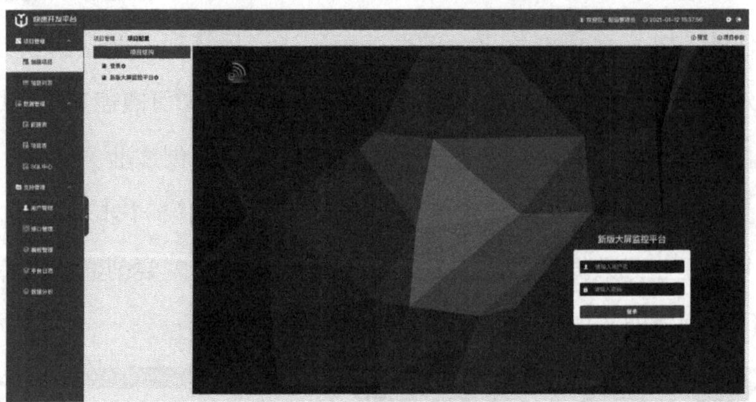

图 3-42　创建业务结构

（4）创建业务元素，指的是研发人员根据工业物联网低代码快速开发平台提供的元素类别选取元素画布区，配置出整个页面的轮廓，如图 3-43 所示。

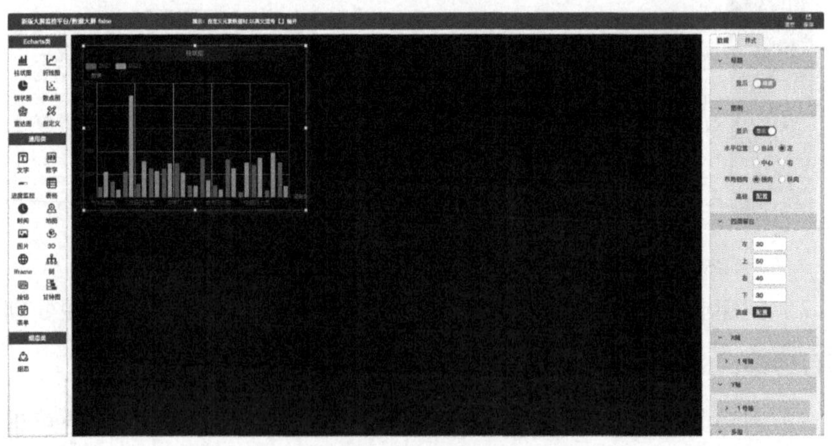

图 3-43　创建业务元素

（5）绑定业务数据，指的是每一个元素都需要与后台数据进行绑定，即与之前建立的数据模型进行绑定，从而达到从数据模型到元素模型的转化，如图 3-44 所示。

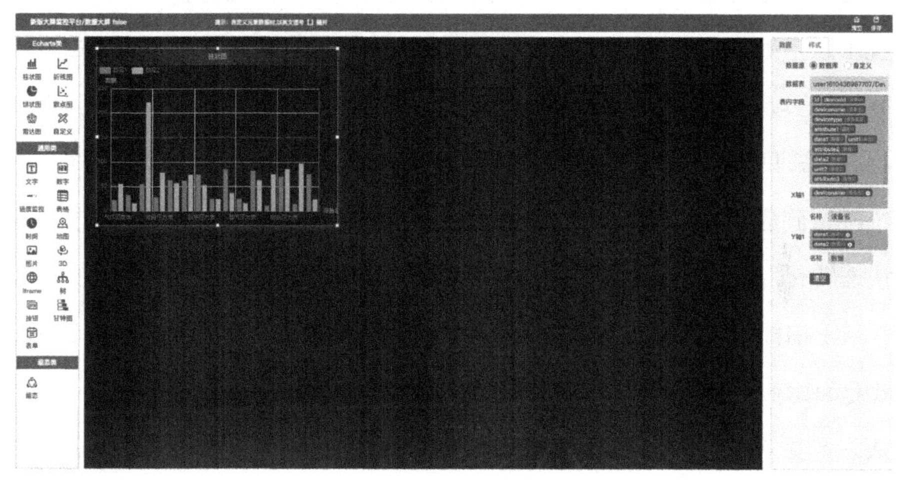

图 3-44　绑定业务数据

2. 功能创新性

（1）零编程：可以大大减少代码开发量，缩短工时。

（2）全图形可视化配置：用户通过图形化的填写信息、拖曳等操作，即可完成展示系统的搭建。

（3）扩展性好：针对快速开发平台中前台的控件、布局，后台的处理逻辑，预留了可拓展的接口。

（4）简单易用：普通人经过简单的培训即可使用，学习成本低。

3. 推广应用性

目前，工业物联网低代码快速开发平台已经在石化、汽车、铸管和电梯等多个领域中应用，用户在采集完工业业务数据之后，可以直接通过拖曳的方式快速建立平台系统，并通过业务模型的绑定快速实现企业应用，形成高效、易用、低门槛的快速开发工具。

3.5.6 震兑工业的白泽数字孪生管理系统

1. 产品主要特点

震兑工业智能科技有限公司（简称震兑工业）研发的白泽数字孪生管理系统（以下简称白泽）定位于过程赋能，为装备的设计、研制、测试提供所需要的工具。白泽产品包括大数据平台、建模、模型资产库、模型引擎、边缘计算、知识平台 6 个子系统，纵向打通了从数据采集、边缘计算、分析建模、系统部署到应用实践的闭环，通过采用“软 + 硬 + 服务”全栈解决方案将数据快速转化为价值。

（1）白泽 - 大数据平台可提供数据分析模型服务。工业数据面临 Broken、Bad Quality 和 Background 的挑战，白泽 - 大数据平台能够打通从原始数据接入到数据输出的全链路、实现海量工业数据的低操作门槛、进行数据的交互式探索分析、进行可视化应用开发，建立企业的数据分析模型服务平台。

（2）白泽 - 建模、白泽 - 模型资产库、白泽 - 模型引擎可作为数据建模工具为应用提供支撑。工业企业数据建模团队面临建模效率低、建模门槛高、资产难以沉淀、团队协作困难、开发与实际应用间壁垒高、持续维护困难的窘境，白泽 - 建模、白泽 - 模型资产库、白泽 - 模型引擎可帮助工业大数据开发者有效挖掘数据规律、快速构建部署运营预测模型。

（3）白泽 - 边缘计算可作为管理壳平台工具的重要组成部分。针对工业数据难获取、设备难控制、计算难实时的问题，白泽 - 边缘计算系统通过多样的数采规则实现多源混合数据采集，能够快速规模化设备接入和控制管理，进行直观的图形化显示和机器学习模型一键快速部署。

（4）白泽 - 知识平台可作为在工业领域中发挥重要作用的知识管理工具。工业界有大量的专业领域知识，这些万物互联数据、行业标准、书籍文档案例、宝贵经验等散乱在各个节点，无法使应用价值最大化。白泽 - 知识平台通过为数据添加语义，形成语义网络，构建专家系统，建模人类经验，逐步形成可为智能应用提供支持的知识图谱，将工业信息表达成更接近人类认知世界的形式，弥合了大数据机器学习底层特征与人类认知的语义鸿沟，加速了机器智能的发展。

2. 功能创新性

（1）白泽关键技术

白泽是信息技术、运维技术、数据技术、平台技术和人工智能的集大成者。

① 稳定可靠的信息技术：基于 Thingsboard、Spring Boot、RabbitMQ、Protobuf、Vue.js 打造的白泽，具备分布式、跨平台、可扩展、高可用等多种特性。

② 流程化、自动化、可追溯的特色运维技术：基于领域知识进行的系统设计、数据价值探索挖掘和工程化实施。

③ 体系化、地图化、易管理的数据技术：源于智能分析、行业大数据应用的落地需求反馈，沉淀积累形成科学的数据分层、具备工业特色的体系化数据流转闭环。

④ 低门槛、可监控、易调度的一体化平台技术：提供数据集成、存储管理、查询分析、资源支撑全数据流程链路赋能，确保各利益相关方对平台现状深度把控。

⑤ 零代码、自定义、可发布领域定制人工智能技术：集成震兑工业多年的工业智能建模技术，降低建模门槛，提升模型质量，满足个性化场景需求。

（2）白泽数字孪生系统的创新性

① 降低工业智能建模门槛：提供大量具备行业属性的算法模板、屏蔽多数据来源所带来的数据整合困难问题。

② 提升工业数据价值闭环效率：简明易懂的可视化操作方式、从数据到决策的“一站式建模”过程。

③ 赋能企业工业智能研发体系建设：具备强行业属性的样例及模板集、安全可靠的 IP 保护机制、灵活的定制化扩展开发模式、完整的算法团队合作开发体系。

④ 智能资产和开发资源的效率最大化：最大限度地对已有资产进行高效复用、对资产进行安全防护、规范化管理。

（3）白泽具有六大核心竞争力

① 标准化数据网关：工业多样化系统，差异化工业协议数据的解析与标准化接入集成管理。

② 可视化数据中台：分层体系化、可视化数据资产存储、管理，多形式的工业数据资源创建、管理与共享复用支撑。

③ 一站式建模支持：内置数百个行业算子和 10 余种数据可视化组件，通过“拖拉曳”的方式进行建模，所见即所得。

④ 丰富的行业知识：为典型行业与工业智能建模场景提供领域知识，帮助用户快速构建模型，加速业务闭环。

⑤ 灵活快捷的模型管理：用户通过简单的单击操作即可轻松将模型及流程发布到网盘或公共模型库中，具备高灵活性的算子市场。

⑥ 生产环境无缝对接：支持多种建模数据源，可将模型无缝部署至白泽模型执行引擎，将模型一键上线至生产环境。

3. 推广应用性

（1）白泽应用案例

白泽现已成功应用于船舶管理、智能风场、高铁轴承故障预测、智能模具产线、钢铁能源调度优化、刀具寿命预测等多个场景，应用效果如下。

① 可降低远洋航线船舶油耗 3% 以上。

② 可提前 28 天以上预测风机关键机械部件故障。

③ 可帮助某企业每年节约厂务能耗费用 380 万元。

④ 可降低数控机加工意外停机 60% 以上，节省数控机加工生产综合成本 16% 以上。

⑤ 可优化钢铁产线，每年节约能效成本 2300 万元。

⑥ 可将高铁轴承故障诊断的精准率提升到 90% 以上。

（2）数字孪生系统市场前景

目前，中国制造业正处于转型升级的关键时期，发展数字孪生是重塑工业软件生态系统和实现智能制造服务的切实之路。据统计，2019 年我国数字孪生产业规模已达到 5.6 亿美元，其中工业制造占比 33%，规模达 1.8 亿美元。随着 5G 和 IoT 时代的到来，数字孪生可以被无缝应用到各个行业，预计到 2024 年，我国数字孪生市场规模有望达到 48.1 亿美元。

（3）数字孪生系统推广模式

白泽数字孪生系统可以通过灵活创新的商业模式进行推广应用，发展平台生态。

面向工业行业企业或者科研院所，通过项目进行销售，逐步形成以点到面的市场示范和推广，迅速扩大数字孪生系统在不同行业和企业用户中的影响力，增加使用平台的行业和企业数量。

根据软件产品形态，面向不同行业的智能管理应用具备向下与控制系统深度结合和向上与业务决策系统深度结合的价值创造能力，以此为基础可以产生分润、咨询和服务、软件许可证等组合的商业模式，满足不同行业客户的不同合作模式需求。

3.5.7　智模软件的“供应链优化大师”

1．产品主要特点

智模软件（上海）有限公司（简称智模软件）的主营产品是“供应链优化大师”。它可以让企业迅速建模、优化，并模拟其供应链运作，从而大幅度降低运输、库存、采购和生产成本。

2. 功能创新性

与其他厂商采用的“自下而上”的方式不同，智模软件认为供应链网络优化及路线优化的项目实施方式应当是“自上而下”的，即从宏观角度出发，通过建模技术及情景分析从战略角度出发设计整体供应链布局，同时也能兼顾战术角度的路线优化问题，战略结合战术。智模软件提供的是基于同一个模型，用户可以非常便捷地创建一个甚至多个场景，并且可以方便地在多个场景中进行比较，以确定最终方案的服务。网络优化各线路计费数据逻辑示意如图 3-45 所示。

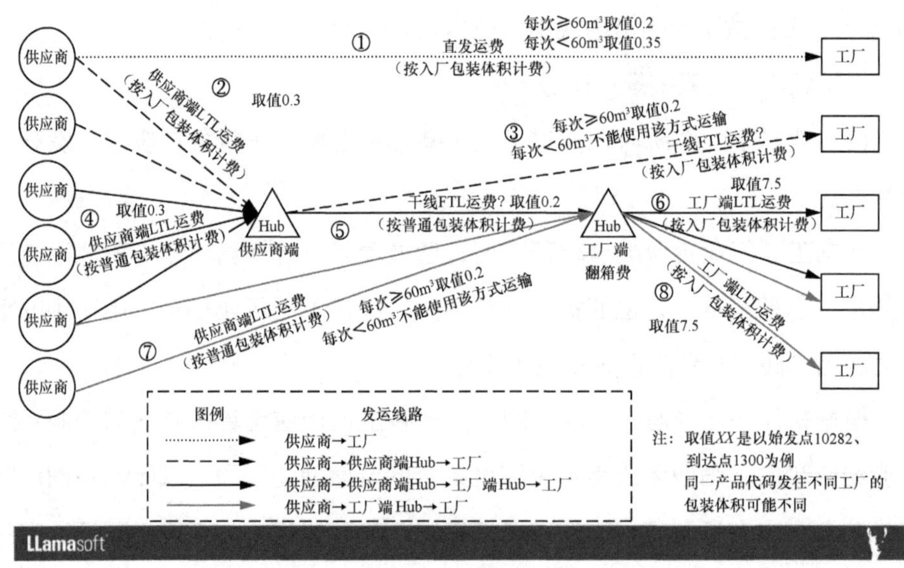

LTL：卡车零担货物　FTL：整车运输　Hub：多端口转发器

图 3-45　网络优化各线路计费数据逻辑示意

针对上述入场物流模型，智模软件考虑不同供应商到工厂的不同运输方式：

① 直发及对应的运费计算方式；

② 供应商端设立 Hub 进行整合再发运至工厂，不同的运输方式及运费计算方式；

③ 工厂端设立 Hub 进行整合再发运至工厂，不同的运输方式及运费计算方式；

④ 供应商端和工厂端设立 Hub，Hub 之间通过 FTL 运输，最终发运至工厂。

对上述的场景进行计算，以成本最优作为优化方向，得到以下结果，总成本比基准模型降低 7%，并且模型给出了最佳的运输路线及运量。

3. 推广应用性

（1）产品流优化场景

按照当前的可选线路和运输模式，寻找成本最优的运输方案（允许优化仓库可服务的范围），评估与基准场景在成本（包括不同运输方式的运输成本、仓库作业成本、仓租成本）、平均运输里程（按不同运输方式展示）、平均交期（按不同运输方式展示）、中转运输比例及不同运输方式比例上的差异。

（2）改变网络站点布局的场景

如仓库选址和产品流向优化，评估对成本（包括不同运输方式的运输成本、仓库作业成本、仓租成本）、平均运输里程（按不同运输方式展示）、平均交期（按不同运输方式展示）、中转运输比例及不同运输方式比例的影响。

（3）中转运输比例和不同运输方式比例的影响

在不改变供应链网络的前提下，针对产品应该从哪里采购、哪里生产、经过哪些 Hub、最终送到哪些客户等问题，考虑成本最优、平衡服务时效等因素，模型给出最佳方案。

3.6 建模工具供应商的业务流程建模工具

3.6.1 大通惠德的设备状态智能监测与故障诊断平台

1. 产品主要特点

北京大通惠德科技有限公司（简称大通惠德）自主研发的设备状态智能

监测与故障诊断平台，通过采集设备振动、温度、压力等信号，实现设备状态求解、判断、告警及常见故障诊断等功能，支持客户全面、实时掌握设备运行状态及其变化，降低出现设备安全事故的风险，减少异常停机出现次数，促进设备预知维修体系建设，形成设备智能化维护的团队、能力、规范，从根本上提升工厂的运营水平。

2. 功能创新性

（1）关键技术创新

① 部件数字孪生。平台系统对部件的专有振动特征进行提取，构建设备部件的数字孪生体，实现对部件状态的实时计算分析监测。

② 自学习智能模型。通过对设备部件提取特征的历史数据及工艺数据的自学习，构建多维智能的告警模型，实现对设备智能监测。

③ 高性能可视化。系统设计上以高性能可视化为核心理念，将设备结构、传感器布局、数据、特征、模型、状态等因果逻辑链，设计成一个有机、可视化数字孪生对象，用户通过直观的单击、拖曳等操作，实现数据的大量运算、关联及呈现，可以自由组合的各类图谱种类多达十几万种。

④ 智能化自动诊断。系统针对不同设备的类型、结构及运行特点，设计相应的监测与故障诊断模型，实现对设备在线健康实时计算分析、仿真与准确诊断。

（2）产品与服务创新

该平台提供高度智能化的工业软件，内置行业标准、设备机理、算法及主流部件的参数故障特征等数据，具有强大的计算性能，用户可通过拖曳完成数据的组态分析，可以自由组合的各类图谱种类多达十几万种，可实现智能预警、智能诊断、可视化数据分析等。

（3）模式创新

传统在线监测系统故障诊断是通过传感器采集数据初步报警以后，由信息诊断分析人员进行数据分析诊断。由于传统在线系统数据分析专业要求高，工厂故障诊断分析一般被外包给系统厂商委派驻场工程师或通过远程监护实现。企业设备由外包厂商远程监护进行数据分析，这必定导致数据安全隐患，尤其是国内大型企业采购国外的设备及在线监测系统产品时，数据分析故障、诊断往往由国外工程师远程进行，数据安全隐患更加显著。而该平台针对不同设备的类型、结构及运行特点，设计相应的监测与故障诊断模型，平台内置国内外专业的技术标准、数学模型等，可实现数据驱动的自动诊断，将传统的设备故障诊断、数据分析由驻场、远程监护的人工服务模式，向自动化、智能化的模式转变。

3. 推广应用性

该解决方案已服务于石油石化行业的中国石油长庆石化公司、恒力石化股份有限公司及中国石油长庆油田公司的采气一厂、采气二厂、采气四厂、采气五厂、采气六厂等企业，解决了行业监测不准、规模推广不易的关键问题。项目投用后，为保障企业生产运行、降低设备维护成本、减少非计划停机的生产损失、延长设备寿命等方面带来了显著效益。

该解决方案可广泛用于石油化工、电力、钢铁、煤炭、水泥等工业生产企业，解决设备故障预警与诊断问题，降低安全风险、减少非计划停机的生产损失。

该平台可自动对设备健康进行计算分析、故障预警、自动诊断，极大地降低系统专业应用壁垒，解决企业设备管理的难点与痛点。

该平台是成熟的设备在线健康分析智能软件，在推广方面有以下优势。

（1）通用性

该平台基于设备机理，针对不同设备的类型、结构及运行特点，设计相应的监测与故障诊断模型，由于不同设备的类型、结构与运行特点具有部分共性特点，且设备部件振动信号特征提取及基于特征的自学习建模、趋势运算、自动诊断由系统智能完成，因此该平台具有普适性，可广泛应用于企业的旋转类设备（如离心压缩机、离心泵、电机、透平等）、往复式设备（如往复式压缩机、往复泵等）。

（2）易部署

该平台包含 B/S、C/S 及手机 App 不同的模式，软件部署简单方便，从软件安装调测、传感器组态、设备配置、数据核对到系统可用，一个工程师每月可为 30 台设备完成上述工作，具有良好的经济性。该平台可兼容不同产品的采集器数据，以及可融合设备相关的温度、电参、压力等数据，实现融合监测，兼容的接口协议包括 Web Service、RESTful、Http Post、实时数据库、对象链接与嵌入的过程控制（OPC）、Modbus-TCP 等。该平台具有良好的开放性，通过对数据进行治理，可以实现对外提供数据服务。

3.6.2 朗坤的设备机理建模平台

1. 产品主要特点

朗坤苏畅数字工厂设备层级建模技术是构建工厂与设备数字孪生体的技术基础，是打造设备机理建模平台的重要基石。设备机理建模平台特点及建模路径如图 3-46 所示。

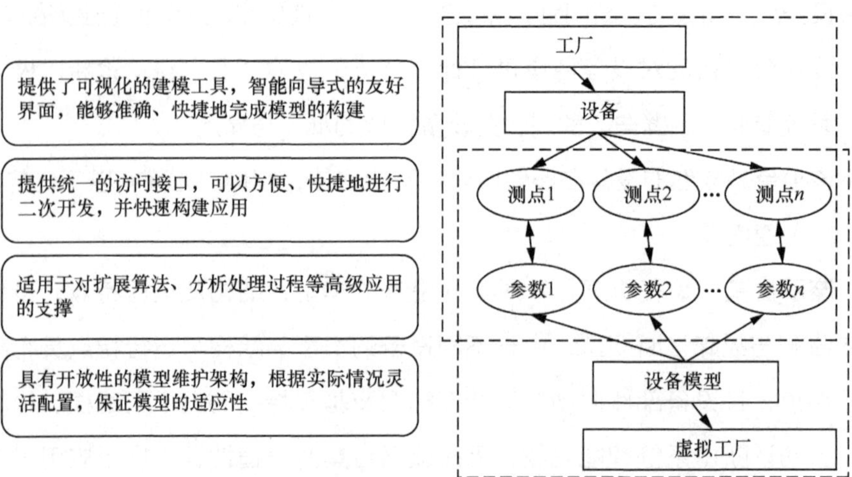

图 3-46 设备机理建模平台特点及建模路径

数据工厂建模技术支持从工厂到产线再到设备的逐层分解建模，每个层级节点作为一个建模对象，都可以自由扩展对象的属性信息。用户通过建立层级清晰的通用工厂模型，可以对设备的属性、部件、结构、监测参数、机理模式和评价指标进行建模定义。数据工厂建模如图 3-47 所示。

图 3–47　数字工厂建模

（1）可视化的机理规则建模

朗坤的设备机理建模平台采用将机理与大数据结合的技术手段，随着系统建设机理模型数量和复杂度的不断增长，平台需要能够高效、灵活地完成机理模型定义。平台需要集成更多的大数据分析模型和机器学习模型作为支撑，实现工业知识、经验的固化、分享，通过应用和反馈，持续迭代优化。

朗坤的设备机理建模平台通过可视化、可配置的方式将设备的各种机理模式固化到平台中。同时针对每一种故障模式，支持利用机理规则配置的方式将设备的机理知识模型化、规则化。可视化规则引擎如图 3-48 所示。

（2）基于大数据的规则计算引擎

基于设备预警与诊断在实现过程中需要构建大量的机理与大数据模型，

该平台需要一个高性能规则计算引擎支撑模型的运转。基于大数据的规则计算引擎是工业机理模型规则化和计算处理的核心组件，基于大数据的规则计算引擎的灵活性决定了该平台能够处理的工业机理模型的复杂度，基于大数据的规则计算引擎的性能决定了该平台计算处理的效率。

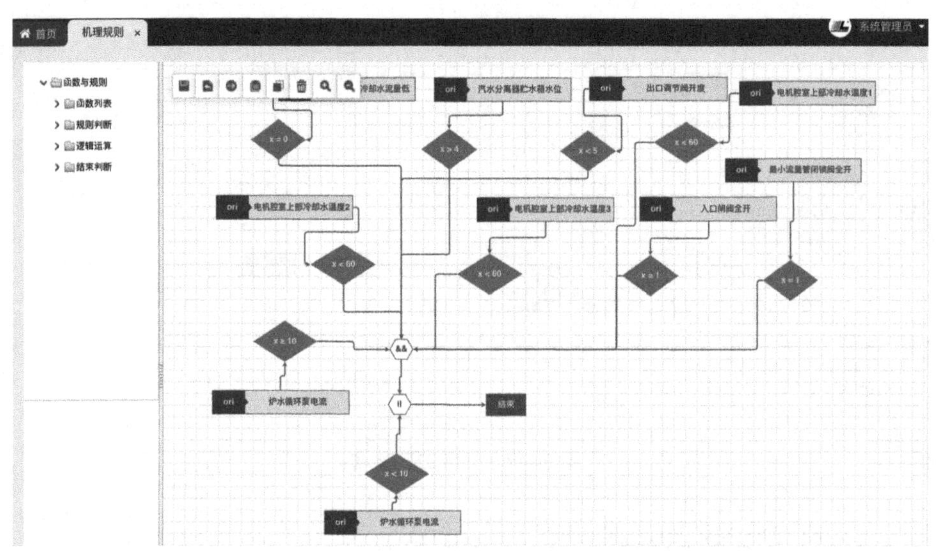

图 3-48　可视化规则引擎

基于大数据的规则计算引擎的计算框架需要实时处理采集的海量业务数据或者设备运行数据，计算框架必须具备高吞吐、低时延的特性。该方案选择 Flink 作为流处理计算框架，从时序数据库 TrendDB 中采集数据并进行计算，并将计算结果存储到分布式文件存储系统中，将产生的报警信息发布到消息队列。基于大数据的规则计算引擎如图 3-49 所示。

为了提高机理建模平台的计算效率，该方案通过分布式计算框架实现机理规则中各计算因子的并行计算。然后通过可视化规则引擎建模平台固化故障模式，定义计算因子，判断规则和逻辑关系。

（3）可继承、可复用的机理模型库

朗坤智慧科技股份有限公司基于 20 余年的行业积淀，积累了大量的设备运行诊断模型，包括炉水循环泵、汽轮机、真空泵、凝汽器、给水泵等。这些机理模型都是基于设备专家多年丰富的诊断经验提炼而成的，在该项目中用户可直接对它们进行复用。

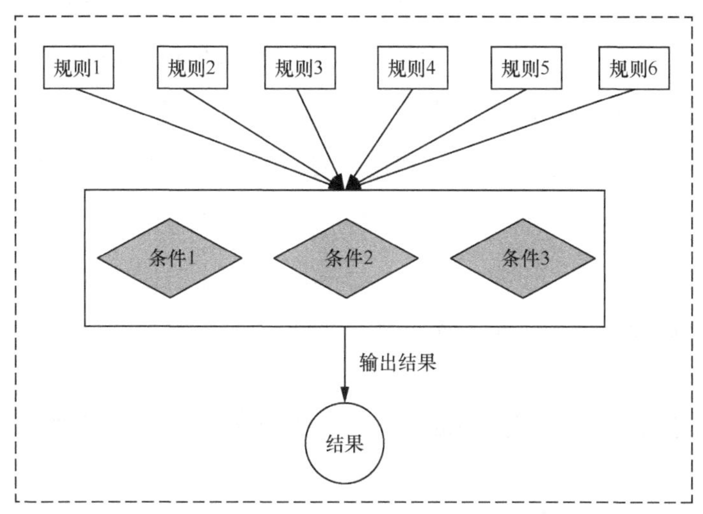

图 3-49　基于大数据的规则计算引擎

2. 推广应用性

（1）市场前景

该设备机理建模平台主要为中大型企业提供系统的流程管理、集成中台和数字化转型方案，极大地提升了企业的工作效率，并降低了冗余成本。

该设备机理建模平台 2020 年已经达到 30 亿～ 35 亿量级，增长率达 30% 以上，毛利率超过 30%。市场主要由国内外综合和专业 BPM 供应商组成，随着技术的成熟和市场的沉淀，国内供应商的市场份额逐年增加，达到 70% 左右。

（2）推广模式

① 项目制推广方式。为企业项目化输出设备机理建模平台，企业技术人员可基于平台构建企业自身的数字工厂 / 产线孪生应用。企业采用统一的设备机理建模平台，方便企业实现“工厂 – 产线 – 设备 – 部件 – 零件 – 监测参数 – 机理模型”的快速初始化与配置。

② 平台制推广方式。设备机理建模平台可作为面向开发者和企业的开放式建模平台。开发者可通过设备机理建模平台发布行业级通用的工艺模型，并将其封装成平台通用的行业知识包；企业用户在对工厂、工艺进行建模时，可快速调用行业知识包并复制。通过对资源供应方和需求方的双向激励，一方面可以鼓励资源方不断创新，提供更多的工厂工艺模型、工业机理模型、行业算法等交易资源；另一方面对需求方进行激励，鼓励需求者购买或者应用资源库，变相深化用户认知，培养用户习惯。

3.7 孪生模型服务供应商——产品研发模型服务商

3.7.1 PTC 的产品研发模型服务

1. 产品主要特点

PTC 在产品研发模型服务领域提供创成式设计、并行协同开发等数字化研发创新解决方案。

创成式设计能够从一系列系统设计要求中自主生成最佳设计，让工程师可以交互式地指定其设计的功能要求和目标，包括首选材料和制造工艺，通过 AI 和强大的高性能计算技术自动生成可立即制造的设计方案。

并行协同开发解决方案基于产品研制过程并利用数字化技术建立面向全生命周期的协同研制环境，消除总体与系统、设计各专业、设计与质量、设计与试验、设计与制造、设计与服务、技术与管理之间的障碍，实现异构系统间流程、数据的无缝集成，驱动产品的并行协同研制。

2. 功能创新性

创成式设计不同于传统 CAD 的建模方法，可以同时优化多个目标的设计，为设计人员提供多种新颖的设计选择，使公司能够大幅缩短工程周期。另外，在创建对人类而言不直观或通常需要深入的专业知识进行优化的约束驱动设计方面，创成式设计可以帮助经验不足的设计师创建出与更有经验的专家创建的设计结果相比不相上下的设计结果。

并行协同开发解决方案能够帮助企业消除数据孤岛，打通组织壁垒，通过数据而不是流程驱动产品的研发过程和产品创新。具体体现在以下 3 个方面：一是以客户需求为核心，关注产品的实际运行状态，通过对产品运行实际数据的分析，洞察新的客户需求，如功能、性能、可维修性、成本等，驱动新产品的迭代；二是重视用户体验，考虑协同人员的角色任务，实现以“数据找人”代替“人找数据”；三是重视协同研发效率的提升，打通跨系统流程，通过数据智能提升研发效率。

3. 推广应用性

创成式设计正在推动新一代 CAD 和工业产品设计革命，为产品设计带来了无尽的可能性，所以设计工程师的角色定位有望从根本上向更高级别的产品设计师进行转变。越来越多的工程师正在利用创成式设计软件来探索以前从未涉及过的设计方案。PTC 在创成式设计领域积累了丰富的客户案例，比如帮助通用电气公司对支架进行重新设计，与原始设计相比，重量减轻了 75%，同时对支架进行了优化以保持材料的屈服应力；帮助沃尔沃快速生成多种满足设计约束和不同加工方式的设计结果；帮助 Jacobs Engineering 优化便携式生命保障系统。PTC 在 CAD 领域拥有各个行业的众多客户，深谙各个行业 CAD 的痛点，会借助创成式设计的领先技术和丰富的实践经验为客户创造价值。

PTC 产品研发并行协同解决方案在工程机械、汽车、电子高科技、航空航天、国防、家电及其他工业行业中积累了丰富的客户案例和实践经验，可以帮助企业实现基于实际数据驱动的产品迭代；可以构建数字样机，提升研发效率，减少错误；可以加快变更影响分析，实现变更闭环管理；可以实现软件开发全生命周期管理；可帮助企业开展质量 / 可靠性规划、设计，实现规划、设计、检查和反馈的全生命周期闭环管理；可以构建端到端的研发流程，减少人工操作和等待时间；可以帮助企业构建研发管理驾驶舱，基于实际实时数据生成面向不同管理层级的研发效率的评价指标，实现研发效率的透明化和自我驱动管理。

3.7.2　北京航天智造的航空航天行业工业机理模型托管平台

1. 产品主要特点及应用场景

（1）主要特点

航空航天行业工业机理模型托管平台汇聚了研发设计仿真、生产过程管理、设备故障诊断、产品质量控制、服务效能提升等领域的工业原理、技术、方法、经验等多类机理模型，可实现行业知识的模型化与软件化。同时，通过对机理模型的统一管理和调度，支持机理模型的上传、下载、发布、审核、监控、检索、查阅和在线使用，可实现对航空航天行业的各种机理模型资源的高效管理，可有效解决工业机理模型存在的标准不统一、难以覆盖产品全生命周期、异构集成困难等问题，为企业用户提供模型分类搜索、模型下载、模型维护等一站式托管服务。航空航天行业工业机理模型托管平台如图 3-50 所示。

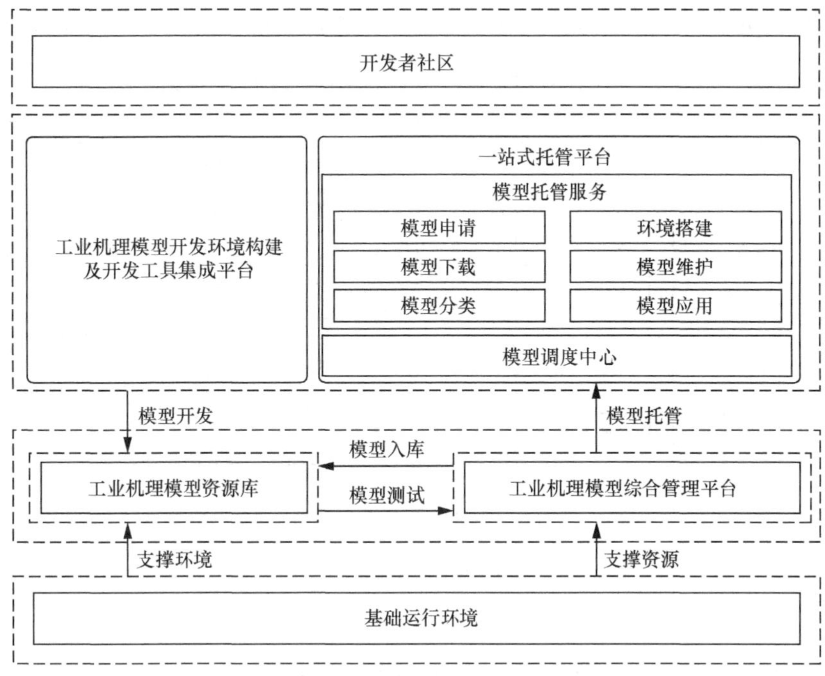

图 3-50　航空航天行业工业机理模型托管平台

工业机理模型综合管理系统提供对工业机理模型资源的统一管理和调用功能，包括底层运行调度中心、机理模型资源管理和模型库综合管理控制台，提供模型开发、调试运行、发布模型、审核模型、检索模型等全过程模型管理功能。工业机理模型综合管理系统如图 3-51 所示。

（2）应用场景

航空航天行业工业机理模型托管平台应用场景主要涉及航空航天行业产品研发模型服务、装备机理模型服务、生产工艺模型服务及数据分析模型服务等服务场景。

① 航空航天行业产品研发模型服务

在航空航天行业复杂的产品研发设计场景中，航空航天行业工业机理模型托管平台通过封装产品关键部件设计仿真等工业机理模型，如仿真调度模型、参数化建模模型、产品虚拟样机设计优化模型、耦合信息传递模型、多学科优化模型等，提供基于工业互联网平台的多专业协同设计和优化迭代、跨单位协同研发、产品整体性能优化等产品研发模型服务。

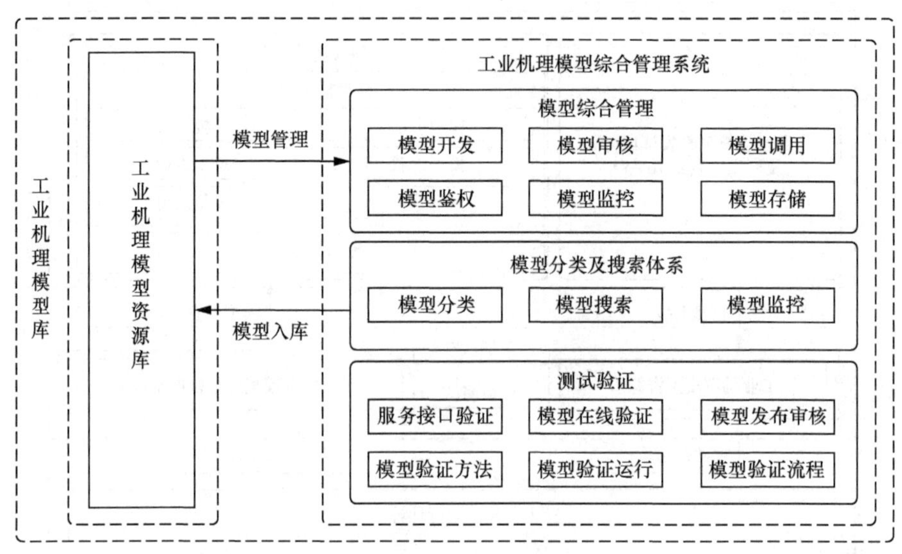

图 3–51　工业机理模型综合管理系统

② 装备机理模型服务

在航空航天行业复杂的产品研制场景中，该机理模型托管平台通过异构试验数据集成和深度挖掘分析，形成产品质量控制多类工业机理模型，如制造资源 / 能力精准协同模型、跨企业协同设计模型、跨企业柔性排产模型、智能生产装配模型、试验或测试运行状态可视化模型、试车试验工况识别及故障诊断等工业机理模型，结合产品设计、试验、生产、运行和服务等全生命周期的数据采集和集成，形成航空航天行业产品研制全流程的数据协同能力。

③ 生产工艺模型服务

针对航空航天行业产品生产工艺模型服务场景，该机理模型托管平台覆盖产业链多个环节，从工厂（企业）、生产线到制造单元 / 设备多个层面开展服务效能提升应用，形成装备保障、计划调度与资源优化、设备利用率、综合统计分析、计量检测结果统计分析等工艺相关机理模型，实现在管理过程中对人员、设备、材料、进度、成本的把控与合理调配。

④ 数据分析模型服务

在航空航天行业多品种单件小批量生产过程管理场景中，该机理模型托管平台通过接入航空航天行业产品配套生产企业的机器人、AGV、CNC 加工等设备，采集工业现场的仓储、物流和生产执行数据，基于数据集成与分析服务形成设备实时监控模型、产线仿真优化模型和有限产能排产模型等机理模型，结合协同产品定义管理（CPDM）、能力需求计划（CRP）和云制造运营管理（CMOM）等应用，开展基于 MBD 的生产协同、柔性敏捷生产、产线效率优化等应用。

2. 功能创新性

（1）针对航空航天领域制造过程影响因素多，多学科知识耦合性强，机理模型使用范围有限，以及机器学习的数据模型难以推理 / 回溯（可信度不高）等问题，该平台实现基于多领域建模方法构建航空航天领域机理模型库，结合大数据实现机理模型的参数智能优化，提高了工业机理模型和机器学习数据模型的通用性和可信性。

（2）针对工业应用构建中多源异构知识、数据、模型难以软件化的问题，该平台实现了基于微服务 / 功能即服务（FaaS）模式的模型驱动的工业 App 构建方法，提供了开放架构的“工业机理模型 + 数据 + 流程”的开发工具集，实现了以机理模型为载体的 App 自动化、智能化构建。

（3）针对航空航天领域机理模型特征差异大，缺少标准化和规范化管理手段的问题，该平台实现了面向航空航天领域机理模型建立完整的多维分类体系和基于知识图谱的跨平台搜索服务，支撑灵活、易扩展的收集和分类管理，实现了工业机理模型库建设、管理、应用的系统化、专业化和标准化。

3. 推广应用性

（1）应用情况

针对航空航天行业产品研制生产企业面临的产品研发过程资源整合与配

置灵活性差，供应链物流信息不透明，设备故障预测能力差等问题，该平台汇集了一批覆盖产品生产过程管理、设备故障诊断、产品质量控制和服务效能提升等方面的工业机理模型，该平台结合平台接入的资源数据，在企业生产过程业务和管理流程数据的跨领域平台集成、航空装备的健康状态预测评估、故障诊断、大型模拟试验平台状态监控、故障预测及诊断等领域进行了实践，提升了企业数字化、智能化管理能力。

（2）推广模式

面向航空航天行业的工业机理模型库是我国航空航天事业数字化及智能化发展的重要基石。在航空航天行业工业机理模型托管平台的推广过程中，充分利用航天云网跨行业、跨领域的工业互联网平台及云制造生态布局已有的基础，通过航天云网平台、区域工业云平台、行业工业云平台、企业云平台和第三方工业互联网平台为航空航天全产业链企业提供覆盖设计仿真、生产过程管理、产品质量控制、故障诊断、服务效能提升等领域工业机理模型和工业 App 服务，提升航空航天行业工业原理、技术、方法的软件化、模型化的能力。同时基于航天云网平台运营能力，联合工业机理模型、算法模型及工业应用开发商、区域或垂直行业的第三方平台共同运营构建工业机理模型库生态，面向全国航空航天行业企业开展应用推广，逐渐建立互利共赢的商业模式和市场化机制。

3.7.3 格物致道的设备研发运维数字孪生平台

1. 产品主要特点

客户通过使用设备研发运维数字孪生平台，可以在相关设备的研发过程中，通过实体设备的设计与性能参数等实时数据与虚拟数字孪生模型同步交互，实现实体设备的全部要素在数字孪生虚拟设备中的同步更新。杭州格物致道科技有限公司产品的底层代码中集成了客户所要研发设备的基于将设备物理机理及现场采集数据耦合驱动的迭代分析模型，客户方的研发人员只需要在虚拟的设备研发运维数字孪生平台中更改设计参数，在短时间内即可得到产品在新的设计参数下的性能输出结果，且平台能基于集成的 AI 优化算法，向客户提供实体设备最优的参考设计参数，为实体装置的设计提供指导意见。此外，在该产品的研发过程中进行的所有相关操作都在具有与实体模型高度一致的可视化虚拟仿真平台中开展，操作简单，系统界面友好直观，可使用户获得优越的沉浸式研发体验，同时快速、高效地实现设备的研发。

格物致道开发的设备研发数字孪生平台主要面向各类型制造设备的研发和使用企业，可为设备及系统提供大规模智能化改造、状态监测及故障预警的服务，并为相关产品的研发提供一种直观且便捷的开发工具，加速企业的产品研发进程，缩短研发周期，极大程度地为企业节约相关设备在研发过程中反复进行大量实验产生的研发成本，提高企业的经济效益。

2. 功能创新性

（1）多领域、多尺度耦合建模

格物致道将提供多领域、多尺度的耦合建模，从不同领域视角对设备物理系统进行跨领域的融合建模，从深层次的机理层面进行融合设计理解，同时，多尺度模型可以代表不同时间长度和尺度下的基本过程，并通过均匀调节物理参数连接不同模型，这些计算模型比起忽略多尺度划分的单维尺度仿真模型具有更高的精度，有助于企业建立更加精准的数字孪生系统。

（2）构建机理分析与数据驱动耦合的优化分析模型

工业制造装备的机理结构一般均较为复杂，建立精确可靠的系统级物理模型难度较大，单独采用机理模型对其进行状态评估不能获得最佳的评估效果。采用数据驱动的方法利用系统的历史和实时运行数据，对物理模型进行更新、修正、连接和补充，充分融合系统机理特性和运行数据特性，能够更好地结合系统的实时运行状态，获得动态实时跟随目标设备状态的评估系统。但如此会带来对象系统过程或机理难于刻画、模型过于依赖数据质量及对环境噪声过拟合等问题。格物致道的服务正在探索将高精度的传感数据统计特性与系统的机理模型数据合理有效地结合，利用机理分析模型和工业状态监测数据构建耦合仿真分析模型，从而有效提升设备的结构设计及工艺过程仿真等。机理模型与数据耦合驱动的建模仿真流程如图 3-52 所示。

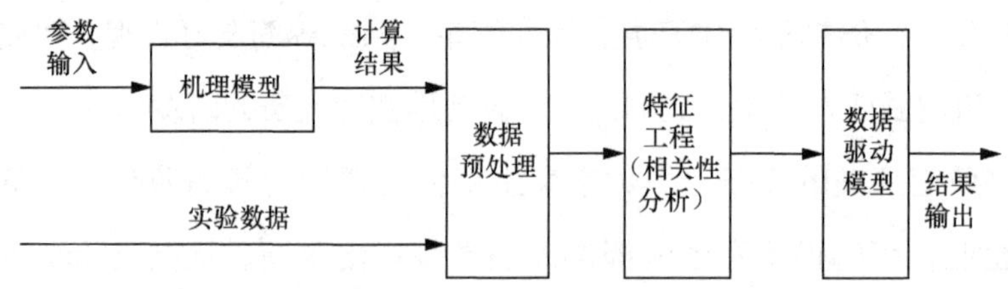

图 3–52　机理模型与数据耦合驱动的建模仿真流程

（3）数字孪生平台分析结果的 VR 呈现

格物致道的产品将通过 VR 技术，把用户待设计设备的设计、制造、运行、维修状态以超现实的形式呈现，为设计者和用户从视觉、声觉、触觉等各个方面提供沉浸式的 VR 体验，实现实时连续的人机互动，从而能更好地启发研发人员对目标设备的设计和制造，为优化和创新提供灵感。

3. 推广应用性

格物致道依托与华东理工大学的化学工程联合国家重点实验室及“绿色高效过程装备与节能教育部工程研究中心”的密切合作，开展了大量与能源化工技术相关的装备的设计和研发。此外，格物致道通过与中国石油化工集团等单位长期合作，对大量石化设备的结构和工艺进行了设计优化和计算；利用大数据与智能优化算法在智能炼化领域开展了一系列研究；还开展了与集成电路制造设备相关的仿真及结构工艺优化工作。

3.7.4　忽米网络的忽米瑶光

1. 产品主要特点

忽米数字孪生体融合 AI、5G、云计算、大数据能力等技术，通过对数字化 3D 仿真模型的建设以及利用从 IoT 平台采集到的实时数据，对模型与数据进行深度融合，实现了物理世界与虚拟世界的同步映射。在智慧工厂方面，可以为工厂解决新产品研发验证、产线虚拟调试、产线运行状态可视化仿真及监控、工艺自动优化、设备智能诊断和维修保养、AR/VR 应用等问题，为管理者提供实时的改进指导和优化服务，面向泛半导体、机械制造、新能源、医药等行业。场景解决能力如下。

在新产品研发验证方面，忽米数字孪生体可以在实际投入生产之前验证制造流程在车间中的效果。早期验证优化研发、工艺和制造的可行性，降低物理样机投入成本；缩短去用户现场进行机器人调试的时间并降低出错率，节约出差成本；虚实融合为整个工厂的数字孪生打好基础，将忽米数字孪生体应用于虚拟系统验证、虚拟样机、碰撞检测、计划优化、产线虚拟调试等场景。忽米数字孪生体集成了工业软件和数据接口、第三方模拟软件接口、工业模型组件库、仿真测试工具，支持各种工业动态数据传输及扩展现实等高级仿真技术。

在产品虚拟调试方面，忽米数字孪生体可被用于验证实际产品性能，可在虚拟环境中实时可视化地展示实际产品的性能综合指标。忽米数字孪生体提供虚拟与物理环境之间的连接，能够在多种条件下分析产品的性能（材质、产品形态、工况环境等），并在虚拟环境中进行调试，从而保障实体产品在现场按照实际的计划执行。

在产线运行状态可视化仿真及监控方面，忽米数字孪生体可实现产品和设备运行状态的可视化仿真，从而达到生产透明化管理的目标，可实时监控产品性能、车间各区域、设备的运行参数及状态、设备健康信息等，全面助力生产效率的提高。采用的技术有 IoT 技术、设备的输入 / 输出（I/O）点接口技术、设备监控技术等。

在工艺自动优化方面，忽米数字孪生体结合工业 AI 算法能力和忽米工业互联网平台工业机理模型及组件能力，通过 IoT 技术实时采集历史数据和现有数据，进行深度学习和模拟，给出最佳工艺参数值，从而为生产工艺进行指导，主要应用 IoT 技术对实时设备进行控制，来达到工艺优化的目的。

在设备智能诊断和维修保养方面，忽米数字孪生体结合了设备工业 AI 技术，以设备运行原理和设备参数为基础，通过对机器设备进行各项数据分析，评估出设备的健康状态及使用寿命，给出合理的维护建议，帮助维修人员快速获知问题产生的原因，缩短工厂维修保养的时间，减少因设备停机带来的损失。

在 AR 技术应用方面，忽米数字孪生体通过与 VR/AR 技术结合，让 VR 用户可以在 VR 世界体验工厂的真实感受，即通过听觉、视觉、嗅觉、味觉等感知系统，获得身临其境的感受。真正实现了人机交互，可使人在随意操作过程中得到最真实的反馈。同时忽米数字孪生体结合 AR 技术及装备、IoT 技术，可将实时的生产线设备、产品的参数投射至虚拟环境中，并可通过全息技术将实时值映射到生产环境中，使生产现场产生的问题（设备、产品性能等）得以实时展示，其也可利用工业 AI 进行可视化调优并反馈控制自动化装备，纠正生产故障。

2. 功能创新性

忽米数字孪生体赋能机械制造行业。忽米工业互联网平台为宗申动力 1011 摩托车发动机总装配线提供数字孪生体解决方案。忽米工业互联网平台通过将数字孪生技术结合先进的工业 AI 技术，同时进行深度的发动机装配工业机理、发动机综合检测工业机理挖掘和梳理，并结合先进的 5G 边缘计算技术，使该方案实现了全产线深度应用。该方案通过对 1011 产线生产环境的数字化 3D 仿真模型建设，同时从忽米 IoT 平台采集实时数据，基于将模型与数据进行深度融合，实现了物理世界与虚拟世界的同步映射；找出了生产现场实时的物流配送瓶颈、装配工艺问题、发动机综合检测问题，为生产现场管理人员、工艺人员、生产加工人员提供了实时的改进指导和优化方案。

在装配自动化单元中，通过对数字生产孪生体的建设，企业可实时监测到发动机左右箱体和左右边盖等工序的部件装配的扭力、扭矩值等参数，结合 ZS101-2401 过程检验 TIM CD300 气密测试仪设备检测参数，并与 IoT 平台的国家技术标准数据库、行业经验数据库进行比对，利用 AI 深度学习算法，找出发动机左右箱体及左右边盖各具体装配位置的工艺性能配置参数进行优化，并计算出正确的合理区间值，最终通过分布式数字控制（DNC）反馈控制现场自动拧紧设备 N2X-012 进行相应工艺参数值优化，以此有效提升发动机的装配工艺技术水平。如针对发动机曲轴箱中缝渗油问题，优化前的产品合格率为 97.8%，经过优化后，产品保压密封性能提升，产品合格率达到 99.92%。

3. 推广应用性

忽米数字孪生体已在机械制造行业、电子行业进行了实践应用，如宗申智慧工厂数字孪生体解决方案、铜梁百钰顺笔记本电脑壳体数字孪生体解决方案等；忽米数字孪生体以技术创新推动市场，通过“数字孪生技术 + 工业 AI+5G 技术 +IoT 技术”推动了工业企业的数字化转型升级，实现了工厂智能化车间的改造，解决了企业良品率低、性能浪费、资源配比不合理等问题。

3.7.5 鸣启数字科技的 Factory Building

1. 产品主要特点

Factory Building 是一款由鸣启数字科技有限公司（简称鸣启科技）自主开发的智能计算机辅助设计软件，基于精益的基本计算逻辑，使用大数据、AI 等技术，能够对制造过程及创新构思的流程进行数字化改造预演与调整。借助该软件，企业能够实现 3D 工厂规划设计、建设项目管理、智能布局、智能物流路线演算、实时数据驱动的布局优化、多地接入同一 VR 规划、数字孪生、生产动态仿真与优化等主要功能。

该款软件具备以下特点。

（1）结合 IoT 技术与数据采集分析，该软件在技术上将适当超前，帮助企业建立一个可扩展的平台，以保证前期工程和后续功能的叠加或与先进技术的衔接，使系统具有先进性。

（2）在设计上，该软件提供多种方式帮助企业构建一个高可靠性的系统，既具备硬件传感器采集系统，又具备采集模块读取系统，在硬件配置方面充分考虑到数据量大的富余空间。软件具有连续无故障运行的能力，可进行实时数据采集与传输分析。

（3）该系统的总体结构将是结构化的和模块化的，以满足通用性和可替性。同时系统采用模块化设计和分布式实施的方法，具有很好的兼容性和可扩充性，既可将不同厂商的设备集成在一个系统中，又可使系统能在日后得以便捷地扩充，也可集成新增的其他厂家的系统及设备。

（4）系统要求企业考虑技术成本的适用性。企业应从系统目标和用户需求的角度出发，经过充分论证，分析个例的情况，选择合适的技术手段和产品类型。工业数字孪生技术架构如图 3-53 所示。

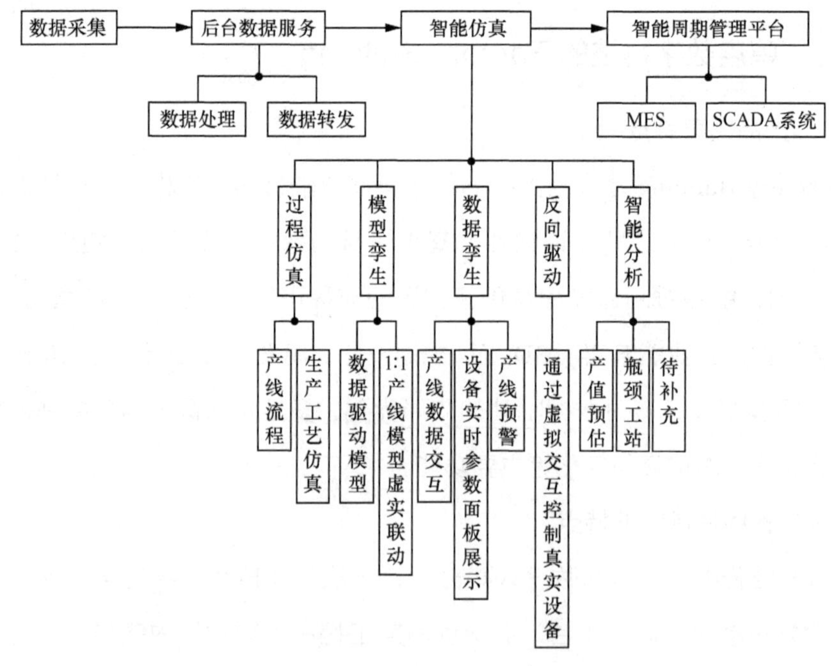

图 3-53　工业数字孪生技术架构

2. 功能创新性

该软件融合了 AutoCAD 工厂空间规划功能、Flexsim 仿真功能、BIM 成本计算功能、Project 项目管理功能，同时创新性地加入了能量计算、VR、工厂效率计算和浪费发现、价值流计算等功能，使企业可以自主进行智能制造设计，为企业实现智能制造提供了解决方案。

该款软件的功能创新性具体如下。

（1）作为规划软件，同时集成了布局规划、空间模拟、功能设计、时间演算、成本计算等功能，同时还可以承担一部分项目管理与工程设计的功能。

（2）企业可以使用该软件在制造业或服务业建立自己实景化的模型，模型是工厂或流程的真实表示，基于此的试验可以较准确地进行工厂或流程的行为预测。

（3）在建立模型的过程中，企业可以同时核算出企业或流程的建设成本。模型实施后，还可以使用现场的数据实时驱动，实现数字孪生。

（4）它能够提供给用户基于决策的更大幅度和深度的信息，而不仅仅是一个优化工具，且还能处理复杂的、较大的系统，即使是整个工厂。

3. 推广应用性

当前的智能工厂规划，在设施布局阶段，大多数企业使用国外的 AutoCAD 进行规划，实现空间布局静态设计。在物流规划阶段，大多数企业用手工计算的方式，主要是以国外的 Flexsim、Plant Simulation、AnyLogic 为工具。在方案优化阶段，其仿真功能只能提供参考，无完整的优化逻辑可实现优化功能，且多数以时间仿真为主，未实现空间仿真功能。在工厂运行阶段，目前国内存在大量 MES 软件，针对工厂的实时监控基本提供的是 2D 数据显示功能，且 MES 往往是在建厂结束后、企业资源计划（ERP）建设完成后导入工厂，许多企业的 MES 存在“两层皮”的现象，从而成为影响企业效率的因素。

该软件主要针对以下目标客户。

（1）各类规模工业企业。适用于新建工厂与搬迁、工厂布局与生产过程优化、数字孪生及 AI 生产优化仿真。

（2）精益管理咨询企业。目前国内有几千家精益管理咨询企业和精益道场，该软件能够用最低的成本、最高的效率实现规划场景还原，以达到最佳的演示视觉效果。

（3）高校设计院。在推进项目式教学改革中，该软件可辅助教学场景，降低教育硬件投入，提高教学效能。

（4）市场份额分析。目前该软件主要以山东省市场为基点，预计到 2023 年实现 20% 的市场占有率。

企业通过进行软件系统的销售和定制化内容开发获得收入。目前的主要客户是国内对智能制造要求高的工业企业、相关专业的职业类院校与本科类高校等。

对于企业客户而言，其价值在于以下几点。

（1）对于一个处于设计新厂区或厂区迁移阶段的企业，建筑师可利用 VR 技术将设计图纸转化为 VR 工厂。用户只要戴上 VR 头戴式显式设备，便可以从各个角度鸟瞰整个工厂，也可以步入各个楼层查看设备和管网布置细节。

（2）仿真工厂与物理工厂实现了数据连接和指令控制，在 3D 仿真工厂中实时展示各类生产管理数据，极大地提高了可视性和人机交互性。在虚拟的 3D 环境中，管理员可以实时掌握生产计划执行情况、产品制造进度、设备利用率和故障率等信息。

（3）系统可提供强大的 3D 可视化 DIY 工具及设备模型库，并支持 3D 模型导入。设计人员无须经过复杂的培训就可使用 DIY 工具进行工厂的规划设计，直观地看到设计的立体效果，并能身临其境地进入工厂漫游，评估设计规划的优劣。

（4）系统尺寸精度可达到 0.001mm，能够精准搭建厂房，以及进行产线布局，保证厂房利用软件系统搭建完成后与实际场景具有较高的贴合度，实现通过 VR 技术沉浸式观看的场景与实际场景 1 ： 1 还原的效果。

3.8　孪生模型服务供应商——装备机理模型服务商

3.8.1　博华科技的基于数字孪生的高价值装备智能运维平台

1. 产品主要特点

北京博华信智科技股份有限公司（简称博华科技）自主研发了基于数字孪生的高价值装备智能运维平台，用来完成对石油化工、轨道交通、煤炭、装备制造等行业的 5000 多个高价值装备的监测和智能运维。基于数字孪生的高价值装备智能运维平台数字孪生模型构建、实施步骤如下。

（1）通过数学机理建模，构建装备机理模型。

（2）通过构建实验台架，采用最完整的传感器安装方案，开展装备正常运行与故障模拟实验，校验模型的准确性。如模型的准确性满足要求，则进行第（3）步骤，否则重复第（1）步骤。

（3）进行模型约减，同时开展传感器部署方案的精简。之后，重复第（2）步骤进行验证，如果模型精度满足要求则实施第（4）步骤，否则重复第（1）步骤～第（3）步骤。

（4）将约减的数字孪生模型部署到具备模型推导能力的智能边缘端（智能网关、智能传感器），同时部署简化的故障预测与健康管理（PHM）算法，在边缘端进行装备实时数字孪生模型系数自矫正，并将更新后的系数与实时数据回传至云端。云端根据实时数据与更新系数判断是否需要进行结构更新，如果需要进行结构更新，则提示，由人判断是否需要重复第（1）步骤～第（4）步骤。如果发生模型更新，则边缘端从云端取得更新后的模型，实现云边一体。

企业通过使用基于数字孪生的高价值装备运维平台可以对装备运行数据进行采集，同时基于平台上的数字孪生模型对装备开展故障预警和故障诊断，形成面向装备行业数字化、智能化运维需求的整体解决方案，从而提高装备的智能化运维水平，保障装备的本质安全，降低装备全生命周期运维成本，如图 3-54 和图 3-55 所示。

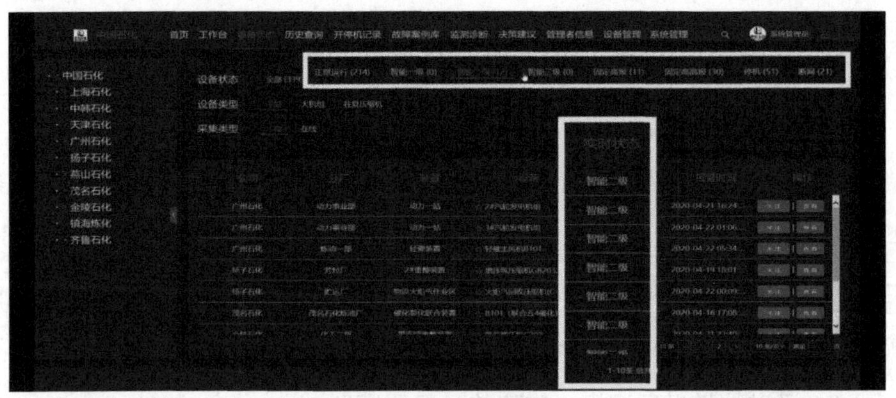

图 3-54　故障预警

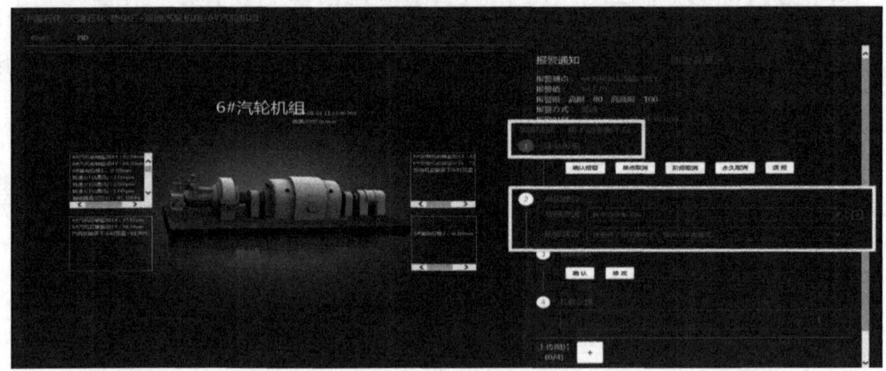

图 3-55　故障诊断

2. 功能创新性

高价值装备具有系统结构复杂、系统工况复杂、系统运行机理复杂、生成的数字孪生模型复杂等特点。使用传统技术手段构建的数字孪生体存在泛化能力差、跟踪精度低等问题，长期运行后会导致模型失效，无法进行有效的预警、控制。要构建高价值装备的 PHM 应用，必须解决高价值装备在复杂系统、复杂工况下的数字孪生体构建问题。博华科技采用数字孪生与边缘智能融合技术，使模型本体具备了实时自校正的能力，解决了上述问题，为高价值装备的 PHM 应用的构建奠定了重要基础，发挥了重要价值。

在数字孪生模型建立上，博华科技根据当前的技术能力，结合高价值装备的机理模型认知，把模型的颗粒度细化到具体的单台设备上。实时建立装备的数字孪生模型，实现约减，降低计算复杂度，并结合实际工况，实现实时自校正，提高模型精度。以燃气轮机为例，数字孪生模型输出参数与试验数据最大偏差在 1.4% 以内，在当前公开资料中效果最好。燃气轮机示意如图 3-56 所示。

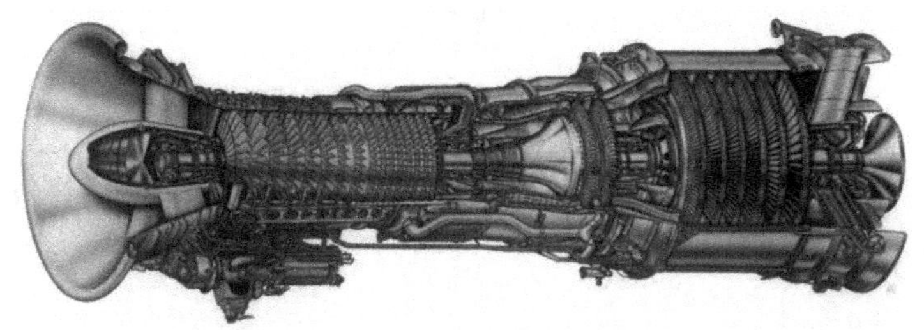

图 3–56 燃气轮机示意

动态性能数字孪生模型子模块分解及输入输出参数，如图 3-57 所示。数字孪生输出参数与试验数据匹配情况如图 3-58 所示。其中 GF、P1、T1 是动态输入参数，P4、T5、Ppt 是状态监控参数。

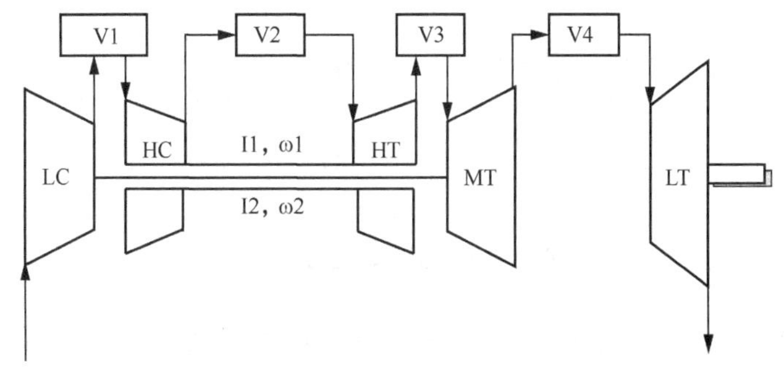

图 3–57 动态性能数字孪生模型子模块分解及输入输出参数

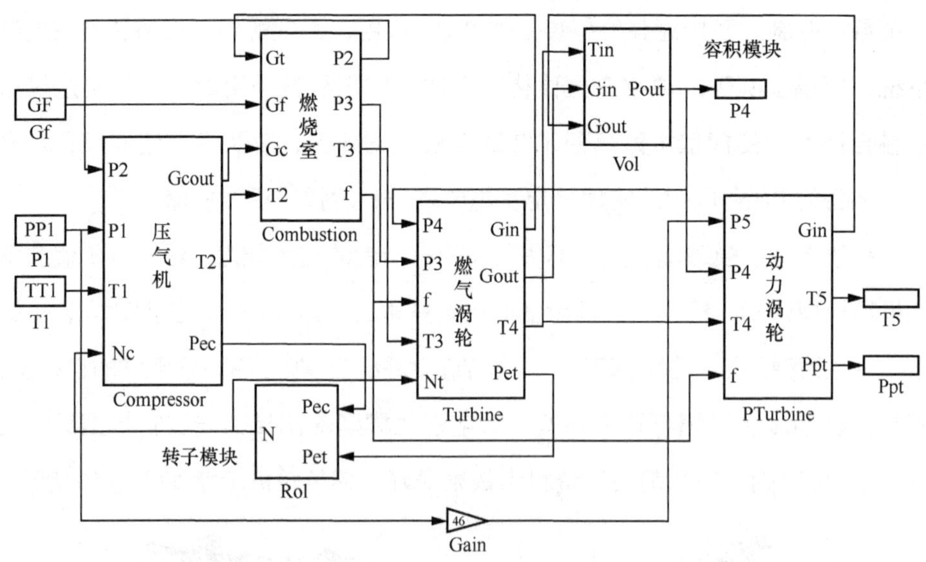

图 3-58　数字孪生输出参数与试验数据匹配情况

温度的最大误差为 1.4%，在当前公开资料中，效果最好。燃气涡轮出口温度如图 3-59 所示。

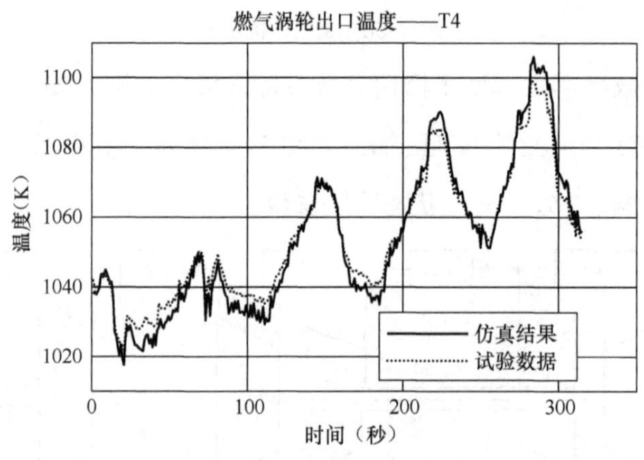

图 3-59　燃气涡轮出口温度

压力的最大误差为 1.1%，在当前公开资料中，效果最好。燃气涡轮出口压力如图 3-60 所示。

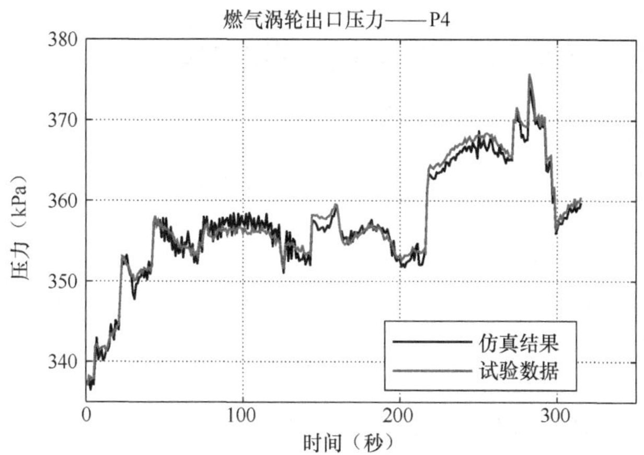

图 3-60 燃气涡轮出口压力

3. 推广应用性

（1）实践应用

博华科技的基于数字孪生的高价值装备智能运维平台已在石油化工、轨道交通、煤炭、装备制造等行业的 200 余家工业企业中进行了实践应用，监测高价值装备 5000 余台，成功实现了 2000 余台次装备故障早期预警。

（2）推广模式

① 提供一体化解决方案。博华科技的基于数字孪生的高价值装备智能运维平台的定位是装备智能化健康管理使能平台，通过构建云边协同的海量数据采集和分析应用的服务体系，形成面向高价值装备数字化、智能化运维需求的一站式解决方案。

② 集成于其他工业互联网平台。博华科技的基于数字孪生的高价值装备智能运维平台支持集成于其他工业互联网平台，同时，博华科技结合自身的行业经验，与生态合作伙伴一同实现工业技术和经验知识的模型化，使能合作伙伴提供全生态链应用，最终形成资源富集、多方参与合作共赢、协同演进的装备工业互联网平台生态。

3.8.2 宜视智能的 ARS 数字孪生解决方案

1. 产品主要特点

宜视智能科技（苏州）有限公司（简称宜视智能）自研 AR 智能眼镜（Allgsight S2）的 ARS 数字孪生解决方案，通过混合现实（MR）技术对智慧工厂数字化进行 MR 的内容制作，并在 AR 智能眼镜中进行展示，从而满足智慧工厂远程协作、教育培训、工厂巡检等应用场景需要。

宜视智能的 ARS 数字孪生解决方案的主要特点如下。

（1）MR 内容实现。深度信息将通过 MR 技术直接呈现，帮助企业打破人与人、人与设备之间的信息交流障碍，提升沟通效率。

（2）自主国产 AR 智能眼镜。采用宜视智能自主研发的 AR 智能眼镜实现 MR 内容交互，眼镜整体重量不足 80g，佩戴舒适，硬件产品获得中国国家强制性产品认证（CCC）、欧洲 CE 认证和中国合格评定国家认可委员会（CNAS）认证等，产品质量可靠。

（3）多种内容快速导入。系统支持多种 CAD 文件格式数据导入，并可对数据进行修复优化处理，快速构建数字孪生主体。

（4）佩戴舒适安全。产品采用头盔式设计，头带固定，多位置可调节，佩戴舒适。显示屏顺滑翻转，可随时切换虚拟与现实状态，用户长时间佩戴也不会感到疲劳。

2. 功能创新性

ARS 数字孪生解决方案以产品全生命周期数据为基础，结合 5G 和边缘计算技术对产品生产过程进行模拟仿真、评估和优化，并进一步扩展整个产品生命周期管理，帮助企业构建出新型的生产组织方式。ARS 工业 PaaS 平台结合企业 CAD 应用，以高效的编辑方式通过 MR 技术快速构建培训、仿真场景，帮助多用户基于真实设备模拟操作步骤与交互环节，构建数字孪生解决方案。

3. 推广应用性

（1）标准操作规程（SOP）。ARS 数字孪生解决方案将客户的操作规程标准化，并将标准化装配数据通过 AR 智能眼镜进行展示引导，形成 AR 标准操作规程说明，从而能随时随地对作业人员进行培训指导，降低培训成本，提高生产效率。

（2）制造业 5G 远程运维。针对客户业务，接入企业 AR 数据库进行机器学习分析，自动将数据导入专家系统；根据业务场景自动推荐，一线人员可通过 5G 网络与专家、解决方法、AR 指导说明等快速连接；通过预测性维护分析等技术，进一步加强自动推荐所提供的解决问题能力。

（3）教学实操指导。数字孪生操作培训系统可以帮助企业解决培训过程缺乏互动与体验感、培训效率不高、培训不当带来的隐性损失大等问题，实现一线人员快速上岗，大大缩减培训周期，员工培训效率提升 20% 以上。实现教学过程中远程互动，数字孪生实操讲解，广泛应用于教育教学、岗前培训、作业指导、远程协同设计、重机模拟培训等场景。

3.9 孪生模型服务供应商——生产工艺模型服务商

3.9.1 优倍自动化的优倍云 MES

1. 产品主要特点

南京优倍自动化系统有限公司（简称优倍自动化）通过 3DS MAX 3D 模型设计平台、AnyLogic 建模和仿真的平台以及通过自主开发的行业级工业互联网平台搭建的优倍云 MES、IoT 平台、基于 AI 的高级计划和调度（APS）排产系统等工业 App，为客户提供工厂数字化建模与仿真验证、物理与虚拟世界映射的数字孪生系统及应用、将数字孪生与 AI 技术相结合的 I-APS 动态智能排产这 3 项面向数字孪生的综合性服务，满足客户从建设规划至运营优化的全生命周期解决方案需求，帮助客户实现规划最优化、投资最小化、利润最大化并通过数字化体系的构建持续实现提质、降本、增效、减存的目标。数字孪生技术应用场景如图 3-61 所示。

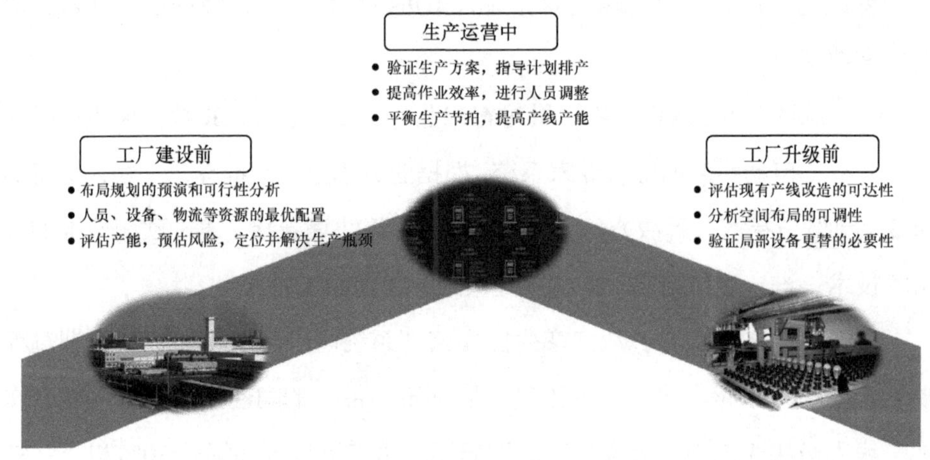

图 3-61　数字孪生技术应用场景

2. 功能创新性

（1）融合新一代网络设施实现高响应、低时延的要求

根据数字孪生成熟度模型，优倍自动化目前已初步具备“先知”阶段的技术能力，正在向“先觉”“共智”阶段进行积极探索和尝试，同时正积极运用新一代通信网络基础设施（如 5G、工业互联网、AI、量子通信、IPv6 等）及云计算能力，满足数字孪生高响应、低时延的要求。数字孪生成熟度模型如图 3-62 所示。

（2）内置行业标准并封装机理模型实现快速应用

优倍自动化通过在电子行业的运营经验和运营数据的积累，现已封装了如上板机、锡膏印制机、表面安装技术（SMT）贴片机、回流炉、自动光学检测（AOI）设备、分板机、选择性波峰焊、智能物料塔等 30 余种设备、近百款型号的设备模型和生产工艺模型，并内嵌了部分国际、国内标准（如《IPC/

EIA J-STD-005A 焊膏要求》《计数抽样检验程序　第 1 部分：按接收质量限（AQL）检索的逐批检验抽样计划》等），可大幅缩短数字孪生建设的周期，在仿真环境下更贴近真实的生产场景，从而使仿真验证结果更趋近于真实情况。数字孪生应用目标如图 3-63 所示。

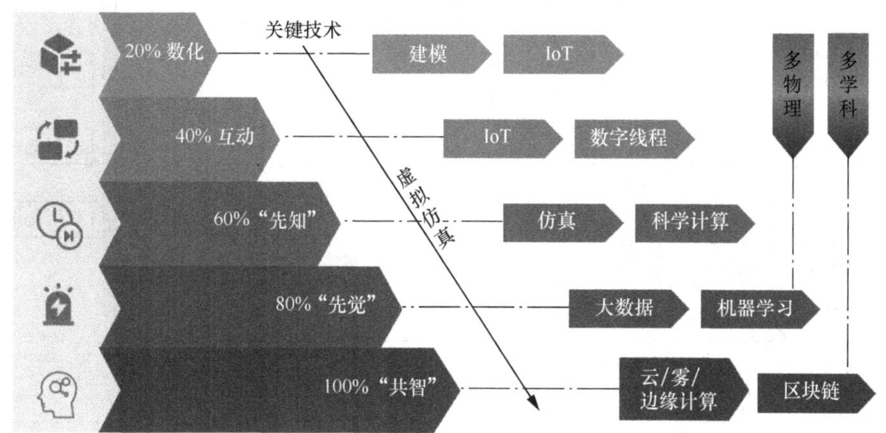

图 3-62　数字孪生成熟度模型

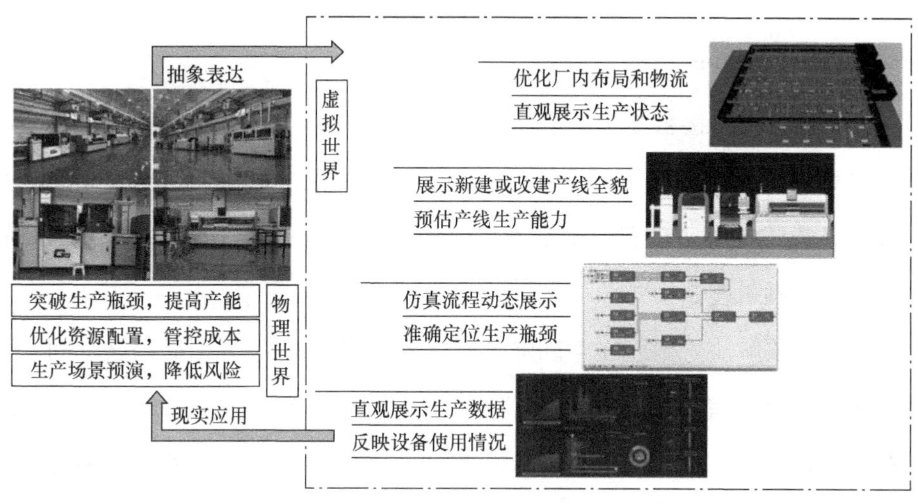

图 3-63　数字孪生应用目标

（3）应用数据中台技术提高数据的统一性和复用性

优倍自动化在项目实施过程中将数字孪生系统与产品数据管理（PDM）、

ERP、APS、数据采集与监控系统（SCADA）、MES 等信息化系统深度集成，通过自主研发的数据中台形成统一的源数据中心，以此提高数据的统一性和复用性。数字孪生助力智能工厂建设如图 3-64 所示。

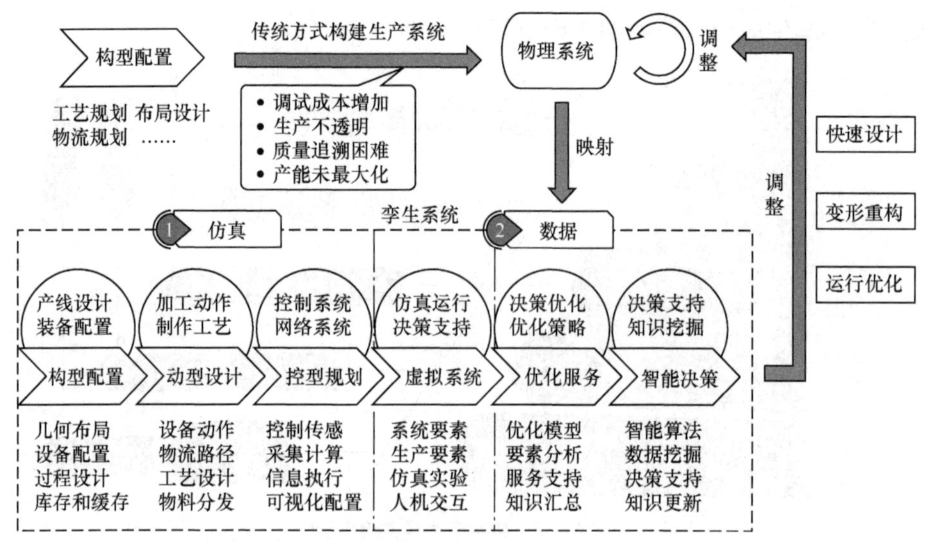

图 3-64　数字孪生助力智能工厂建设

3. 推广应用性

优倍自动化承接智能工厂设计 - 采购 - 施工总承包集成项目，在项目建设规划阶段，首先对项目进行仿真建模，并以仿真报告作为项目验收标准，通过此业务模式提高了项目的成功率，保证了客户投资的高效性，提高了用户的可信度和满意度。

目前，该解决方案已在中国电子科技集团有限公司 14 所微组装车间、中国航天科工集团有限公司 8511 电子车间、中国航天科工晨光股份有限公司罐体车间、南京中车浦镇海泰制动设备有限公司制动器车间、南阳防爆电气研究所消防机器人车间等 60 多个项目中成功应用。该解决方案可在电子制造行业快速应用，可在有机械加工、装配及其他离散型制造业借鉴应用。优倍自动化入选工业互联网解决方案新技术应用图谱 App 如图 3-65 所示。

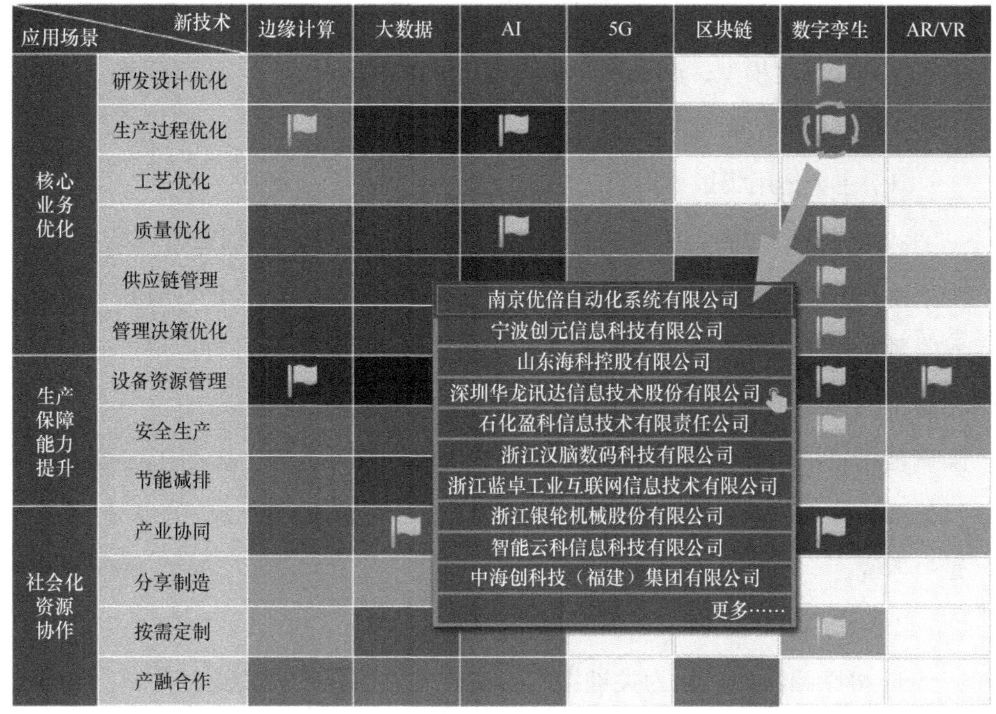

图 3-65 入选工业互联网解决方案新技术应用图谱 App

3.9.2 上海优也的数字孪生模型与数据集成分析综合解决方案

1. 产品主要特点

该数字孪生模型与数据集成分析综合解决方案依托于上海优也信息科技有限公司在流程行业（钢铁、有色、化工、热电等）丰富的专家经验，对设备、能效、质量、基础管理等企业生产运营重点方面进行建模，有效沉淀理论与专家知识、现场经验，结合现场设备或系统的历史数据、实时数据，为企业的设备运维、能效提升、质量跟踪、运营管理提升提供系统化工具，同时为基础管理、运营水平不足的企业提供同步的运营转型提升咨询服务。

以流程行业的能源智能管理系统为例，其通过优也 Thingswise iDOS 工业数据系统，搭建与能源相关的通用与部分行业专用的产 / 储 / 输 / 用设备、管网及系统、系统组织关系的数字孪生体基础，补充能源及生产相关维度的机理、工艺、调度模型，满足不同企业对于能源的基础管理、监测预警、优化提升 3 个维度的实际需求。

（1）主要适用场景

以能源管理为例，该解决方案可为工业企业提供能源精益管理数字化、介质系统监控、设备能效监测分析、管网分区管理、重点参数预测、设备异常预测报警、运行优化建议、设备组协同调度优化、成本监测与综合优化等不同类别的应用；或提供以能源监控与成本中心、能源动力中心、能源调度中心、用能管理中心为代表的集成系统方案；或为典型工业场景提供整合能源系统服务，例如用汽企业的自备热电系统、钢铁厂的煤气系统、氧气系统。

（2）解决核心问题

① 将原始数据转化为关键指标，使管理透明化，激发运行改善。实现生产进程状态、能源效率、成本等 KPI 实时跟踪计算，各类异常动态预警。实时记录并更新车间、工序、班组重点指标，并对主要运行操作进行动态跟踪。

② 将数据分析落地为运行指导，实现能源效率的优化提升。实时跟踪能源系统、相关生产工序能效损失状态，及时针对能效设备改善操作进行提示；提前对能源供给 - 需求进行预测，并予以调整提示，减少能源网络波动损失，在保障企业进行安全稳定生产的同时降低能源消耗；优化能源网络中并行的不同产能、用能设备的调度分配，达到生产工序的分级能源保障，优化提升同类设备群组的综合能源效率。

③ 协同生产运行与管理决策，实现能源效能的综合提升。打通管理、运行、调度等多源数据，综合考虑企业综合能源成本与生产需求，优化外购、自产、外售能源成本结构，提升各能源的综合使用经济性与生产运行经济性。

2. 功能创新性

以能源系统为例。

（1）标准化的数字孪生框架

通过对静态的设备、组织或动态的产品、原料的标准化的数字孪生框架使用，使数据系统中庞杂的数据得到高效汇聚、管理、使用，保证每条数据都有明确的数据来源、用途、工业意义、隶属关系等。结合可云可边的部署形式，以同一架构系统、一体化的方式，实现满足边缘、数据中心到云端的不同层次需求的数字孪生。

（2）跨系统的数字孪生体

针对工业企业的大量能源工序设备、产品、能源、原料等进行大范围、跨系统的数字孪生体搭建，同时对与能源产用息息相关的运行生产维度的生产状态、重点参数进行对应模型补充，从而将以传统能源保供为主的监测性、单点管理转化为能源与生产组织相协调的智能调度、系统性管理。通过进行跨系统能源优化模型的补充，可实现基于企业生产目标（如单位能耗、综合效率、能源成本）的综合性优化。

（3）动态的数据沉淀与调整判别

贴合实际生产规则变化的动态异常识别、诊断、优化，贴合工业实际生产中设备调整与运行条件、生产需求的变化。通过对核心的专家知识经验、生产规则及限制、历史运行方式的模型转化，结合动态调整的生产规则引擎设计，使得能源生产、使用等异常可以随生产的变化得到动态的数据沉淀与调整判别，以更好地指导生产调整。

该数字孪生模型与数据集成分析综合解决方案的核心竞争力包括贴合工业生产重点的设备、能效、质量、基础管理等企业生产运营专家知识库与数字孪生体模型库积累；解耦的数孪层、模型设计方式，便于知识模型的快速分离沉淀，并可快速复制、拓展到不同需求场景；平台化设计使得不同平台系统、应用中的数据可以同时为用户需求所服务，有效协同联通企业已有其他服务商的模型应用，产生并发价值，提升综合使用效果。

3. 推广应用性

目前该相关产品已在钢铁、电力、化工、有色、纺织行业应用。

仅考虑钢铁行业对能源管理系统的应用，我国钢铁行业每年消耗 6 亿～7 亿吨标准煤，约占全国煤炭消耗总量的两成，是我国节能降耗的重点行业。根据 2020 年的统计数据，我国共有 25 家超 1000 万吨产量的钢企，通过对类似系统的使用，每年的节能降耗金额可达 100 亿元以上；同时节能降耗也会带来远超经济价值的环境保护效益，随着国家环保政策的不断收紧，这一点对于工业企业的可持续发展经营而言也至关重要。

相关产品的未来推广主要基于自身渠道、行业协会或结合设计院所、设备供应商、解决方案商、工业互联网平台服务商进行。

3.9.3 今天国际的数字孪生管控系统 2.0

1. 产品主要特点

深圳市今天国际物流技术股份有限公司（简称今天国际）自主研发的数字孪生管控系统 2.0，以产品全生命周期的真实数据为基础，为企业构筑可视化、智能化的智能管理平台系统，将工厂的人、机、料、法、环等真实运营场景通过 3D 建模进行实时虚拟仿真，进行设备全生命周期管理、全流程实时管控、远程管控，达到实体信息、经营管理、流程数据的无缝结合，为企业的“智慧工厂”建设夯实基础。其主要特点是让企业管理者足不出户运筹千里之外，让数据更透明、让管理更智能。数字孪生管控系统 2.0 的特点如图 3-66 所示。

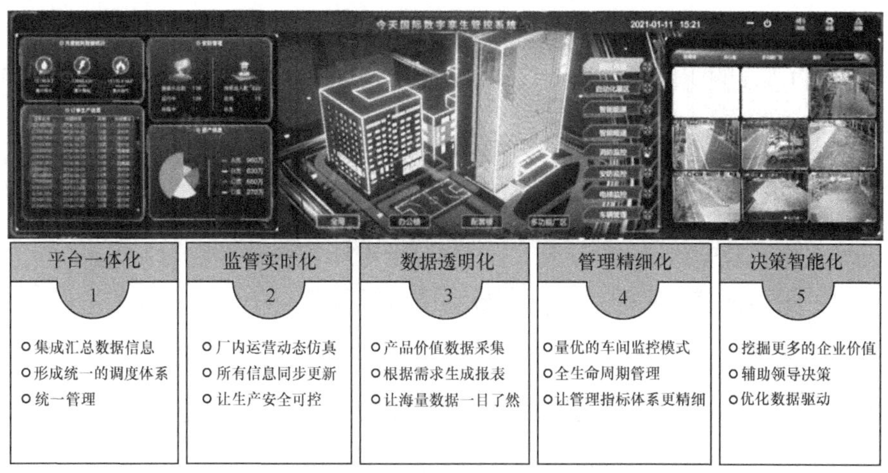

图 3-66　数字孪生管控系统 2.0 的特点

2. 功能创新性

今天国际数字孪生管控系统 2.0 具有如下技术特性。

（1）面向全过程、全要素进行数据采集

利用 IoT 技术，与数字主线相融合，实现对生产、物流、运维等各个环节全过程、全要素进行数据采集，实现智能感知控制，多源异构数据集成，如图 3-67 所示。

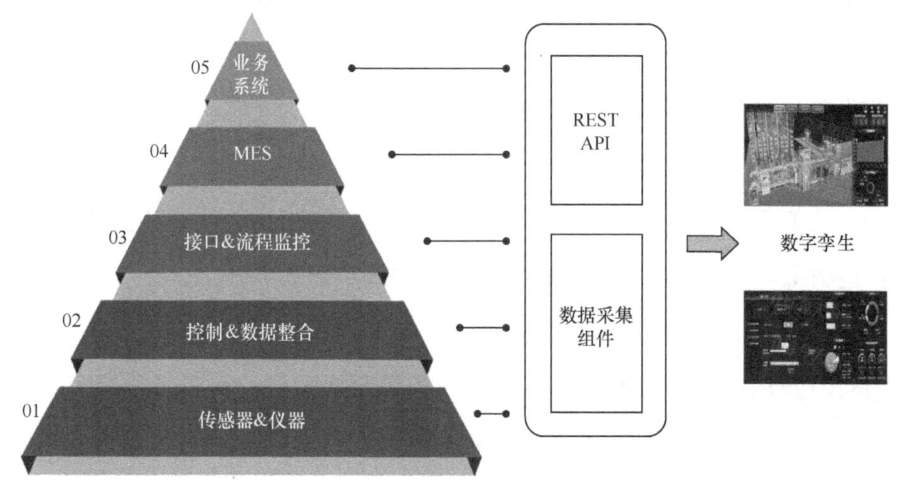

图 3-67　数据采集

（2）所见即所得，实现生产运营全过程可视化

按照1∶1的比例构建整个厂区、设备、区域、结构等的3D模型和逻辑模型，精准映射，以可视化的方式实时驱动、实时呈现，对设备、产线、园区等生产运营过程进行实时监控，实现了对生产过程、园区管理、物流配送等场景数字化集成与敏捷响应，促进整个生产运营过程的实时透明化。

（3）精准把控，实时互动，充分利用数据价值

利用大数据、机器学习等技术将设备数字模型与业务模型相融合，充分挖掘设备运行数据、维修维保数据等工业数据，展示设备过去的情况，当前状态及未来发展趋势，改变以往设备数据“用不好、难管控”的局面，提升设备维护水平，减少应急维护的停机时间，提早合理安排维修人员的工作事项，提升设备整体的综合运行效率及优化设备维修人员的工时效率。

3. 推广应用性

今天国际是一家智慧物流、智能制造系统解决方案供应商，业务范围从食品、日化、医药、冷链、烟草到电商零售，从汽车、高铁、航空、通信、新能源到石油化工等行业，目前公司数字孪生管控系统 2.0 主要应用在智慧工厂、智慧园区等领域，主要采用线下推广方式，支持标准功能构建和定制开发两种模式。

数字孪生管控系统 2.0 主要应用场景如下。

（1）场景 1：智能工厂数字化集成与敏捷生产响应。

实现工厂全流程的数字化、信息化管理，突破时间、空间的限制，为企业打造虚拟可视、集成数字信息、一体化的数字孪生系统。

（2）场景 2：智慧园区指挥调度。

利用 IoT、5G 等技术，形成跨平台的融合型服务，实现应急指挥、车辆管理、环境监测、智能照明，大幅度提升园区运营效率，优化产业结构，最终实现工业园区的优化和升级。

（3）场景 3：智能设备运维。

利用 AR/VR 技术，将工作现场及设备（包括产品外观、基本结构、工艺流程、虚拟操作培训、安全规程培训等模块）真实地模拟和仿真出来，打造一套 1∶1 比例的设备产品模拟交互演示系统，使人们能够在虚拟的环境中看到设备内部结构，虚拟操作流程，让操作人员足不出户就能了解现场生产工艺的全过程。

3.9.4　火星视觉的工厂数字孪生智慧监管平台

1. 产品主要特点

苏州火星视觉数字科技有限公司（简称火星视觉）基于数字模型应用、数据感知互联，建设工厂数字孪生智慧监管平台，实现整厂精细管理、高效协同、可视化透明管理，打造标杆化数字工厂。辅助企业智慧监管、可视营销、虚拟培训、高效售后，实现企业全生命周期智慧化管理。

（1）基于数字孪生技术应用的智能工厂规划

精益规划结合数字孪生仿真优化，从工厂布局、产线规划、价值流规划、物流规划、信息化规划等构建智能工厂规划蓝图，通过数字孪生仿真验证，让未来工厂所见即所得，辅助工厂前期展示与项目申报。同时结合 IoT、信息化数据接入，基于数据模型实现厂线工艺衔接、生产节拍仿真验证，实现工厂预生产、预识别，识别干涉、优化动线，缩短建厂周期，降低成本投入。

（2）数字孪生——营销展示

基于数字孪生母体，打造企业标准化、可视化、一体化营销展示平台，实现工厂实力规模展示、车间生产展示、产品集成展示、案例可视展示等多维度维护应用，辅助商务营销。

（3）数字孪生——监管运维

以模型为基础，基于设备数据及 MES、ERP 等生产管理数据，进行数据分类组合，形成企业大数据管理中心，结合模型运维，建设虚拟化工厂管理平台，实现工厂从外围监管到内部生产、物流仓储、成本交付一体化监管运维体系，帮助工厂实现数字化智能管理，打造可视化透明工厂。

（4）数字孪生——虚拟培训

基于数字孪生的母体应用，衍生数字孪生虚拟培训应用，面向一线员工提供岗位技能培训、安全教育培训 VR 应用，提升员工培训效率，节省培训成本；面向工厂巡检提供 MR/AR 现场巡检辅助，提高生产效率；面向客户提供产品安装、维护的终端虚拟培训，提升产品附加值，节省后期维护成本。

（5）数字孪生——智慧售后

面向产品售后加强单体设备的状态（运行状态、运行参数、设备综合效率、维修保养、异常预警等）监管、设备远程控制、售后服务云平台管理（订单维护、异常派单、行业分析、目标市场定位等）。

2. 功能创新性

（1）收集功能。工厂设施、设备、仪表、仪器、人员自带和外装各类有线或无线工业传感器，作为视觉、触觉、听觉模块采集各类生产监控相关的工业大数据，通过 5G 工业 IoT，分类上传实时数据和历史数据。为保证虚拟工厂模型要在生产全过程中得到维护，确保模型与工厂 / 车间之间的有效连接，火星视觉通过部署 5G 应用 IoT 和大数据，以端到端数据流为基础，以互联互通为支撑，构建高度灵活的个性化和数字化智能制造模式，从而实现信息深度自感知、智慧优化自决策、精准控制自执行。

（2）存储功能。能够对工厂的静态数据及在生产过程中产生的动态数据进行自动记录和存储。首先，火星视觉紧抓 5G 高速率的优势同步运行物理工厂与虚拟工厂，物理工厂生产时的数据参数、生产环境等都会通过虚拟工厂反映出来，需要采集的生产数据实时可用，并通过连续、不中断的数据通道交互。其次，利用 3D 可视化技术将生产场景真实展现出来，生产数据实时驱动 3D 场景中的设备，使其状态与真实生产场景一致，从而让管理者充分了解整个生产场景中各设备的运行状况，达到监测、查看、分析的目的。

（3）判断功能。针对工厂的工业大数据，能够自动利用特定的算法解决工厂业务的实际问题。

由于制造业数据广、高负载的特性，设备会不断地产生大量的传感器数据，火星创意通过搭建虚拟工厂挖掘这些数据建立可能的模型，并将 5G 网络的海量连接、低时延特性等与大数据、分析平台结合，将云端中汇集的海量数据转化、分析、挖掘，帮助工厂做出更明智的决策，从而达到快速提高生产效率、降低成本和改善质量等目标，并识别预防性维护行为来避免潜在的事故或故障发生。

（4）执行功能。能够利用形成的知识库自主指导工厂的实际生产业务活动。

火星视觉在企业已有的虚拟工厂模型数据库管理模块下，利用“5G+ 工业互联网”及 VR 技术，实现可持续制造业的目标需要建模、模拟和预测生产流程行为的方法和工具，包括处于生命周期阶段的产品、资源、系统和工厂，多个利益相关者合作设计和管理产品—流程—生产的集成系统需要的新方法和工具，这些系统将通过大数据分析管理形成自主知识库，自主指导工厂的实际生产业务活动。

（5）改善功能。火星视觉结合 AI、工业大数据、模型和高级智能算法创建高精度数字孪生工厂并优化完善生产数据，不断优化工厂各类业务。

通过收集后台数据及为大数据平台设置不同的情景，提早对生产环境进行调整，找到最有效率的方案，将被动的计划调整成主动的计划，分析生产数据，利用高级智能算法达到生产成果最优化。

（6）兼容功能。火星视觉为制造工厂提供 5G 部署，提高成像速率，打造沉浸式数字孪生体验，促进人与机器之间的融合、机器与机器之间的融合、企业与企业之间的融合、虚拟世界与物理世界之间的融合。依据 5G 无线网络低功耗、低成本和广覆盖的性能，连接闭环控制系统，进一步精确虚拟定位与跟踪的效率，最大限度缩小 AR 图像反应时间，保证其高效的互动性及真实性。

3. 推广应用性

三一汽车制造有限公司 18 号灯塔工厂通过数字孪生建模和仿真，打造数字孪生智能监管平台。核心平台如图 3-68 ～图 3-70 所示。

图 3-68　核心平台 1

图 3-69　核心平台 2

图 3–70　核心平台 3

一体化数字孪生工厂监管平台实现了以下效果。

（1）全程监管产线及设备。

（2）在虚拟的数字孪生工厂模型中轻松地修改装配、涂装、焊接、下料成型、机加工等产品加工的每一处尺寸和装配关系，制订最优化的生产计划，提高产品质量。

（3）用户直接通过远程操作虚拟的数字孪生工厂端数据模型控制远端物理设备，大幅度降低汽车生产过程中材料、设备等的验证时间成本，缩短生产周期，提高生产效率。

（4）打造数字孪生透明工厂，实现工厂全面信息互联，打破信息孤岛，让管理透明化、协同化、高效化。

（5）实现关键厂线的数字孪生虚拟验证，实现产能及成本最优，节能增效，提升生产效率，提高产品质量。

（6）建设数字孪生虚拟培训平台，降低培训成本，提升员工技能，辅助现场作业，提升作业率。

第4章

应用侧典型案例

4.1 海尔的全流程数字孪生平台

青岛海尔中央空调工程有限公司（简称海尔）构建全流程数字孪生虚实互联工厂，在精确同步、预测性维护、仿真分析和逆向控制等方面进行技术创新，实现了产品全生命周期数字化管理。

4.1.1 优势分析

海尔的全流程数字孪生平台主要运用了 IoT 技术、边缘计算、虚拟仿真、虚实互联产品全生命周期跟踪，基于工业 PaaS 平台实现的 SaaS 云平台支撑体系，实现全流程虚实融合，打通研发与制造隔热墙，可以实现用户参与设计的模式。海尔的全流程数字孪生平台具备以下优势。

（1）通过 IoT 技术实现了制造全流程要素连接，如图 4-1 所示。

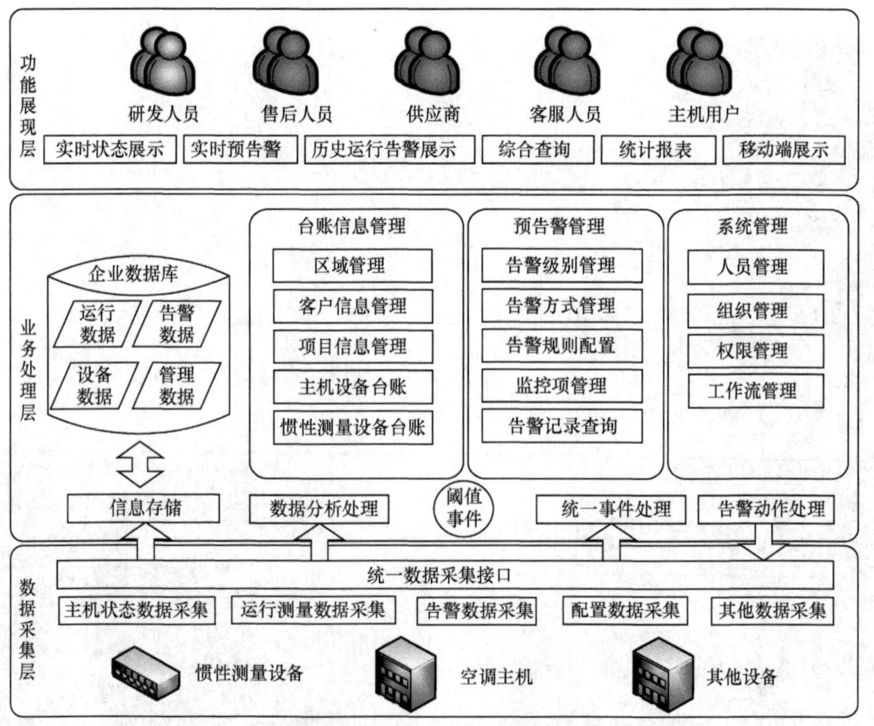

图 4-1 制造全流程要素连接

（2）依托海尔 COSMOPlat 实现云服务系统平台化，如图 4-2 所示。

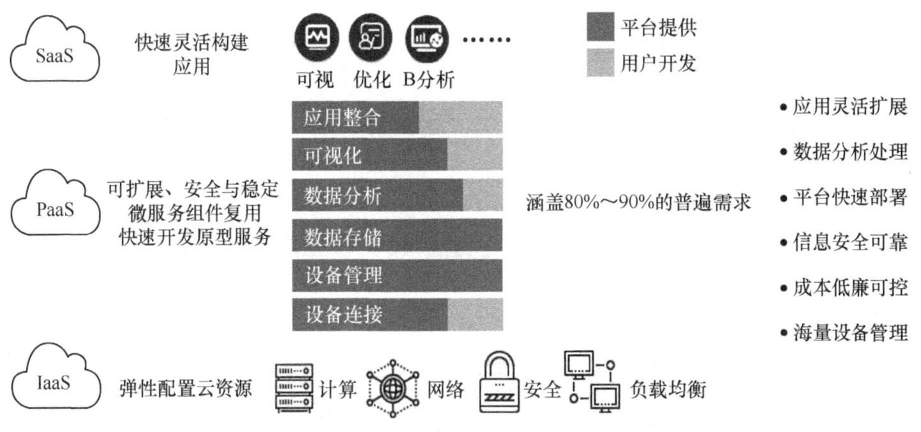

图 4–2　云服务系统平台化

（3）基于用户逆向控制及大数据实时监测，实现虚拟制造仿真。

（4）利用产品端的 Wi-Fi 网络，通过云平台实现了用户端逆向控制，如图 4-3 所示。

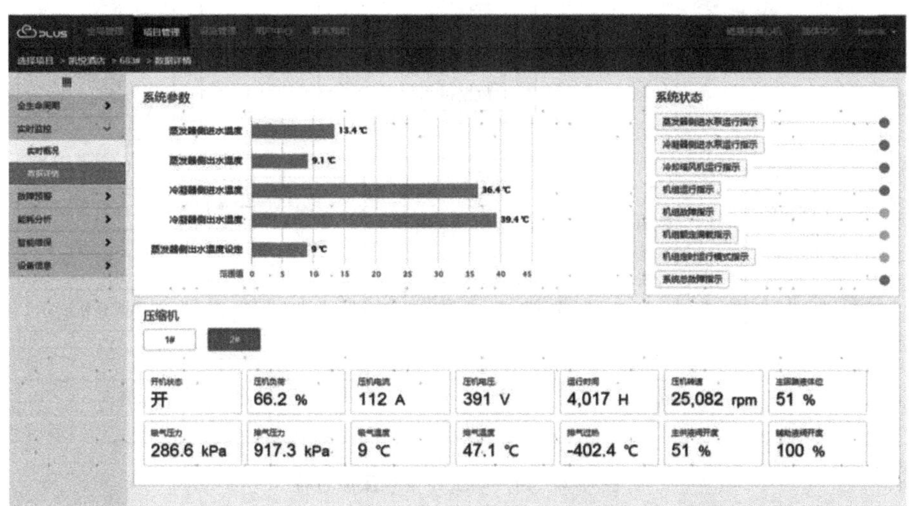

◆ 数据详情可展示详细的系统状态、系统参数和压缩机参数，单击压缩机号码图标，可切换所选择的压缩机

图 4–3　用户端逆向控制

（5）产品可进行故障预警并自动下发到相关节点，进行智能维保，且可

对能耗情况进行实时监测，保持最优情况。

4.1.2 实施步骤及路径

（1）搭建智能工厂技术支撑体系，实现用户驱动下的设备联动、柔性定制及 IoT、互联网融合。

（2）在智能制造技术支撑体系下建立数字孪生虚拟工厂，对工厂各个环节进行整体虚拟仿真优化。

（3）通过机组云服务模块，将虚拟工厂、现实工厂及用户全流程打通，基于云平台，支撑客户全流程参与、互动，用户与工厂信息反馈过程如图 4-4 所示。

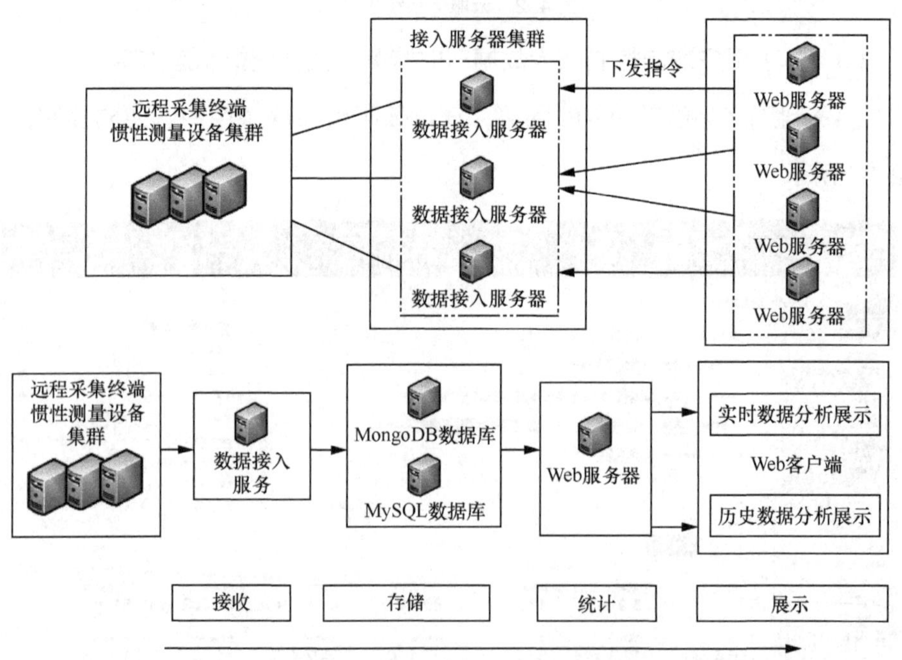

图 4-4 用户与工厂信息反馈过程

4.1.3 案例推广应用价值

全流程数字孪生平台可实现交互在平台、定制在平台、使用在平台、服务在平台、迭代在平台，让用户体验到全流程、无断点的智慧环境服务。在前端定制阶段，用户可以在平台上了解方案应用案例，进行需求交互，进而共创方案；在中端生产制造阶段，用户可以全流程参与制造过程，实时了解生产进度；在后端使用运维阶段，用户可以通过云服务平台进行智慧操控，保证高效运维。

4.1.4　实施效果

（1）订单全生命周期智能化管理，交货期缩短 33%；（2）订单兑现率及人均效率提高 18%，设备利用率提高 20%；（3）停机时间缩短 10%，生产效率提升 20%，直通率提升 5%；（4）降低 30% 的产品能耗，降低 32% 的工厂能耗、减少 21% 的用水量、减少 19% 的二氧化碳排放量；（5）研发周期从原来的 1 ～ 3 周缩短到 3 ～ 7 天，效率提升 50%。

4.2　湃睿科技的汽车雷达数字孪生虚拟监控系统

面向中国电子科技集团公司第三十八研究所，汽车雷达数字孪生虚拟监控系统利用异构数据实时采集、数据孪生等技术构建了汽车雷达智能制造虚拟监控，且实现了两个目标：一是将汽车雷达智能制造虚拟监控系统应用于中国电子科技集团公司第三十八研究所；二是推动中国电子科技集团公司第三十八研究所汽车雷达智能制造虚拟监控系统中的数字孪生技术及 AR 技术的应用。

1. 多视角查看

汽车雷达智能制造虚拟监控系统可以从多视角查看监控系统的实时信息，保证虚拟监控信息的全面性和完整性，如图 4-5 所示。

2. 设备详细信息查看

汽车雷达智能制造虚拟监控系统可查看各设备的详细运行信息，如图 4-6 所示。

图 4-5　多视角查看监控系统

图 4-6　查看各设备的详细运行信息

3. 设备故障预警

当设备运行参数异常时，设备异常信息被同步至汽车雷达智能制造虚拟监控系统中，系统通过报警灯对设备运行异常状态进行告警，提醒车间人员该设备需要进行检修，如图 4-7 所示。

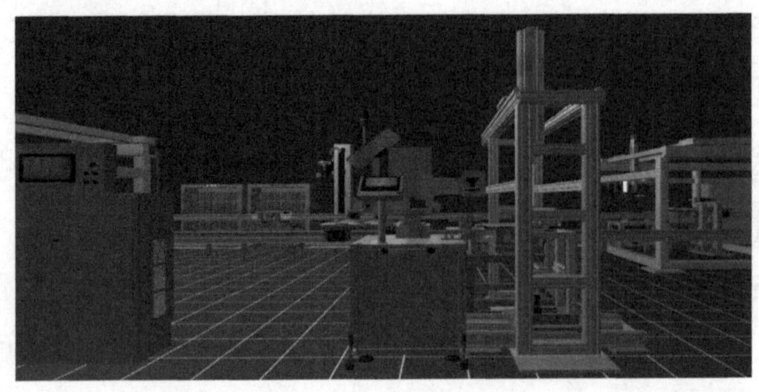

图 4-7　设备故障预警

4. 生产现场多视图展示

系统实现了生产现场多视图展示，可同时多视图显示汽车雷达组装生产线多位置、多视角的虚拟监控信息，如图 4-8 所示。

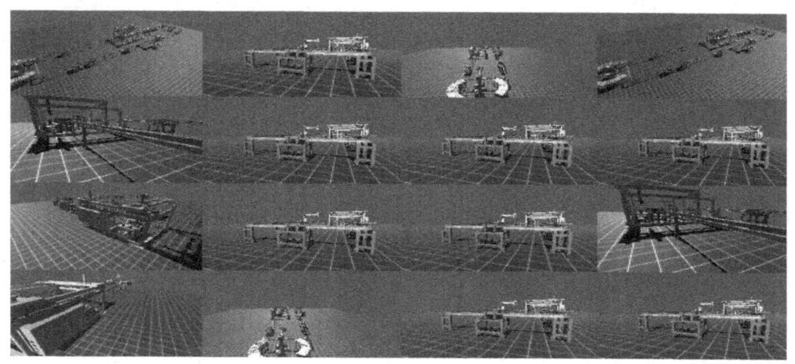

图 4-8　生产现场多视图展示

5. 场景漫游

汽车雷达智能制造虚拟监控系统实现了按指定路线进行漫游和人工操作进行漫游两种方式，如图 4-9 所示。

图 4-9　场景漫游

4.2.1　优势分析

（1）车间异构复杂数据实时采集。汽车雷达数字孪生虚拟监控系统对 IoT 车间制造过程的数据进行分类与特点分析，对车间异构复杂数据实时采集技术进行研究，提出基于 OPC 协议、射频识别（RFID）及条形码等多种数据采集方法，实现车间异构复杂数据实时采集。

（2）复杂产品生产车间虚拟监控。将数字孪生技术应用到复杂产品生产监控中，对 IoT 环境下的车间虚拟监控技术进行研究，实现数字孪生技术在复杂产品生产车间的虚拟监控。

（3）设备故障预警。采用主元分析方法对数字化生产车间虚拟监控系统中的设备运行状态的历史数据进行分析，建立故障预测模型，将利用车间数据采集技术采集到的实时数据与故障模型进行对比，对设备进行故障预测。

4.2.2 实施步骤及路径

（1）项目切入点包括项目可行性分析、技术调研、需求调研。切实了解用户需求，确定系统逻辑模型，确定系统功能及性能要求，确认项目开发计划。

（2）企业应用的路径包括项目可行性分析、技术调研、需求调研。切实了解用户需求，确定系统逻辑模型，确定系统功能及性能要求，确认项目开发计划，确立系统架构、数据集成、用户界面设计。对各功能模块进行开发测试、完善示例，可进行示范演示、加强产品培训、提供技术支持、进行市场营销推广。

虚拟车间总体方案如图 4-10 所示。

4.2.3 案例推广应用价值

汽车雷达智能制造虚拟监控系统实现了数据实时采集、数字孪生技术在智能制造车间的应用、故障预测等内容，能够满足复杂产品智能制造车间的虚拟监控。

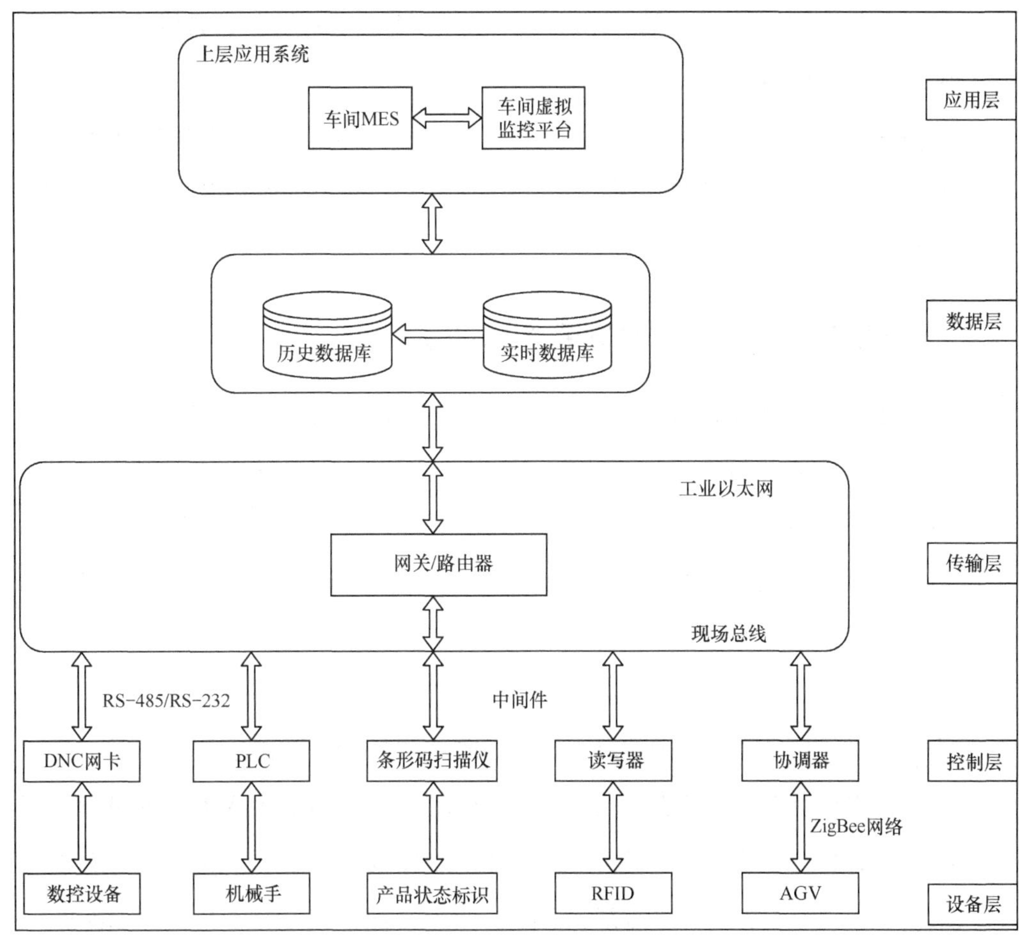

图 4-10　虚拟车间总体方案

4.2.4　实施效果

汽车雷达智能制造虚拟监控系统已经应用于中国电子科技集团公司第三十八研究所汽车雷达生产车间。该系统实时采集车间中的设备运行状态、车间生产进度、物料状况等信息，通过数据接口完成与车间信息系统的数据交互。通过实时通信服务器、历史数据库和车间信息系统的数据驱动可视化系统中的 3D 模型，实现 3D 模型与生产现场设备、搬运、环境、生产进度等信息的实时同步，并保证用户通过人机交互页面实现对设备、具体工位的查看和场景漫游功能。

该系统实现了闭环管理，通过设计驱动生产，通过生产数据指导设计，产品质量合格率提升了 3%，生产周期缩短了，按期交付率提高了 10%；数据统一显著提高了管控效率。

4.3 摩尔公司的摩尔数字孪生智能工厂

福建摩尔软件有限公司（简称摩尔公司）研发的摩尔数字孪生智能工厂为工业企业量身打造设计、仿真、集成一体化的 3D 仿真平台，基于前沿 WebGL 技术、3D 加速渲染技术，可拖曳用户界面与 3D 模型，快速构建场景，与第三方系统、设备数据交互集成，多样式展现车间信息，帮助企业快速创建数字仿真工厂。主要应用有基于 AI 的开源工业软件开发平台和摩尔云生态服务、摩尔智造系统（N2）、制造核心平台（MC）、摩尔云生产系统、仓库管理系统、工厂 3D 仿真构建器、智慧设备物联平台、智能工业 App 等，为制造业提供专业的平台型生产信息化管理系统等信息化产品及智能制造整体解决方案，为全球客户提供智能工厂解决方案、数字化集成应用，以及智能决策和智能制造等全面解决方案，打造生产全流程的数字化、智能化、网络化、信息化智能工厂。

4.3.1 优势分析

1. 技术概述

基于 3D 模型、动画引擎、大数据的数字孪生智能工厂，以 WebGL 3D 引擎、AI、骨骼动画、运动轨迹、3D 建模等 3D 仿真技术、3D 动画视觉表现及多媒体数字技术为核心，结合 IoT 将实体工业设备、工序实时数据融合到仿真系统中，在系统中模拟实现工业作业的每一项工作流程，并与之实现各种交互、控制。实时对车间 3D 高精度模型、工艺流程、设备属性、设备实时数据，以及工厂运营管理数据等进行融合，直观地展示生产车间的工艺流程，实现车间生产的远程控制管理，提高车间的运营管理效率。技术架构如图 4-11 所示。

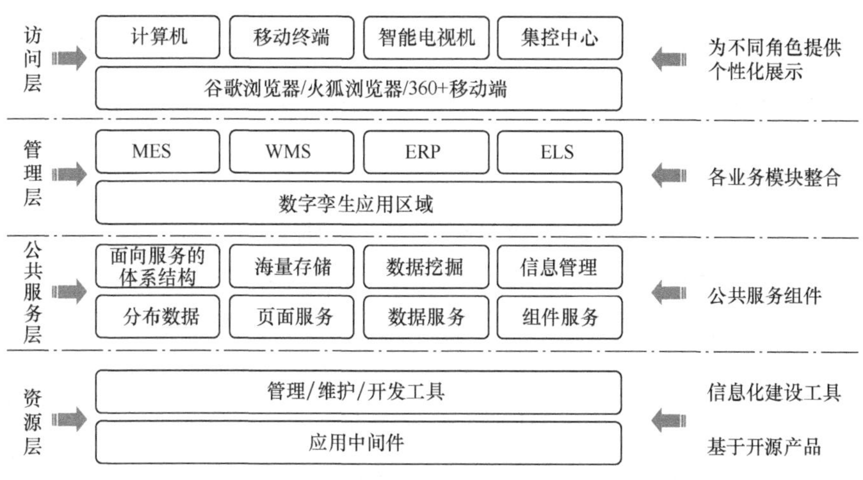

图 4-11 技术架构

Wis3D 编辑器是支持跨平台、快速构建 3D 场景的编辑器，通过 WebSocket、HTTP、Web Service 等标准接口能快速与 MES、WMS、ERP 进行主动式或被动式数据交互，在模型上支持市面上大多数 3D 格式（如 OBJ、FBX、GLTF、JSON 等），有一套自身 UI 集中库，用户通过拖曳控件和 3D 模型可以快速完成场景构建，并且发布包支持跨服务部署、跨设备浏览、快速产品化。

2. 难点与创新点

当前基于 3D 高精度模型的车间场景搭建完全依赖于 3D 软件，如 3DMax，由专业技术人员搭建，技术难度大，周期长；场景只能基于静态数据，动画效果单一，无法和制造现场同步，也无法进行仿真。

数字孪生智能工厂主要创新点如下。

（1）提供全维度、连续、实时的现场数据支撑。

（2）引用 WebGL 3D 引擎、骨骼动画及实时渲染技术。

（3）实现 KPI 智能分析与预测。

4.3.2 实施步骤及路径

摩尔公司重点研究基于 TensorFlow 深度学习框架与工业机理模型、海量全维度工业数据相结合的算法模型开发与应用。摩尔公司技术主要应用场景如表 4-1 所示。

表 4-1　摩尔公司技术主要应用场景

序号	技术应用环节	摩尔公司技术
1	生产智能检测环节	应用机器视觉动态学习，结合业务系统形成应用闭环，自动识别产品，换线无须人员定位
2	视觉动态定位	基于机器视觉动态学习，动态产品定位，不需要或仅需要少量工装设计，换线无须调整硬件
3	设备运维管理环节	基于海量、全维度、准备数据的预测性维保和 3D 高精度模型仿真目视化管理
4	工厂 3D 仿真	基于车间现场全维度、海量数据和 3D 高精度模型实现的工厂数字孪生和辅助决策

1. 机器视觉图像分析及机器学习技术

（1）机器学习与视觉识别技术。通过视觉识别技术在背光模组检测、液晶模组检测工序中的应用，解决管理痛点。

（2）机器学习及图片识别技术。应用于机内排线检测和背板螺钉检测工序，降低成本、提升作业效率和质量。

（3）特征识别技术。通过视觉学习建立产品或物料的特征数据库，在生产过程中智能识别产品或物料，应用于来料检验、生产装配及生产过程检验等。

（4）光学字符识别（OCR）技术。通过视觉识别技术智能识别产品或物料上面的字符信息，辅助检验过程或生产过程中的信息采集、比对。

2. 3D 建模及数字仿真技术

应用 3D 高精度模型、轨迹动画、车间实时数据、KPI 进行设备动画和工厂数字化仿真，基于海量数据应用智能分析模型进行辅助决策和异常分析。

3. 大数据智能分析技术

基于车间全维度、海量数据进行分析建模，应用于设备预测性维保、辅助管理决策等环节。

4. 工业机器人与自动化设备集成应用

在生产各个环节中，由系统收集信息并进行智能分析处理后，采用工业机器人或各种自动化设备代替人工作业，提升作业效率、降低质量风险、确保现场作业的高效、稳定。

4.3.3 案例推广应用价值

摩尔数字孪生智能工厂是为工业制造业量身打造的“AI+ 制造”整体解决方案，基于大数据、全方位追溯、制造现场可视化、智能物流、智能控制等典型的 AI 技术，完善升级智能工厂板卡生产线和整机生产线。项目的推广将推动工业企业仓储利用效率、工时利用率等生产供应链多环节效率的提升。项目得到推广后，预计到 2025 年可使得 150 个应用工厂产生合计超过百亿元产值的效益提升，拉动产业上下游经济发展。

4.3.4 实施效果

摩尔数字孪生智能工厂集智能仓储、智能排程、工艺管理、排产管理、制程管理、质量控制、设备管理、生产统计、工厂 3D 仿真、预警管理、人员绩效、追溯管理、可视化看板等功能于一体，结合机器视觉、机器学习、大数据分析等技术构建一体化智能制造数字孪生应用平台。同时基于过程数据，通过数据分析、算法建模等技术手段为企业不同层级的管理者提供实时准确的决策依据；实现精益化、数字化、目视化、移动化、智能化的工厂管理。项目整体技术架构如图 4-12 所示。

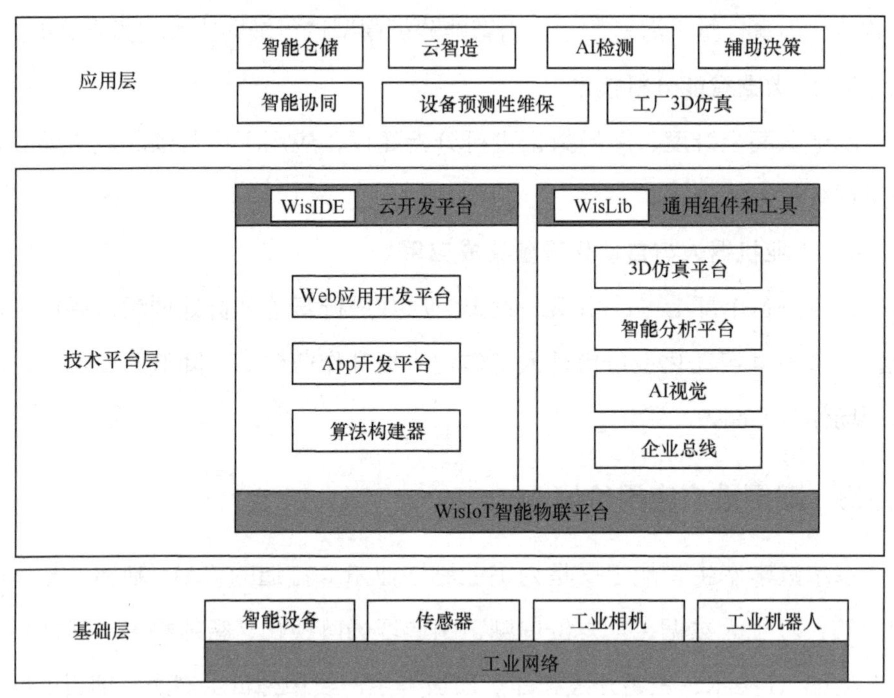

图 4-12　项目整体技术架构

4.4　石化盈科的基于数字孪生的 ProMACE 平台

石化盈科信息技术有限责任公司（简称石化盈科）打造的基于工业互联网平台的智能工厂是石油和化工行业转型升级、提质增效的重要平台，数字孪生是平台核心技术之一。该智能工厂通过建立石油和化工行业从资产级至企业级的数字孪生系统，形成对石化工业物理资产、业务对象、反应与分离过程、工业经验的模型化描述，通过“状态感知—实时分析—优化决策—精确执行”的闭环实现对物理工厂的精确管理和协同优化，形成虚实共变、相互迭代的闭环系统。

4.4.1　优势分析

石化盈科打造了基于 CPS 的国内首个石油和化工工业互联网平台 ProMACE，具有工业物联、工业数字化、工业大数据与 AI、工业实时优化四大引擎。工业数字化提供了数据集成与管理、数据模型和工业模型构建、信息交互 3 类功能，实现了对石油和化工工业多维度、全方位的模型化描述，包括以下几种模型。

（1）资产模型。该平台描述了石油和化工工厂物理资产的功能位置、机械特性、工艺特性、物理组成等本体属性。对企业主要装置进行工程级和仿真级 3D 建模，对重点设备建立可拆解的工程级模型。目前，该平台可提供反应器、塔、炉、压缩机、换热器等 27 大类 300 余小类设备设施模型。

（2）工厂模型。对生产活动涉及的要素进行模型抽象，解决能源、工艺、安全、环保等各专业在指标粒度、空间属性、时间属性、数据层次上不一致的问题。该平台包含 3 个层次、6 类区域、9 大类工厂对象模型。

（3）工艺机理模型。基于石油和化工工业生产过程“三传一反”（质量传递、热量传递、动量传递和化学反应）的特性，建立了 52 类装置机理模型，对生产过程的物料平衡、能量平衡、相平衡与化学平衡进行模拟计算，支撑科研与工程设计、生产过程工艺诊断与优化。

（4）大数据模型。围绕企业生产异常分析、装置操作、设备运行等方面，建立了 22 套行业分析算法，实现关键工艺点预测预警、装置操作参数优化等工业场景应用，提升产品效率，平稳生产过程。

（5）工业知识库。沉淀设备、物料、能源、工艺、操作、质量、安全、环保、应急等石油和化工行业各业务域的行业知识、业务规则和典型案例，形成 8 类石油和化工工业知识库，形成知识即服务体系，为工业应用提供知识和算法支撑。

基于 ProMACE 平台，石化盈科研发了具有自主知识产权的 MES、先进过程控制（APC）、流程模拟、能源优化、操作告警等一系列核心工业软件，在石油和化工行业推广应用数百套。该平台打造了以集成管控、预测预警为特征的新一代营运指挥模式，并通过将离线稳态工艺机理模型与实时数据库、实验室信息管理系统集成，实现由“离线分析”变为“实时操作指导”。

ProMACE 平台提供完善的生态圈支撑能力，包括能力开放中心、服务市场、开发者社区、持续交付中心等。该平台还支持二次开发和平台管控，提供统一工具集保证终端用户参与应用过程，提供规范的建设标准、检测服务和实施方法论，建立了汇集信息通信技术（ICT）厂商、高校、科研院所等的开放生态。基于数字孪生的石油和化工工厂运行机理如图 4-13 所示。

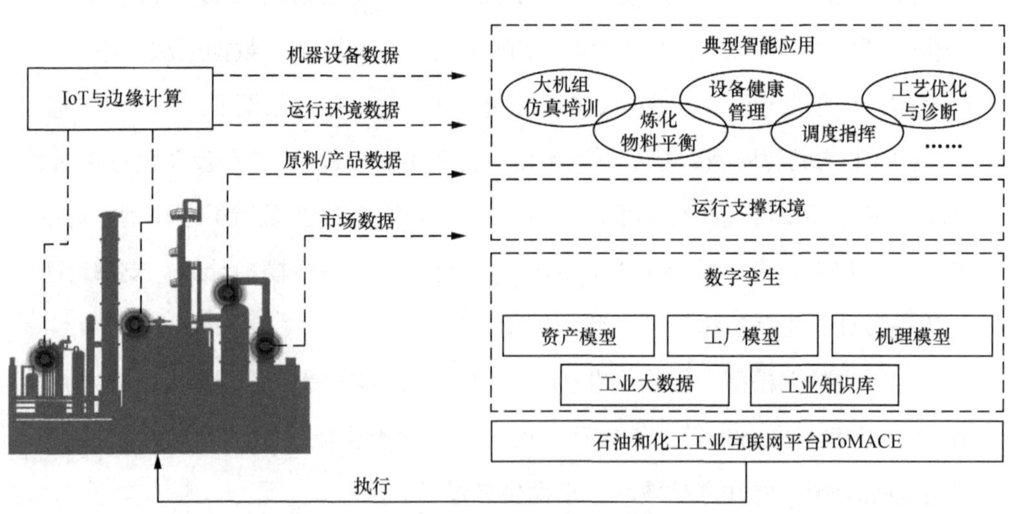

图 4-13　基于数字孪生的石油和化工工厂运行机理

4.4.2　实施步骤及路径

ProMACE 提供统一架构的云服务，能够支持私有云、公有云不同部署方式，用户可根据企业规模、业务复杂性、数据敏感度灵活选择。

企业在完成 ProMACE 平台的安装部署后，依次开展对资产、工厂、3D 数字化、工艺机理、大数据的建模工作，随后启动实时计算引擎、安装部署及配置工业应用，在测试和试运行之后完成应用上线。

4.4.3　案例推广应用价值

该案例已在 10 余家在营、新建及改扩建特大型国企及民营企业中落地应用，行业涵盖炼油、石油与化工、煤化工及化纤等，应用推广企业原油加工能力约占全国总加工能力的 20%。

同时，按行业百余家大型企业、千余家中小型企业测算，石油和化工工业数字孪生相关应用预计在 10 年后市场规模超千亿元。

4.4.4　实施效果

基于数字孪生的 ProMACE 平台与相关工业软件已在石油和化工行业推广应用百余套，累计为企业增效数十亿元，为石油和化工行业转型升级、提质增效提供了有力支持。5 家应用企业被评为国家智能制造试点示范，两家企业被评为国家首批绿色示范工厂。

4.5　ANSYS/阿里巴巴的电力变压器设备数字孪生

阿里云 supET 工业互联网平台由阿里云计算有限公司牵头，联合浙江中控技术股份有限公司、之江实验室、国家工业信息安全发展研究中心等 6 家单位共建。阿里云 supET 工业互联网平台为制造业企业提供一站式的数字化、网络化、智能化服务，促进工业互联网和消费互联网的融通发展。

4.5.1　优势分析

在电网运行过程中，变电站的主变压器的运行维护存在较大痛点。在主变压器工作时，铁芯和线圈的发热量较高，因此需要采用较强的冷却措施。为了对铁芯和线圈进行冷却，在设计中，整个铁芯和线圈是浸泡在冷却油中的。虽然可以保证铁芯和线圈在工作中维持正常的温度，却阻碍了温度传感器的安装。因此，对铁芯和线圈的温度监控成为一大难题。基于仿真的数字孪生解决方案如图 4-14 所示。

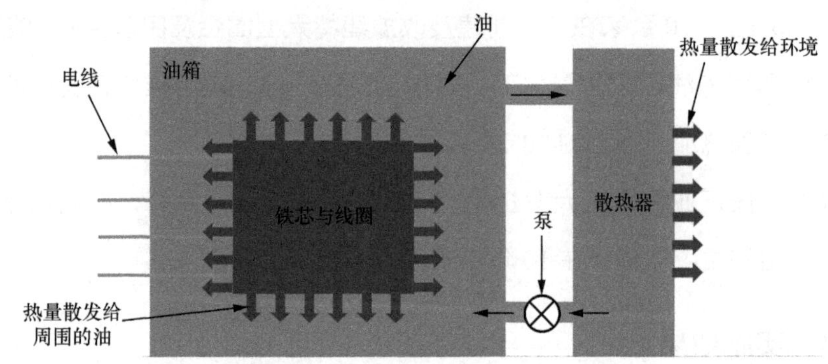

图 4-14　基于仿真的数字孪生解决方案

基于仿真的数字孪生解决方案是通过对物理设备建立高保真度、高稳定性、高可视化的实时仿真模型，并经由 IoT 平台，实现实际物理设备与虚拟仿真设备之间的映射。在实际设备运行过程中，虚拟设备可经由实际设备传感器采集到的实时数据，实现与现实设备的同步运行。因此，基于仿真的数字孪生解决方案所定义的数字孪生是动态的，不仅具备与实际设备一致的属性，更能够与实际设备以相同的工况运行。

在开发工具层面，Device Twin SDK 中集成了“仿真模型运行时求解”“IoT 设备数据写入”“时序数据库”“自定义可视化面板”的完整工具闭环。

4.5.2　实施步骤及路径

按照以下 4 个主要步骤完成对 110kV 电力变压器的设备数字孪生的开发，主要步骤分别为物理装备对象选取、系统建模及模型集成、运行时模型部署、在线模型运行计算，如图 4-15 所示。

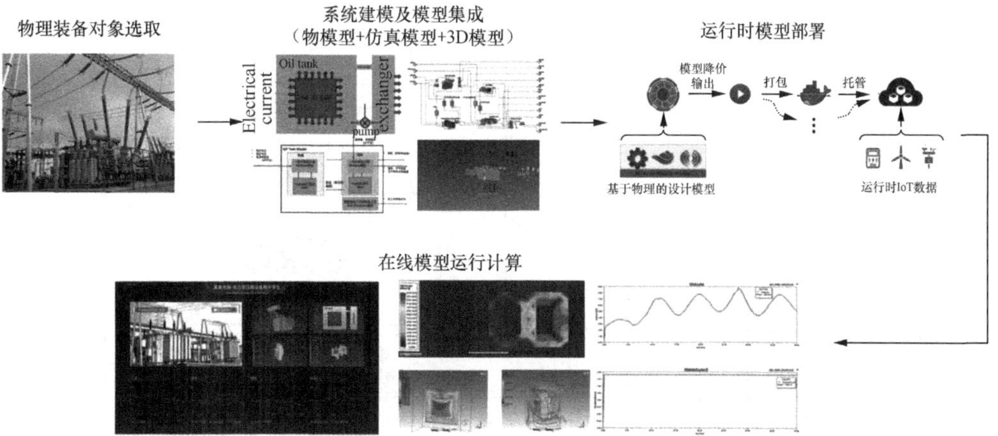

图 4-15　110kV 电力变压器的设备数字孪生的开发的 4 个步骤

其中机理模型部分，通过 ANSYS 的 Fluent/CFX 和 Maxwell 的 CAE 软件完成。

机理模型的输入参数包括输入端与输出端的电流、泵的流量、油温和环境温度。其中输入输出端的电流和环境温度是所有变电站都可获得的，油温的获取需对 110kV 电力变压器进行适当改造，但改造难度不大，泵的流量一般只有开、关两个状态。企业可通过查询泵供应单位的相应产品手册获取当其开启时的流量。

物理模型的内部功能模块划分主要包括电磁模块、流体模块和工况判断模块 3 部分，如图 4-16 所示。电磁模块用于计算铜损和铁损；流体模块用于根据铜损、铁损、泵流量和环境温度，计算铁芯和线圈的温度；工况判断模块用于根据其他模块计算出的参数归类出典型工况并输出工况号。

当系统对电磁模块和流体模块进行建模时，采用了 ANSYS 公司的降阶模型技术，将电磁 3D 仿真和流体 3D 仿真处理成具有 3D 仿真精度，但能够进行实时仿真的降阶模型，并集成到变压器整体模型内，如图 4-17 所示。

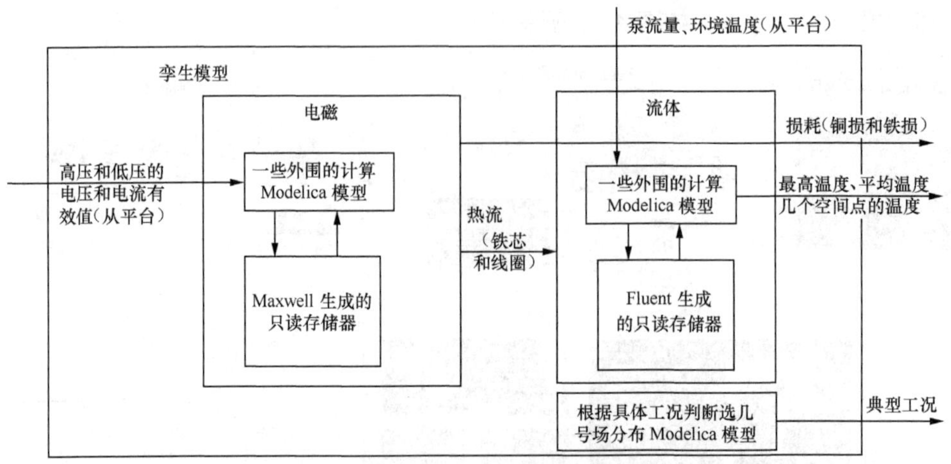

Modelica：一种开放、面向对象、基于方程的计算机语言

Maxwell：一个基于真实光线物理特性的全新渲染引擎

Fluent：一种商用 CFD 软件包

图 4-16　物理模型的内部功能模块

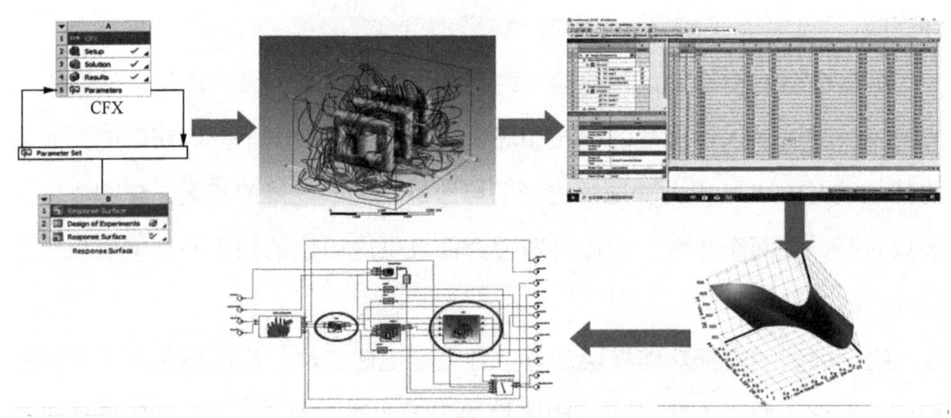

图 4-17　电磁模块和流体模块建模流程

在运行时，系统通过 Docker 对模型及算法应用 Device Twin 进行容器化封装，实现高度灵活的自动化交付流程，构建弹性可扩展的系统架构，特别适合 IoT 的规模化的场景。

4.5.3　案例推广应用价值

该案例具备较广泛的推广应用价值。主要应用场景为重型设备的运维监控和提高关键工艺的良品率。该案例的价值点在于设备内部某关键参数无法通过传感器直接获取，从而导致设备运行的潜在风险或生产工艺的良品率低下。通过数字孪生应用可降低设备运行风险，提高生产的良品率。

4.5.4　实施效果

设备数字孪生通过“IoT 在线数据”“设备仿真模型”的技术融合，实现基于模型的实时在线分析，并通过 3D 交互技术进行交互展示，把设备的“设计域知识”带到“设备运维域”，从而更好地服务设备智能运维，实现基于模型的设备监控和维护。设备数据孪生可以根据当前的电网“负载工况”，提前 1 ～ 2h 预测出过热问题，从而判断出变压器是否过载，是否要启动备用变压器等，帮助电网人员进行决策。

4.6　战未科技的数字孪生风力发电机系统

北京战未科技有限公司（简称战未科技）以数字孪生技术为核心，致力于智慧能源基础建设。风力发电机存在维护困难、维修成本高、停机损失大等问题；同时风场对风力发电机运行能力评估方法欠缺、准确度低，缺少精细化管理相关的数字基础设施。

4.6.1　优势分析

某民营分散式风场采用数字孪生风力发电机系统，应用基于风力发电机的风场精细化管理，如图 4-18 所示。

该系统具有如下相关特色。

（1）风资源、风特性的仿真计算

结合风的 3D 矢量特征、空间切变特性、时间序列统计特性、物理特性、能量特性等多维度特征，对不同地理状况下风资源的多维度输出进行仿真计算。

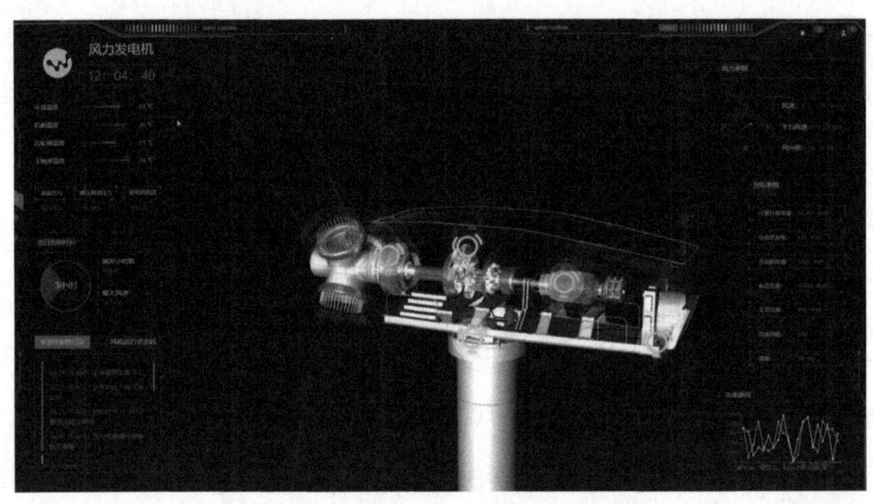

图 4-18　战未科技的数字孪生风力发电机系统

（2）基于空气动力学与叶片动力学的风力发电机仿真

基于空气动力学、叶片动力学等原理，结合风资源特性仿真、风力发电机的结构与特性，对叶轮、叶片、偏航等部件的状态和运行特征进行仿真。

（3）基于控制、传动系统的机舱内部孪生系统

基于控制、传动系统原理，集合 3D 模型，对机舱内部核心部件状态及工作特征进行仿真。

（4）基于材料学的叶片劣化趋势分析

基于叶片的应力、刚性、质量、结构阻尼、激励力等材料属性，结合多维度环境数据及弯矩匹配等数学模型，计算叶片的劣化程度，合理安排运维周期。

（5）基于概率神经网络的智能故障诊断

通过分析风力发电机机组转速故障数据及影响因素，融合故障树分析（FTA）和概率神经网络（PNN），对风力发电机机组故障进行诊断分析。

该系统具有如下重大突破。

（1）在风场设计阶段，可以在数字空间中基于风场所在地区的历史环境

（包含但不限于风能）数据及风机的数字孪生技术，在短时间内推衍未来风场建立后一定时间内的风功率曲线及发电相关数据。

（2）基于神经网络及振动数据的主轴劣化趋势预测。

4.6.2 实施步骤及路径

1. 物理模型调整

基于不同型号风力发电机的不同硬件结构，结合其他型号的物理模型进行调整，可使用软件 Blender 来调整。

2. 数字模型调整

基于材料特征、硬件特征数据，对核心部件及动力输出、运动特征等结合原数字模型进行调整，可使用开发语言 Python 来处理。

3. 数据接入及归一化

基于传输控制协议 / 用户数据报协议（TCP/UDP）、消息队列遥测传输（MQTT）等传输协议及 Modbus 等数据协议，接入风力发电机相关数据及进行数据的归一化，可使用开发语言 Go、C、Python 来进行。

4.6.3 案例推广应用价值

清洁能源是未来能源的核心组成，风力发电的重要性和必然性已经得到了全世界的承认。未来，随着电力需求的进一步提高，对风力发电机进行精细化管理与智能运维是必然的发展趋势，数字孪生技术可以通过跨学科技术，结合 AI、IoT 等技术，满足普通风力发电机的智能化需求，为新能源电力支持国家未来发展提供坚实的基础支撑。

4.6.4 实施效果

通过数字孪生应用，风场可以在不用进行硬件设施改造的前提下，把普通风力发电机智能化，数字孪生风力发电机系统拥有故障预测、在数字空间进行物理仿真的能力，支撑风场进行精细化管理，可增加 10% 左右的发电量，降低 30% 的运维成本，通过部件问题预测给风场带来的间接经济效益约为 10%。

4.7 恒力石化的基于数字孪生的流程行业产线应用

恒力石化股份有限公司（简称恒力石化）在工业互联网基础建设方面现已实现生产自动化、分散控制系统（DCS）闭环控制全覆盖；基础网络、通信、调度、广播等系统已实现“融合通信”，视频监控系统实现了厂区无死角式全覆盖；ERP、MES、设备管理、安全环保、实验室信息管理系统（LIMS）等上层应用系统已经进入深化应用阶段。

生产线数字孪生系统的目标是通过物理生产线与虚拟生产线的双向真实映射与实时交互，达成生产线生产和管控最优。要实现该目标，企业需要以生产实时数据为驱动、以数字孪生模型为引擎、以数字孪生应用为抓手。

依托工业互联网平台，基于工业互联网平台的流程行业生产线数字孪生系统提供基于数字孪生技术的物料配方优化解决方案，适用于原料、产品需求变化较多的生产线，主要方法为多模型优化控制和质量卡边优化。

多模型优化控制一般用于生产过程非线性、原料性质变化、负荷变化、产品加工方案等对软测量模型和控制模型的参数有较大影响的情况中，能够提高优化的适应性，解决多样化的原料来源和产品需求问题。通过对优化性能、控制（动态调节）性能、模型预估性能和过程干扰性能进行分析和报告，控制工程师可以根据这些结果来确定控制器性能的改变并改善控制器性能，如图 4-19 所示。

石油和化工生产过程物料变化频繁、装置耦合复杂、多层次运行，物质转化和能量传递机理复杂，传统的机理建模往往难以精确描述复杂过程，如物质流和能量流耦合、传递与反应等关系；数据驱动的建模由于缺乏过程、单元内部结构和机理信息，严重依赖于数据样本的数量和质量，难以对过程机理进行深层次的分析和解释。但是，机理分析有利于抓住过程的本质特征和主要矛盾，获得有效的模型结构；数据驱动的方法则可以使系统自动获取隐藏在数据中的信息和知识。

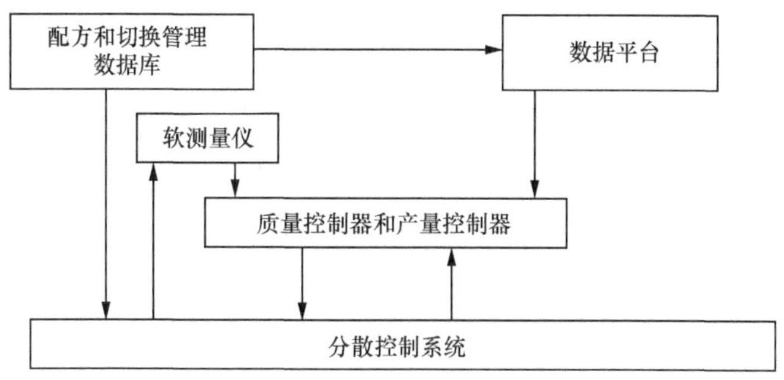

图 4-19　多模型优化控制

该解决方案综合二者的优点，采用 AI 方法挖掘海量工业数据内在的知识信息，建立数据驱动和机理分析的混合模型，解决石油和化工生产过程模型随原料和产品加工方案变化而变化的难题，开发出面向原料、产品需求变化的石油和化工生产过程数字孪生模型。方案流程如图 4-20 所示。

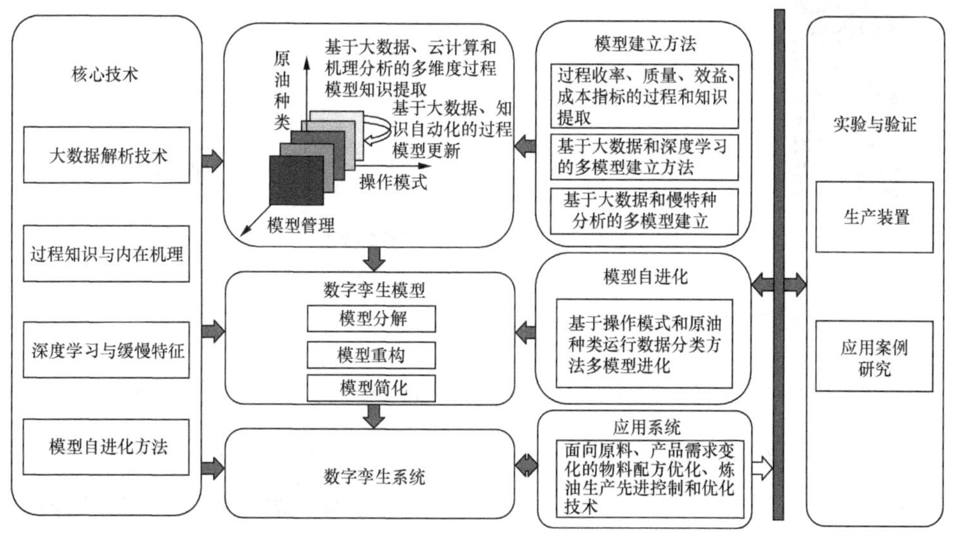

图 4-20　方案流程

4.7.1 优势分析

该案例依托工业互联网平台，融合过程机理和装置运行特性，建设具有良好精度的软测量模型，实现实际生产流程在虚拟空间中的孪生，利用智能优化算法求解熔融指数和等规度最优参数，虚拟空间模拟仿真结果与物理空间操作优化的交互，为装置实际生产进行牌号切换提供优化运行指导。

该案例根据美国陶氏化学公司 Unipol 聚丙烯气相流化床生产工艺的原理，对聚丙烯气相流化床工艺的 109 种牌号产品性质和生产条件数据进行收集，构建了聚丙烯牌号产品数据库，为各种牌号的聚丙烯产品之间的切换建立了配方模板，并以多种形式为聚丙烯牌号关键指标进行展示。图 4-21 为 *X* 牌号数据库查询界面。

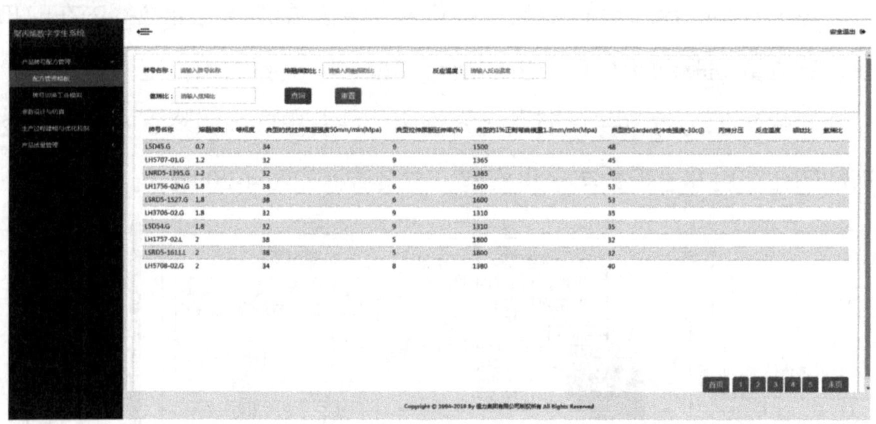

图 4-21 *X* 牌号数据库查询界面

4.7.2 实施步骤及路径

该案例依托于恒力石化开发的工业互联网平台，利用 Java Spring 框架结合 HTML 和 JavaScript 技术自主研发了基于浏览器 / 服务器（B/S）架构聚丙烯装置的牌号管理与配方优化系统。重点开发了聚丙烯气相流化床系统静态机理模型，并通过梯度下降和粒子群优化（PSO）算法等对熔融指数、等规度指标的机理方程组进行优化求解，从而构建了熔融指数和等规度的软测量模型。该案例对牌号切换的过渡过程进行推演，从而可以优化操作，减少过渡产品，进而提高经济效益。

1. 建立聚丙烯关键质量指标软测量模型

依据聚丙烯反应机理，通过 IP21 数据库接口、LIMS 数据库接口获取聚丙烯装置的生产数据和产品质量分析数据。将获取的数据构建成输入输出数据集，利用梯度下降和 PSO 算法辨识出熔融指数、等规度指标的机理模型。

2. 建立聚丙烯物产品牌号数据库

调研并收集 Unipol 工艺包中的 109 种牌号产品性质和操作条件数据，将这些数据存入 MySQL 数据库中，开发牌号管理数据系统支持数据增、改、删、查的人机交互功能。

3. 建立聚丙烯牌号模板和操作切换轨迹演示

根据 Unipol 聚丙烯装置工艺包的操作条件，建立各个牌号的配方模板。实现牌号切换人机交互界面，在切换过程中将配方模板数据输入聚合反应静态机理模型，利用机理模型对牌号切换过程进行仿真，并以趋势图的形式对仿真结果进行展示，辅助进行生产过程牌号切换操作优化，缩短过渡周期，降低过渡过程的成本消耗，提高收益。

4.7.3 案例推广应用价值

聚合物反应系统牌号管理具有潜在价值的应用系统，利用程序使过渡过程时间和过渡料数量减至最小是一项十分重要的研究内容。建立聚丙烯反应器的动态机理模型，结合配方模板模拟，可以实时地预报聚丙烯的熔融指数、等规度等重要产品质量指标的切换趋势，从而对于工艺人员优化牌号切换操作具有重要的指导作用。并可以在此基础上，增强对产品牌号切换过程进行的优化控制，提高专用料的生产量，进而提高装置的经济效益。

4.7.4 实施效果

从2019年1月开始建设3套数字孪生试点装置项目，项目总投资4亿元，包含聚丙烯车间、PTA（精对苯二甲酸）车间、常减压车间。项目提出了6个解决方案，包括物料配方优化、工艺参数设计与仿真、生产过程建模与优化控制、质量管理、设备故障诊断和远程维护，以及腐蚀管理。形成可视化虚拟生产线，与现场生产线平行运行实施数字孪生解决方案，帮助企业提质增效。同时基于生产线的感知、优化、控制、诊断和决策等过程，新建和完善数字孪生对象模型1000个以上。通过研究信息物理融合计算方法，提升多时空尺度模型的统一计算求解能力，优化关键工艺性能指标的模型预测能力，预测提前时间不少于20分钟，预测精度不低于90%。

4.8 机械九院的红旗HE焊装工厂

机械工业第九设计研究院股份有限公司（简称机械九院）利用Plant Simulation在HE焊装车间项目为企业建立数字孪生工厂，以支持现场规划方案的分析和决策。企业通常在规划阶段结束后，不会再对大多数仿真模型进行利用，而在该项目中建立的数字孪生工厂可以将前期规划阶段的建模成果再利用，在还原物理工厂的同时，实现对实际现场的监控。

4.8.1 优势分析

通过虚拟工厂提前仿真、模拟、展示HE焊装工厂的车间生产线运作和物流配送过程。同时通过虚实结合，实现虚拟工厂对物理工厂的实时展示和监控。实现对整个工厂的生产线、设备等的展示和漫游，实现对制造过程中关键设备、物流等的3D动态模拟展示。

集成车间数据库和控制系统，获取实时生产计划、生产设备状态及物流配送数据，形成动态报表，及时并形象地反馈生产线状态，如图4-22所示。

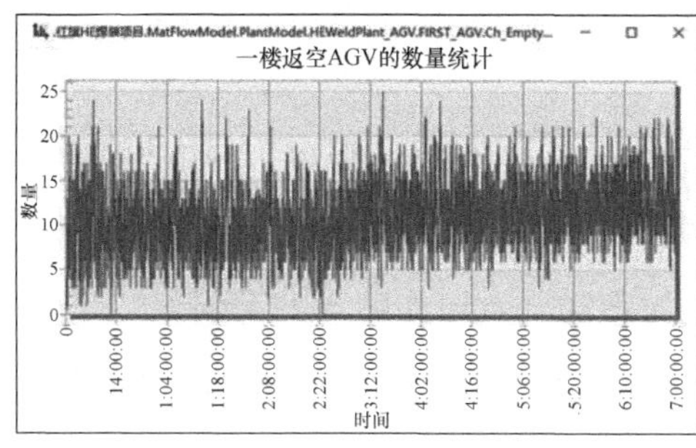

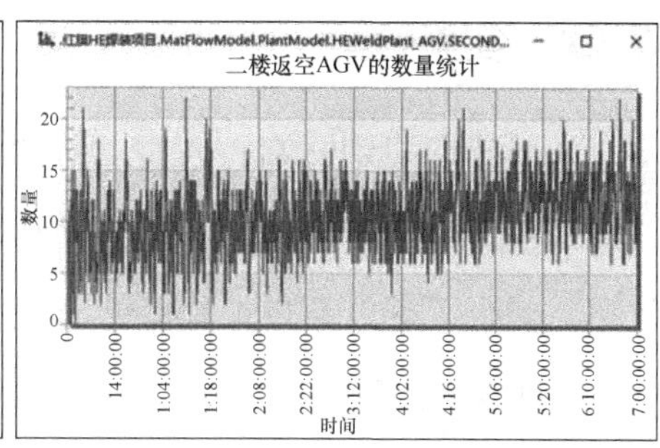

图 4-22　通过返空 AGV 的数量反馈生产线状态

提前动态获取生产计划，通过数字工厂仿真分析验证生产计划的合理性，并反馈给相关部门审核。重复此过程，以求确定最优或者较优的生产计划方案，最终投入生产。

4.8.2　实施步骤及路径

首先，通过收集 HE 焊装工厂的工艺规划方案和物流配送方案，搭建 2D 仿真模型，验证和分析生产能力，测算物流配送资源的配置需求。

其次，在 2D 仿真模型的基础上进行 3D 场景转换，对车间物理工厂进行 3D 还原。

最后，通过与工厂的实际生产信息互通，获取生产计划、设备状态等信息，直接联动仿真环境里的虚拟对象，还原生产线和物流配送状态。

4.8.3　案例推广应用价值

通过建立数字孪生工厂，企业可以快速完成对生产计划的评估，不再如传统流程一般对生产计划和方案进行烦琐的评估验证，提前预估生产线生产情况，防止出现物料、设备等原因造成的停线风险。如前文所述，在规划阶段结束后，企业并没有对传统的仿真建模进行再利用，而是通过建立虚实互联的数字孪生工厂，充分利用前期的仿真成果，将仿真建模的价值尽可能最大化。

4.8.4 实施效果

分析初期规划方案，通过对数字孪生工厂的应用，确定了 HE 焊装工厂的滑橇数量、物料 AGV 的数量，消除瓶颈点，确保了投资，同时提高了生产效率，减少了不必要的成本浪费。规划方案实施效果如图 4-23 所示。

初期规划方案实现了 3D 工厂与虚实互联技术，使得整个数字化工厂更加直观，工作管理人员也可以更加方便直观地通过数字化工厂模型查看实际工厂运行状态。同时也实现了预测生产计划的合理性，通过与生产计划系统互联，实时获取生产计划，通过反复进行数字化模型仿真分析，确定最优或者较优的生产计划方案，最终下发生产，提高工厂生产效率和减少不必要的成本浪费。

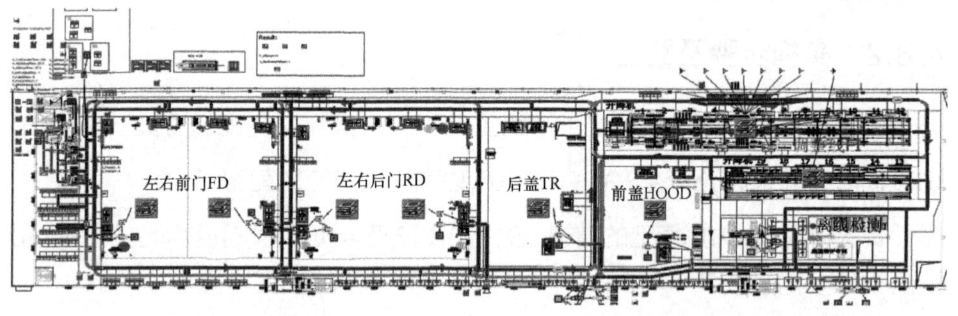

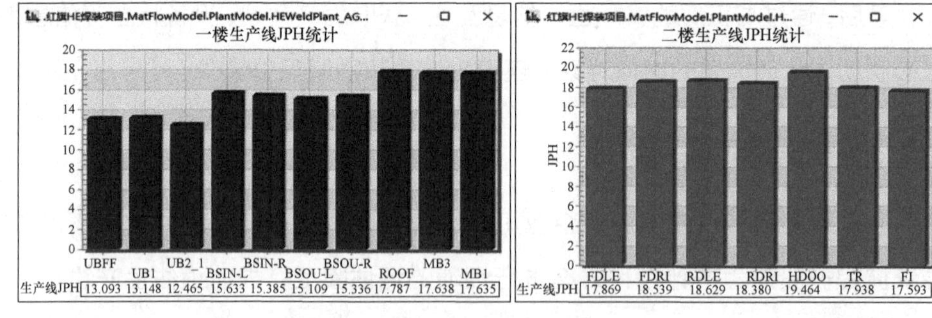

图 4-23 规划方案实施效果

4.9 朗坤智慧科技的智能化设备健康管理与故障诊断系统

山东能源临沂矿业集团有限责任公司目前已基本完成了生产自动化改造，

通过智能化设备健康管理与故障诊断系统解决了如重要机电设备缺乏状态感知、设备台账管理混乱、点巡检和设备定期维护工作开展不规范、故障事后维修导致损失大等问题，在煤矿顺利开展设备状态监测、故障诊断及健康管理工作，实现了少人值守、无人值守的状态。

4.9.1　优势分析

（1）采用高性能时序数据库压缩技术，解决工业设备监测海量数据存储问题

在该案例建设过程中涉及大量各行业不同种类设备的接入，对汇集的海量设备实时数据的高效管理是该案例平台建设的关键。为提高海量实时数据存储和访问效率，该项目利用 TrendDB 时序数据库，采用自研的动态区域拟合有损压缩方法和哈夫曼无损压缩方法，在保障数据还原质量的前提下，保障数据高质量存储。

（2）专业的信号分析与多维故障特征提取技术，提升设备异常和故障的准确识别率

为了准确识别煤矿机电设备的异常和故障，案例应用多种数字信号处理技术，实现振动监测信号时域、频域、角域变换，从多个维度提取故障特征。对于设备运行的稳态振动信号，采用时域信号分析识别故障情况下的各种冲击特征，应用快速傅里叶变换（FFT）后的频域分析技术识别设备频率成分特征，实现故障特征的提取和故障分析；对于非稳态设备振动信号，采用等角度重采样技术将时域信号变换至角域空间中，然后再采用稳态信号的频率分析方法进行故障特征提取和诊断。

（3）将机理模型与 AI 诊断技术相结合，提高工业设备故障诊断准确率

该案例将机理诊断与 AI 诊断相结合，在设备监测早期缺乏大量历史监测样本时采用基于机理模型的诊断方法，在积累了一定历史监测数据以后则采用基于 AI 的故障诊断技术，将整体提高设备故障诊断的准确率，如图 4-24 所示。

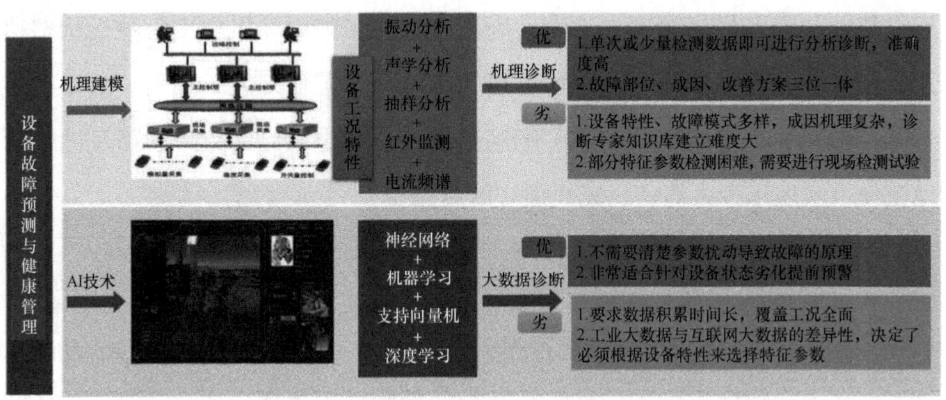

图 4-24　将机理模型和 AI 诊断技术相结合

（4）图形化机理建模组件简化机理诊断实施流程，提高故障诊断效率

该案例打造了“煤矿行业 - 煤矿工厂 - 生产线 - 设备 - 部件”的数字化建模平台，基于强大的内置规则引擎内核，实现函数解析及规则的可视化交互建模，帮助机电专家通过“拖拉曳”的形式，轻松实现专业知识封装和固化。图形化诊断规则建模如图 4-25 所示。煤矿运输系统组态监视如图 4-26 所示。

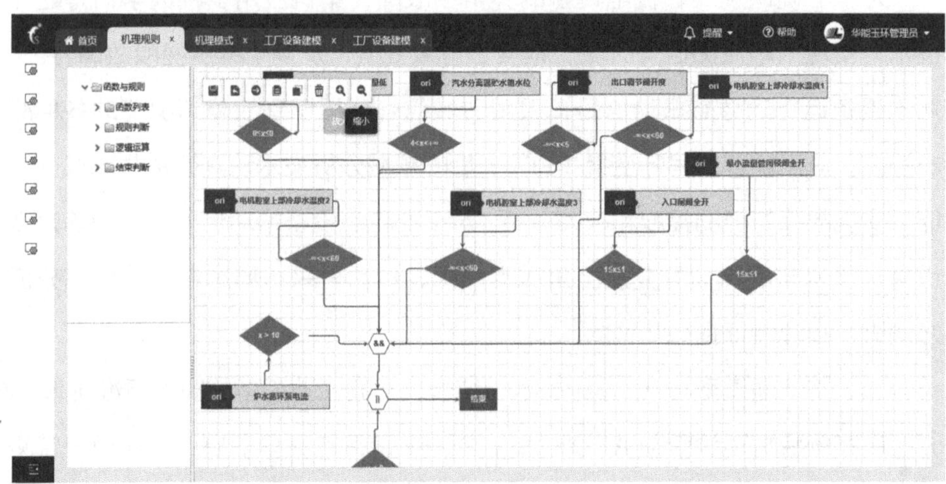

图 4-25　图形化诊断规则建模

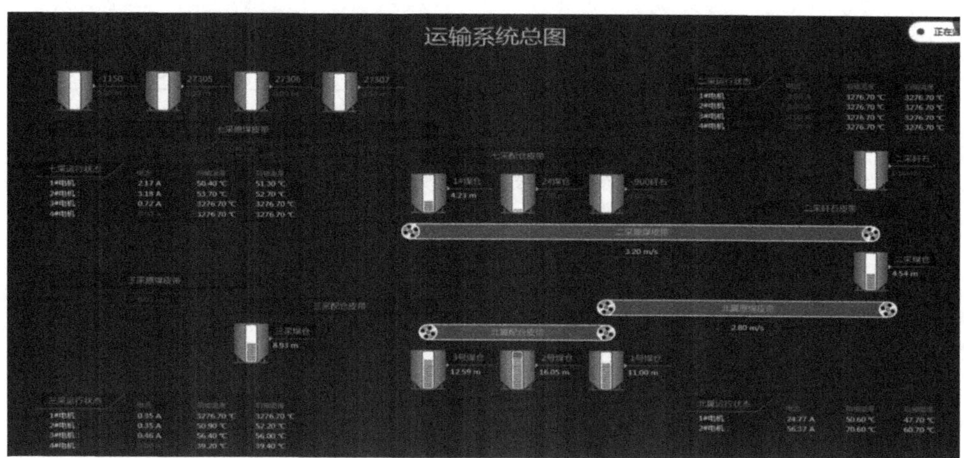

图 4-26　煤矿运输系统组态监视

4.9.2　实施步骤及路径

实施步骤及路径如表 4-2 所示。

表 4-2　实施步骤及路径

实施阶段	实施步骤	具体任务	采用的技术 / 工具
第 1 阶段	设备选型	选择关键生产核心设备，设备有历史检修记录可寻，监测参数完整的设备	—
	环境搭建	部署应用服务器、大数据服务器、模型执行服务器、采集服务器	微服务、Redis、Nginx、Nacos、Kafka、HBase、HDFS、Flink、PostgreSQL、MongoDB、朗坤网关软件、大数据 AI 建模平台、可视化机理建模平台、振动分析诊断平台
第 2 阶段	资料收集	收集设备说明书、设备系统图、设备操作规程、历史检修资料	—
	数据采集及存储	采集综合自动化数据、控制系统数据、可编程逻辑控制器（PLC）数据、智能传感器数据，并存储至大数据平台	过程量采集：OPC、IEC104、S7-200、S7-300、Modbus-TCP； 振动信号预处理技术：模拟抗混叠滤波技术、数字滤波技术、计算阶比跟踪技术、包络解调（共振解调）技术、数字积分技术； 过程量存储时序数据库技术：高并发、高压缩比、高吞吐量等

续表

实施阶段	实施步骤	具体任务	采用的技术 / 工具
第 3 阶段	设备建模	梳理设备机理模型、数据模型及设备特征参数，建立机理模型和大数据模型	可视化规则引擎、可视化大数据建模工具、残差分析算法、参数相关性分析算法、特征参数劣化分析算法
	模型验证	利用工况数据验证模型；结合报警、预警、预测数据，验证模型准确性，优化模型	工况标记工具、数据抓取工具、模型验证工具
第 4 阶段	用户培训及文档交付	用户使用培训、用户配置培训、用户运维培训、用户二次开发培训、项目文档交付	—
	产品上线	专家提供远程诊断服务	远程诊断工具

4.9.3 案例推广应用价值

这一面向煤矿企业的设备故障预警与诊断产品的核心是以设备资产及生产系统为对象，通过设备机理和 AI 技术，实现故障报警、早期劣化趋势预警及分析。该产品同样适用于跨行业的其他同类场景应用，同时也可作为智慧工厂的一个重要组成部分向目标用户推广。

4.9.4 实施效果

将大数据模型与机理模型相结合，提供“主动式”远程状态监测服务，帮助企业监测设备运行状态，实时准确掌握设备健康状况，制订科学合理的维护保养计划，有效保障设备寿命延长 20%，检修费用降低 15%。

基于设备健康监测与故障诊断平台，搭建“矿侧 - 集团”两级设备数据服务中心，为管理层和决策层提供准确的煤机设备运维数据参考，大幅提升了企业科学经营决策能力。“矿侧 - 集团”两级设备数据服务中心实施效果如表 4-3 所示。

表 4–3　“矿侧 – 集团”两级设备数据服务中心实施效果

序号	管理节点	价值创造描述	创造价值
1	提高检修质量	通过机器自诊断和专家诊断，能让现场检修作业人员掌握排除故障的最佳措施，提高检修质量和效率	20 万元 防范质量事故，节约成本约 15 万元；验收不合格项目，节约费用约 5 万元
2	缩短检修工期	精准定位设备故障部位与原因，实现检修资源的集中调度，缩短检修工期，提高设备运行的可靠性	20 万元 缩短检修工期 3 ～ 5 天，节约成本约 20 万元
3	降低人工巡检成本	通过对煤机设备的在线监视，减少井下巡检作业次数，做到少人值守或无人值守，实现减员增效	40 万元 整顿不合理检修项目，节约成本约 20 万元；节约备件、材料、人工成本约 20 万元
4	降低设备能耗	通过对设备的能效模型监测与预警，实时调整用能方案，安排合理的检修和优化策略，实现能耗优化	30 万元 节约能耗费用约 30 万元
5	优化企业检修管理，积累企业检修知识和经验	企业检修管理整体能力不断提升，不会因为人员流动影响企业检修组织、质量，检修知识不断积累	10 万元 检修组织效率提升 5%，节约了检修成本约 10 万元
6	提升设备可靠性	全天候监测井下设备重要运行参数是否异常，并及时预警，防止设备非计划停运造成的重大事故和经济损失，平均提升设备运行效率 20% ～ 30%，产量每年提升 3% ～ 5%	2160 万元 减少因设备故障停产造成的损失约 60 万元；精煤产量每年提升 3 万吨，增产创造经济收入 2100 万元（按精煤产量每年 60 万吨，每吨 700 元核算）

4.10　朗坤智慧科技的上海 KSB 远程精准运维平台

上海凯士比泵有限公司，是德国 KSB 公司同上海电气集团的合资企业，是产品范围最广、技术水平最高的泵制造商之一。朗坤智慧科技股份有限公司（简称朗坤科技）基于科学的市场预测，指导产品产能和备件库存的合理安排；提升客户服务效率，增强产品售后与客户黏性；基于产品历史数据，挖掘产品改良指标，提升产品综合竞争力；利用一个平台，将德国总部、上海服务中心、经销商及客户间紧密地联系起来，更好地开展经营决策、进行资源调度和客户关系维护——朗坤科技为 KSB 打造了基于朗坤苏畅工业互联网平台的远程精准运维平台。

4.10.1 优势分析

朗坤苏畅工业互联网平台拥有丰富的协议库，包含 100 多种采集协议、32 种主流标准协议、可实现 95% 的场景的即插即用式设备接入。朗坤苏畅工业互联网平台标准协议如图 4-27 所示。平台采用数据通信加密、网关身份认证、平台入侵防护等安全技术，为用户数据提供全方位安全保障。

再热器
锅炉辅助设备
燃烧器
磨煤机
送风机
引风机
空预器
炉水循环泵
一次风机
汽机系统
汽轮机本体
汽轮机
汽轮机辅助设备
给水泵
除氧器

	序号	标准化编码	位置	参数名称	参数类型	单位	测点	测点描述	高高高报
	1	CS0191	炉水循环泵	#2 机锅炉启动循环泵电流	模拟量	A	db103.jXGvJLWD7cJE:ZJ156FP2HAA00HA502ZZ00J0EB001AA05	20HAG02AP001XQ01_#2 机锅炉启动循环泵电流古城煤矿.脂风机.1#变频电流频率.dl11	10000
	2	CS0192	炉水循环泵	锅炉循环泵入口温度	模拟量	℃	db103.jXGvJLWD7cJE:ZJ156FP2HAB00HA015ZZ00J0AA007AA05	20HAG02CT003_锅炉循环泵入口温度	10000
	3	CS0193	炉水循环泵	锅炉循环泵电机腔室上部冷却水温度1	模拟量	℃	db103.jXGvJLWD7cJE:ZJ156FP2HAB00HA501ZZ01J0AB004AA05	20HAG02CT011_锅炉循环泵电机腔室上部冷却水温度1	100
	4	CS0194	炉水循环泵	锅炉循环泵电机腔室上部冷却水温度2	模拟量	℃	db103.jXGvJLWD7cJE:ZJ156FP2HAB00HA501ZZ02J0AB004AA05	20HAG02CT012_锅炉循环泵电机腔室上部冷却水温度2	100

图 4-27 朗坤苏畅工业互联网平台标准协议

区别于传统的设备故障诊断技术，朗坤苏畅工业互联网平台应用“机理模型 +AI 建模 + 专业诊断”技术，形成“系统自诊断 + 专家确认”的创新服务方式，保障了故障预警、定位、评估、运维指导的准确性和全面性，指导后期的运维服务，如图 4-28 所示。

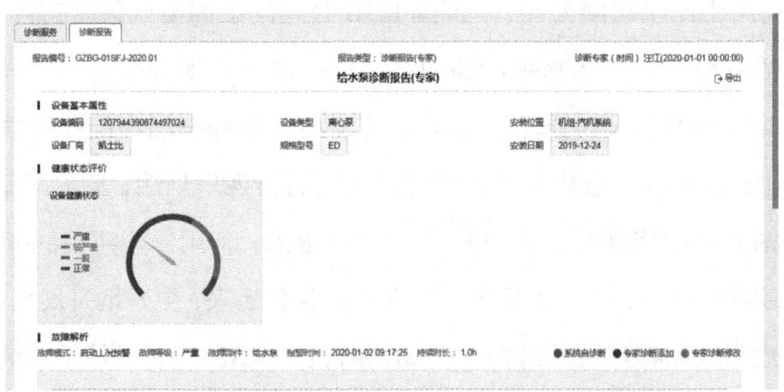

图 4-28 朗坤苏畅工业互联网平台设备故障诊断

该平台具有商机和备品备件预测能力。通过工业数据智能、大数据分析建模技术，对于超期服役、能效低、故障报警频次高、备件需求迫切的设备，进行标记识别，按商机等级将商机推送给营销人员，促进二次订单。同时可对接企业内部系统，指导采购生产 / 仓储配送等工作，优化企业生产机构，并带来营收提升，如图 4-29 所示。

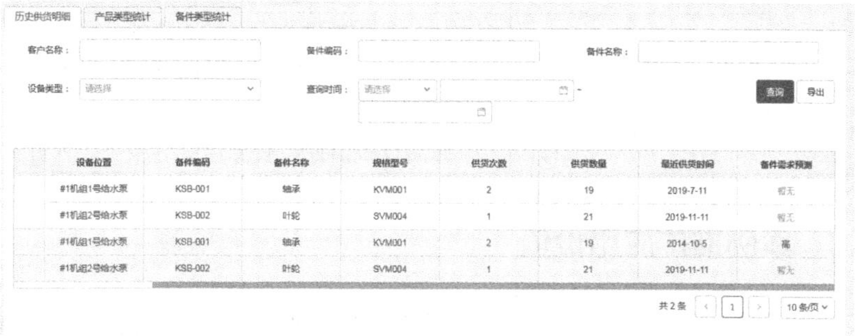

图 4-29　朗坤苏畅工业互联网平台商机和备品备件预测

4.10.2　实施步骤及路径

上海 KSB 远程精准运维平台采用了 SaaS 化云平台入驻的模式，整体工期在 45 天左右，项目实施分为 3 步。项目实施情况如表 4-4 所示。

表 4-4　项目实施情况

实施步骤	内容	内容说明
第 1 阶段	合同签订	签订合同，启动入驻流程
	用户培训	用户使用培训 用户配置培训 用户运维培训
	平台开户	装备制造商在平台进行注册、开户
第 2 阶段	设备选型	选择核心设备
	资料收集	设备说明书 设备系统图 设备操作规程 历史检修资料

续表

实施步骤	内容	内容说明
第 3 阶段	数据采集	综合自动化数据 控制系统数据 PLC 数据 智能传感器数据
	设备建模	梳理设备特征参数 模型关联特征参数
	模型验证	利用工况数据验证模型；结合报警、预警、预测数据，验证模型准确性，优化模型
	上线使用	设备正式上线运行 开启设备监控、智慧运维等服务，入驻完成

4.10.3 案例推广应用价值

基于朗坤苏畅工业互联网平台打造的设备精准运维平台，主要的核心客户是装备制造商及检修公司。目前已在泵类设备、医疗器械方向落地实践。

医疗行业目前主要推广的是电子输液泵，已有两家医疗器械厂商入驻平台，分别是江苏亚光医疗器械有限公司和江苏华星医疗器械实业有限公司。电子输液泵的主要应用场景有医院，用于病患手术后的镇痛。通过该平台实现了电子输注泵的 9 类设备的实时报警监测，避免了安全事故的发生，提高了设备的安全性，减少了护士巡房的工作量。

存在数据化转型需求，期望改变传统营销模式，增加二次订单收入及降低运维成本的装备制造企业都可以入驻平台。

4.10.4 实施效果

（1）运维服务成本降低了 15%

运维平台通过在线监视的方式减少了现场检测工作量，降低了综合服务成本。专家根据系统采集的工况数据进行远程诊断，降低了诊断难度及专家服务成本。

（2）运维服务收入提升了 20%

该平台为销售策略制定提供决策依据，通过大数据模型预测营销机会，快速精准识别设备更迭、改造需求，锁定备品二次销售商机。

（3）客户满意度提升了 40%

该平台帮助设备业主实现了设备的在线监控，故障报警实时推送，同时采用线上统一受理的运维服务模式，提高了客户问题响应及时率、执行率。

（4）二次订单量提升了 20%

随着平台的深入应用，设备业主的客户黏性、信任度逐渐增强。同时通过模型算法的应用，平台将备件、商机准确推送市场营销，目标客户更加精准。加上整合优化上下游供应链，企业在平台即可实现备件的快速采购，提升二次订单的销量。

4.11　安世亚太的空调系统数字孪生应用案例

安世亚太科技股份有限公司（简称安世亚太）设立数字孪生体实验室，致力于数字孪生技术的研究与发展，并令这些技术形成有价值的解决方案。该公司总部楼内安装了多联机中央空调系统，该中央空调系统是办公楼里的耗电大户，该公司使用数字孪生技术对中央空调系统进行研究，在节能环保方面可以产生非常好的经济效益和社会效益。

4.11.1　优势分析

空调系统数字孪生体使用一维和 3D 热流体仿真技术分别实现了对 3 个物理子系统的数字化，由于数字孪生要求数字化模型必须能够满足实时仿真，还需要使用 3D 模型的降阶技术来加速仿真，所以企业应使用物理传感器采集风速、温度、制冷模式等相关数值并通过 OPC 网络传递到数字化模型中作为边界条件和控制变量。空调系统数字孪生体的架构及关键技术如图 4-30 所示。

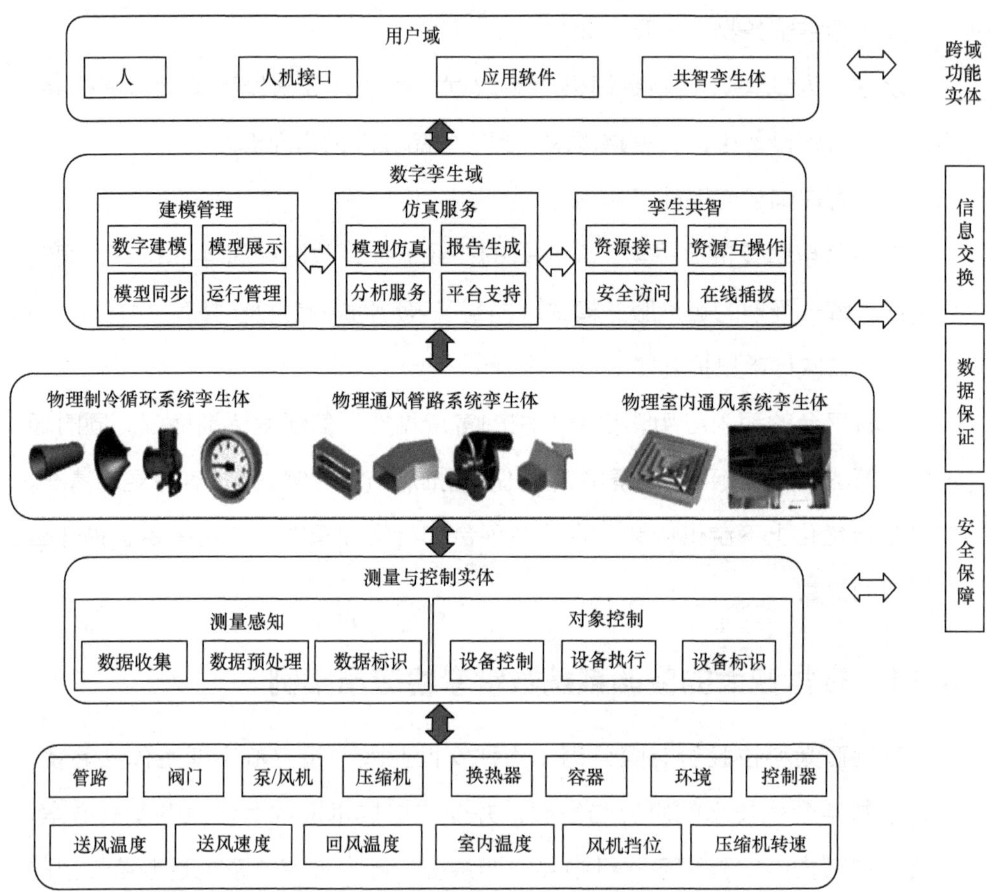

图 4-30 空调系统数字孪生体的架构及关键技术

4.11.2 实施步骤及路径

针对物理制冷系统和通风管路系统，该公司使用 Flownex 进行数字孪生体的搭建工作。Flownex 具有两相流动计算功能和热交换器元件库，能够计算制冷循环中制冷剂的相变和换热过程。元件库中的组件可以模拟制冷循环中的压缩机、管件、节流阀，以及通风管路系统中的风机、各种开关和阀门等。某个楼层的制冷系统和通风管路系统搭建如图 4-31 所示。

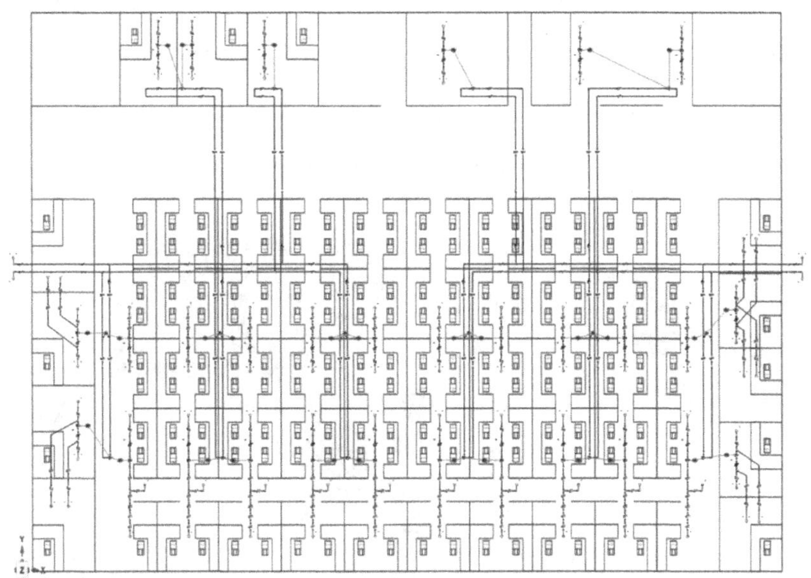

图 4-31 某个楼层的物理制冷系统和通风管路系统搭建

针对物理室内通风系统，该公司使用 ANSYS Fluent 进行数字孪生体的搭建工作。基于某个楼层的平面布置图，建立真实的办公室空间几何模型，进行 3D 的流动和传热过程计算，获得该楼层内的流场和温度场分布结果。某个楼层的空间温度分布如图 4-32 所示。

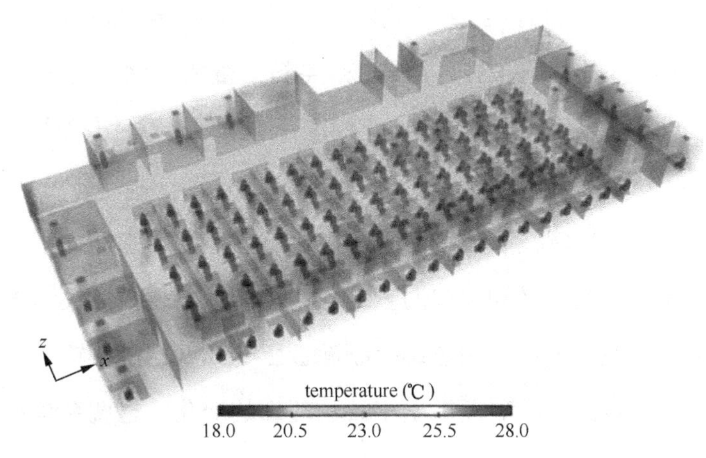

图 4-32 某个楼层的空间温度分布

由于 3D 模型无法满足数字孪生体实时仿真的要求，该公司使用降阶技术将 3D 模型转换为降阶模型。通过降阶技术，可以将 3D 模型中关键变量的输入输出参数之间的关系描述出来，以实现快速计算和各子系统之间快速耦合数据。空调系统中 3 个物理子系统的数字化过程如图 4-33 所示。

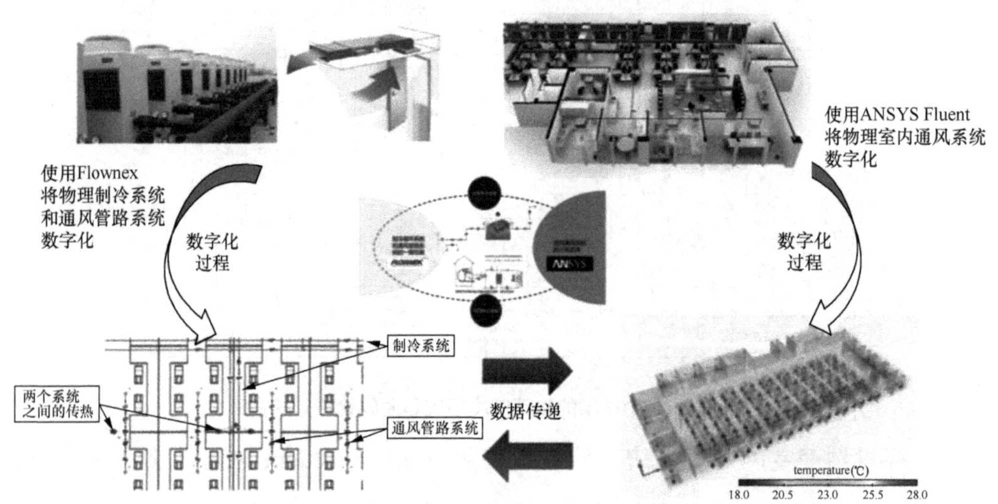

图 4-33　空调系统中 3 个物理子系统的数字化过程

该公司在空调系统的管线中布置了大量的传感器，以控制温度、湿度、压力、流量等，将这些传感器采集到的数据通过网关传递到 OPC 服务器中，再和数字化模型中相对应的边界条件和控制变量相关联，当传感器采集的数据发生变化时，实时仿真的数字化模型就能同步计算出整个空调系统的变化情况。

以某间办公室为例，该公司使用可视化工具监视传感器采集该房间内空调出风口的速度、温度及回风口温度结果，并和数字化模型实时仿真得到的数据相对比，当改变该房间内空调控制面板上的风量挡位按钮后，可以从数字孪生体的仿真结果中实时反馈出相关物理量的变化。空调系统数字孪生体的演示如图 4-34 所示。

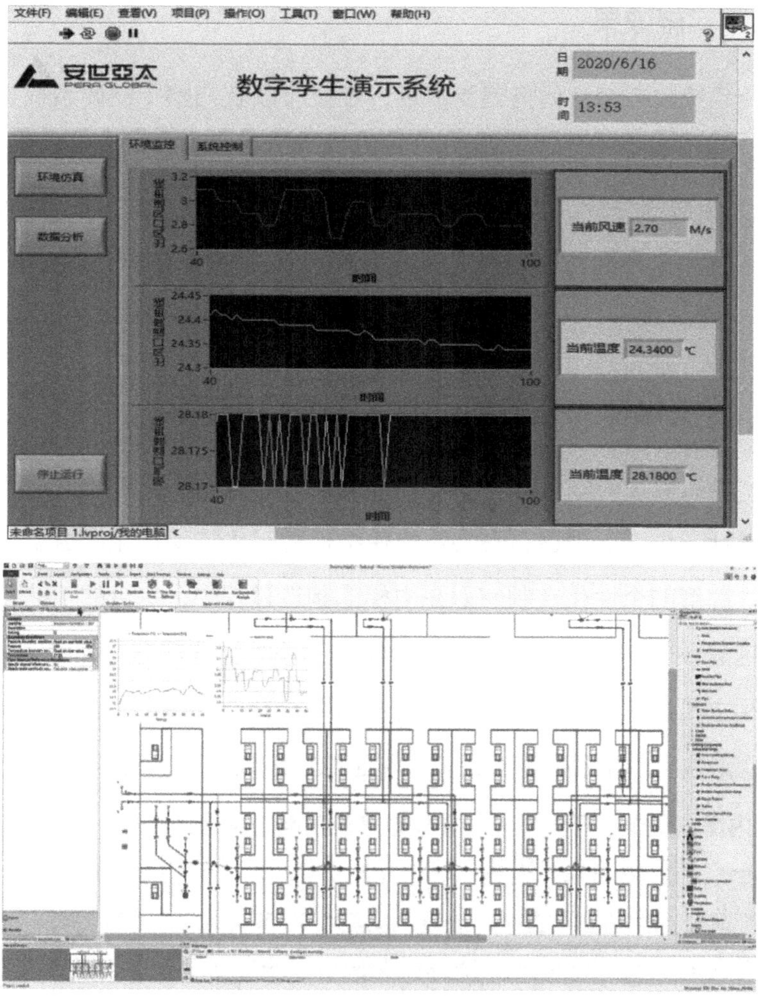

图 4–34　空调系统数字孪生体的演示

4.11.3　案例推广应用价值

该案例详细描述了空调系统数字孪生体的创建过程，展示了如何使用一维和三维仿真工具对复杂的热流体系统进行数字化建模的方法，该方法能够向类似的热流体系统实现推广，例如发电厂的热力循环系统、城市供气 / 供暖管网系统甚至复杂的化工设备系统等，该案例有着广阔的应用前景。

4.11.4 实施效果

空调系统数字孪生体搭建完成后，企业可以获知整个空调系统内部各种物理量的分布情况，实时监测整体空调系统的运行状况，还能够借助历史记录、IoT、大数据分析等手段实现智能控制与预测性维护等功能，深入了解整个空调系统的运行细节，预测各种极端条件下的故障可能性及寻找合理运行参数，从而实现空调系统的节能化运行。

4.12 西奥电梯的先进制造数字孪生应用案例

杭州西奥电梯有限公司（简称西奥电梯）是一家集国内领先的电梯整机研发、设计、生产、销售、安装及售后维保为一体的现代化综合型电梯服务制造商。高度的个性化定制使得在电梯的制造过程中，每台的工艺要求均有差异，这导致电梯制造的自动化与智能化实现难度非常高，如图 4-35 所示。西奥电梯立足已有的行业领先的自动化水平，充分考虑个性化定制痛点，通过先进制造数字孪生工程的建设，实现了全厂级数字孪生案例。

订单内需求量少、订单量大，导致量产难度高、制造周期长、成本难以降低

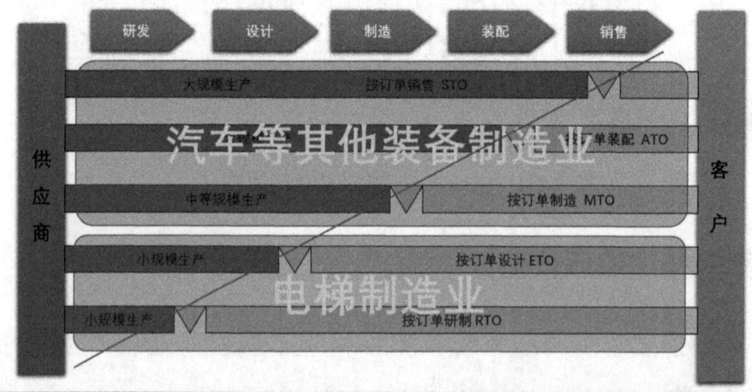

在小（无）批量、多品种的行业模式下，西奥电梯需要智能化转型，降本增效需求更为迫切

图 4-35 电梯制造的自动化与智能化实现难度

4.12.1　优势分析

（1）利用 5G 技术实现了全厂的信号覆盖与数据高速采集。

（2）在监控生产过程的基础上利用知识图谱实现了故障推理。

（3）利用管理壳技术实现了设计文件到生产物料清单的自动转换。

（4）利用 VR 技术实现了生产线虚实联动的运行查看。

4.12.2　实施步骤及路径

1. 5G 全场覆盖

全厂 20 条生产线，每条线部署 1 台数据采集网关，并串联 1 台 5G BOX 接入器，整体部署 5G 宏基站 2 个、微基站 4 个，室内分系统 1 套。实现整厂级 5G 数据采集，如图 4-36 所示。

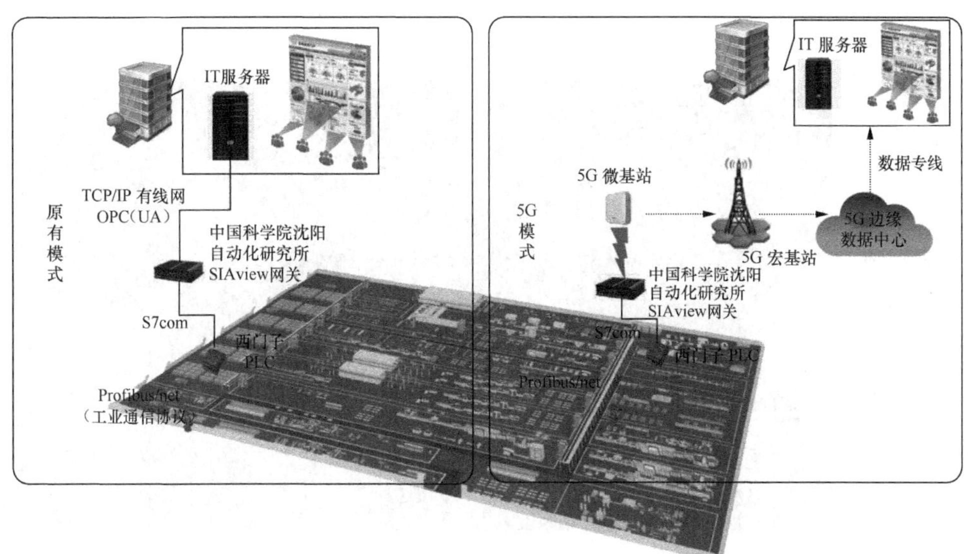

图 4-36　5G 全场覆盖

2. 数字孪生监控系统

构建数据变量为原子的数据映射模型，同时绑定 3D 模型相关含义，实现基础数字孪生数据空间的建设。数字孪生数据空间建设路径如图 4-37 所示。

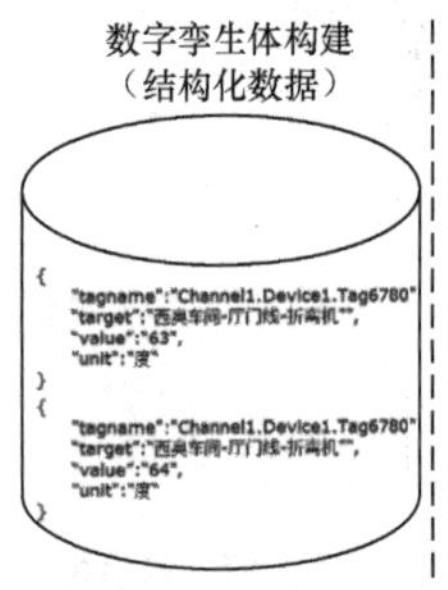

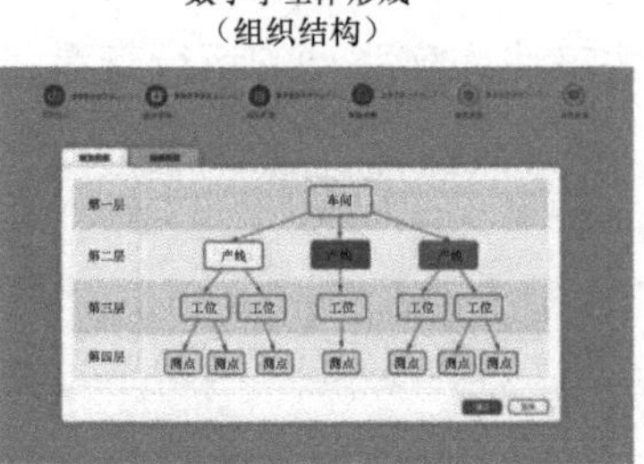

图 4-37　数字孪生数据空间建设路径

基于上述基础工作，西奥电梯利用中国科学院沈阳自动化研究所 SIA 物源开发平台构建了虚实联动的整厂级、车间级、线体级、工位级 4 层监控系统，如图 4-38 ～图 4-41 所示。

图 4-38　整厂级监控系统

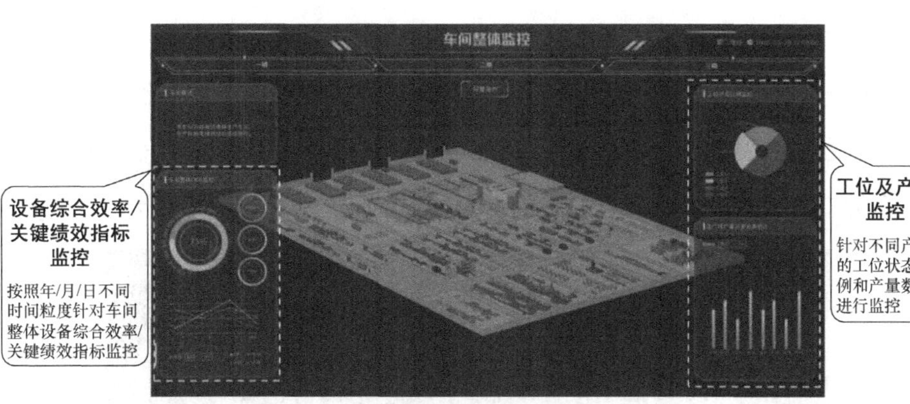

图 4-39　车间级监控系统

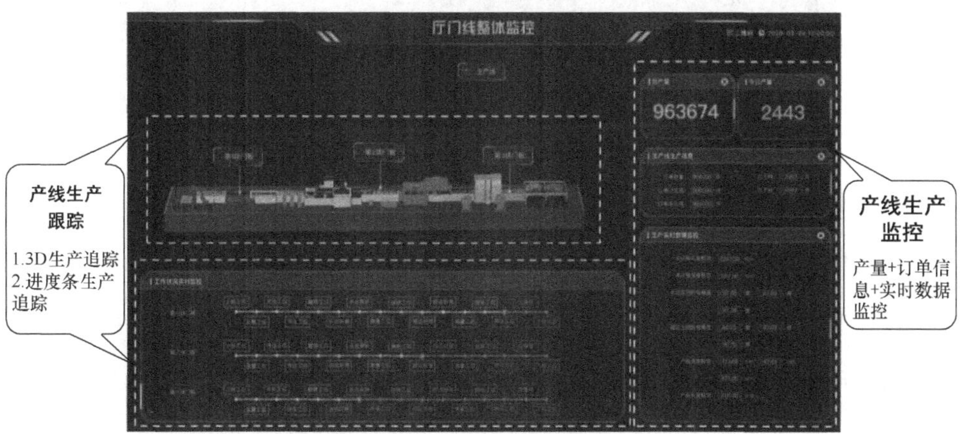

图 4-40　线体级监控系统

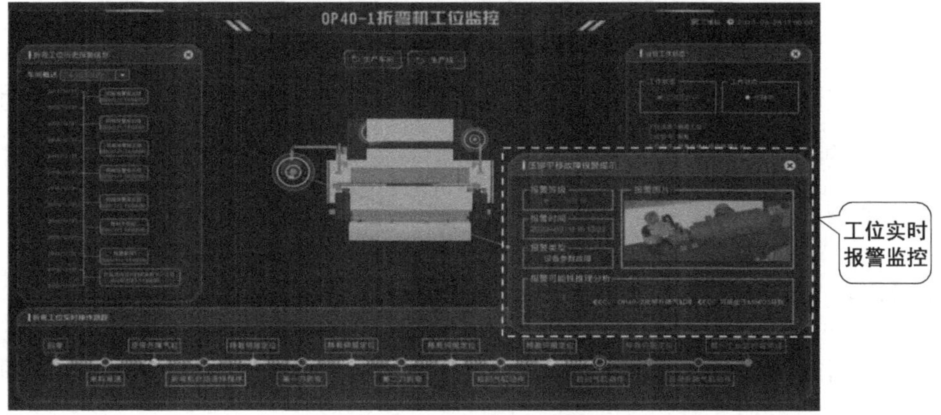

图 4-41　工位级监控系统

3. VR 虚拟工厂巡检与监控

西奥电梯基于 PicoVR 头戴式设备与中国科学院沈阳自动化研究所 SIA 物源开发平台快速构建了基于整厂的实景 3D 虚拟空间，同时将其关联了实时数据系统，实现了全厂的实景漫游巡检与监控管理，如图 4-42 所示。

图 4–42　VR 虚拟工厂巡检与监控

4. 智能工艺平台

西奥电梯基于现有的 PTC Creo 设计软件，研发工艺规划平台，实现了从 3D 设计文件到产品 BOM、工艺 BOM、制造 BOM 多环节的自动转换与生成系统，并进一步对接钣金加工床与 PLC 实现了部分标准工艺的控制代码自动生成。

4.12.3　案例推广应用价值

该案例不仅为全电梯行业探索了一条数字化转型的技术道路，同时也为更广泛的钣金制造企业、钣金连接工艺相关企业提供了较为标准的应用模式参考案例。

4.12.4　实施效果

利用量化指标可进行前后效果对比，了解案例实施效果。效果对比如图 4-43 所示。

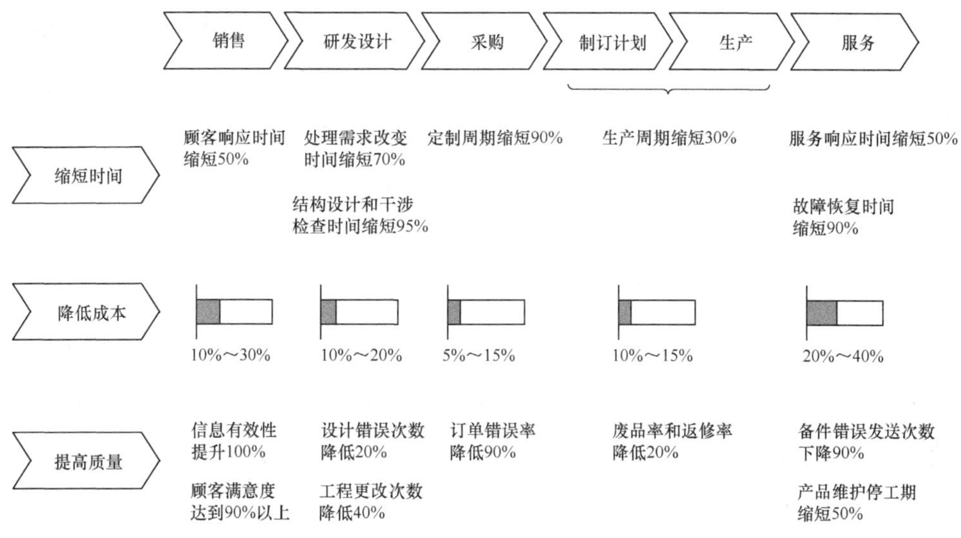

图 4-43　效果对比

4.13　上海及瑞的福田汽车数字孪生应用案例

上海及瑞工业设计有限公司（简称上海及瑞）提供数字化设计制造一体化技术咨询和产品设计服务。运用数字孪生正向研发的理念和手段，提供结构设计、工艺设计，解决产品研发难点和缺陷。

企业需要其产品减重量、降成本，但是传统的拓扑优化和参数优化已经不能在结构上再持续减重量了，而新材料和新工艺又造成成本增加，不具有竞争力，因此有必要找到新的手段尝试从结构上进行优化，从而达到减重量、降成本、提性能的目的。

4.13.1　优势分析

上海及瑞为福田汽车提供的数字孪生主要应用了创成式设计、铸造工艺模拟仿真形成设计和工艺的正向设计，利用机器深度学习的算法，形成以目标驱动研发的正向设计研发流程。

在保证结构安全的基础上，福田汽车数字孪生应用利用 AI 技术找到最佳的设计路径从而达到最优设计，解决了原结构太重和产品质量缺陷带来的问题；缩短了研发周期，一次性通过台架测试。降低了生产成本，提高了产品竞争能力；减少了产品重量以及设备运行时的能源消耗，有利于环保。

4.13.2 实施步骤及路径

上海及瑞利用创成式设计帮助北汽福田国产商用车品牌设计了前防护、转向支架等零部件。利用 AI 算法优化和用户的制造条件和需求，产生出最优设计。如图 4-44 所示的设计制造一体化案例，零部件从最初的 4 个减少到 1 个，重量减轻了 70%，最大应力减少 18.8%。成本、制造工艺、装配效率、性能等都得到了极大程度的优化。

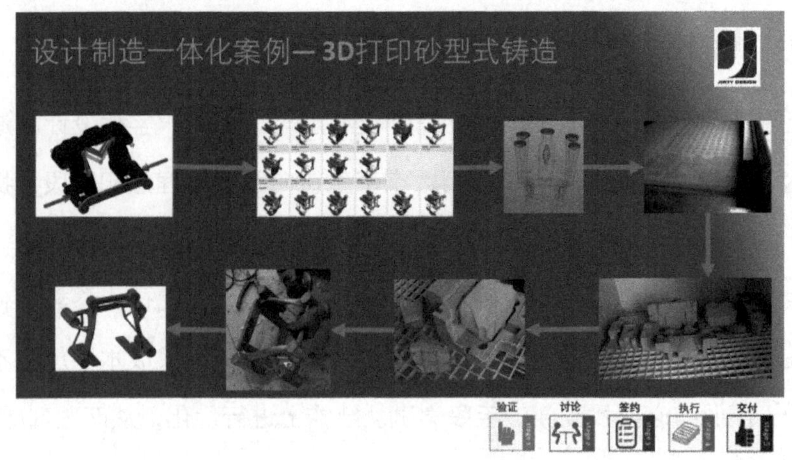

图 4-44　设计制造一体化案例

4.13.3 案例推广应用价值

上海及瑞提供的数字孪生已经用于有减材化和降成本需求的应用场景，如汽车、重型机械、能源、轨道交通等行业的轻量化。其应用价值具体如下。

（1）可降低产品生产成本和使用成本，提高产品的市场竞争力。

（2）可有效益地被研发创新，增加研发产品的成功系数，降低投资风险。

（3）可缩短研发周期、创新提升品质。

（4）实现了绿色制造，减少样机的数量和生产成本。

（5）可为创新提供正确的数据源，避免抄袭仿制。

4.13.4　实施效果

案例实施效果如表 4-5 所示。

表 4–5　案例实施效果

类型	与传统结构设计进行比较
设计时间（平均减重 25%）	节省 50% ～ 70% 的时间
减重效果 – 铸件	提高 40% ～ 60%
减重效果 – 锻件 / 钣金	提高 30% ～ 60%
减重效果 –3D 打印	提高 50% ～ 70%
寿命预测	增加了生产工艺的寿命预测
可制造性	包括了工艺的完整设计
投入产出比率	50% ～ 70%

4.14　轨道交通的工艺仿真与工厂仿真综合应用

某市城市轨道交通公司拟通过将工艺仿真分析和优化转向架维护维修工艺过程来规范操作、优化流程、减少错误，验证转向架维护维修工艺过程的可行性；通过工厂仿真提高架大修库规划布局、物流优化、生产维护维修优化调整的应对能力，为架大修库机车维护维修产线评价与效率改善提供数字化决策支持，推进架大修库的科学规划工作，实现组织合理，优化资源配置，提高整个企业的车间设计、物流规划的效率，降低车间设计、设备投资、产品维护维修成本；通过工艺仿真与工厂仿真交互应用以固化架大修库仿真项目各阶段所需要的数字化信息，保障架大修库仿真项目顺利推进。

4.14.1 优势分析

工艺及工厂仿真综合应用方法是将产品、流程、资源和工厂等的数据信息紧密联系，利用数字化手段对生产制造系统分别进行工艺及工厂仿真验证与优化，固化生产制造系统中不确定的环节及要素，从而使生产制造系统具备科学性、合理性、可靠性及经济性。

生产制造系统的各要素固化过程依托于工艺及工厂仿真逐步推进，合理组织工艺及工厂仿真综合应用流程是保障工艺及工厂的设计符合性及效益最大化的前提。

4.14.2 实施步骤及路径

1. 非标工艺装备仿真与验证

数字化制造业务流程包含产品设计、工艺规划、工艺及工厂仿真等。在产品设计及工艺规划期间，企业可同步协同进行非标工艺装备的仿真与验证。将产品及非标工艺装备等 3D 模型运用到工艺仿真环节，在虚拟环境中调试非标工艺装备的机构运动方式、操作及准备时间、工艺节拍等，研究非标工艺装备与产品的配合及动静态干涉等问题，并在虚拟环境中完成以上内容的校核及验证。在此基础上再次进行非标工艺装备试制与现场调试，确保非标工艺装备的有效性与可靠性。企业通过对非标工艺装备的工艺、功能等进行仿真分析，避免了传统模式中非标工艺装备实物样机的重复设计与生产循环，可以降低非标工艺装备试制成本、缩短非标工艺装备试制周期，从而大大缩短产品的整个研发周期。

2. 重要、复杂及瓶颈工位工时定额及优化

在产品工艺规划期间，企业利用工艺仿真方法时间衡量（MTM）进行人机的各工位时间定额的初步预估（也可套用其他企业经验值），对重要、复杂

及瓶颈工位进行并行工程，利用其工步或工序间的串并行安排，优化工位操作时间，并配合后期工厂仿真中的产能规划及生产线平衡计算。MTM 标准如图 4-45 所示；串并行工艺比较如图 4-46 所示；串并行工艺调整如图 4-47 所示。

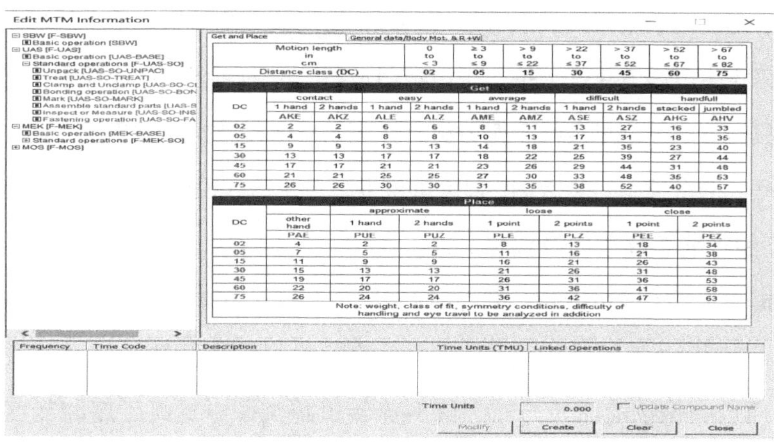

Motion length in cm	0 to < 3	≥ 3 to ≤ 9	> 9 to ≤ 22	> 22 to ≤ 37	> 37 to ≤ 52	> 52 to ≤ 67	> 67 to ≤ 82
Distance class (DC)	02	05	15	30	45	60	75

Get										
DC	contact		easy		average		difficult		handfull	
	1 hand	2 hands	1 hand	2 hands	1 hand	2 hands	1 hand	2 hands	stacked	jumbled
	AKE	AKZ	ALE	ALZ	AME	AMZ	ASE	ASZ	AHG	AHV
02	2	2	6	6	8	11	13	27	16	33
05	4	4	8	8	10	13	17	31	18	35
15	9	9	13	13	14	18	21	35	23	40
30	13	13	17	17	18	22	25	39	27	44
45	17	17	21	21	23	26	29	44	31	48
60	21	21	25	25	27	30	33	48	35	63
75	26	26	30	30	31	35	38	52	40	57

Place							
DC		approximate		loose		close	
	other hand	1 hand	2 hands	1 point	2 points	1 point	2 points
	PAE	PUE	PUZ	PLE	PLZ	PEE	PEZ
02	4	2	2	8	13	18	34
05	7	5	5	11	16	21	38
15	11	9	9	16	21	26	43
30	15	13	13	21	26	31	48
45	19	17	17	26	31	36	53
60	22	20	20	31	36	41	58
75	26	24	24	36	42	47	63

Note: weight, class of fit, symmetry conditions, difficulty of handling and eye travel to be analyzed in addition

图 4-45　MTM 标准

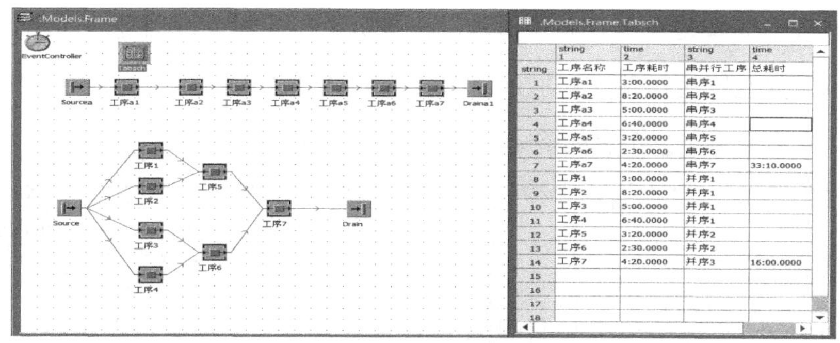

	string 1	time 2	string 3	time 4
string	工序名称	工序耗时	串并行工序	总耗时
1	工序a1	3:00.0000	串序1	
2	工序a2	8:20.0000	串序2	
3	工序a3	5:00.0000	串序3	
4	工序a4	6:40.0000	串序4	
5	工序a5	3:20.0000	串序5	
6	工序a6	2:30.0000	串序6	
7	工序a7	4:20.0000	串序7	33:10.0000
8	工序1	3:00.0000	并序1	
9	工序2	8:20.0000	并序1	
10	工序3	5:00.0000	并序1	
11	工序4	6:40.0000	并序1	
12	工序5	3:20.0000	并序2	
13	工序6	2:30.0000	并序2	
14	工序7	4:20.0000	并序3	16:00.0000
15				
16				
17				
18				

图 4-46　串并行工艺比较

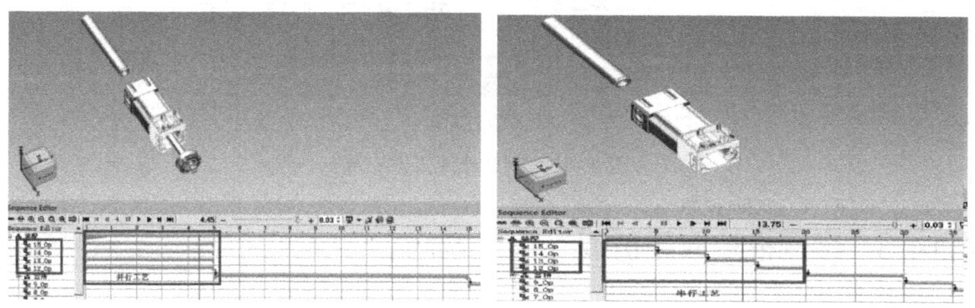

图 4-47　串并行工艺调整

3. 产能规划及线平衡分析

依据产线规划的年度产能及有效工作时间，企业核算规划中产线的生产节拍，评估并固化产线资源参数及型号。通过仿真系统节拍要求、工序拆解及工序间合并、工序间紧前紧后关系等系统参数，进行线平衡分析。采用仿真系统内置的算法确定生产线的生产节拍、工位数量及各工位内包含的作业任务。通过工厂仿真工具进行产能规划及线平衡分析，在满足年度设计指标的基础上通过早期验证确认产线的资源型号及数量，最大限度地降低生产线投资成本，降低投资风险。

4. 生产线布局规划及优化

根据生产流程类型的不同，企业对工位的整体布局及其之间的拓扑关系、产品生产工艺约束、工位的产品型号约束、物料配送及转运路径等进行调查研究。通过调整物流流转方式、物料流转资源类型以提高工序流畅度、降低物流运输成本，设定更为合理的生产线布局及物流路线。通过工厂仿真工具对生产线中环境要素及其他各要素进行分析、在早期查找和发现问题，避免后期解决这些问题耗费大量时间，确立更为合理的生产线布局及最佳的物流路线。架大修库工艺布局如图 4-48 所示。

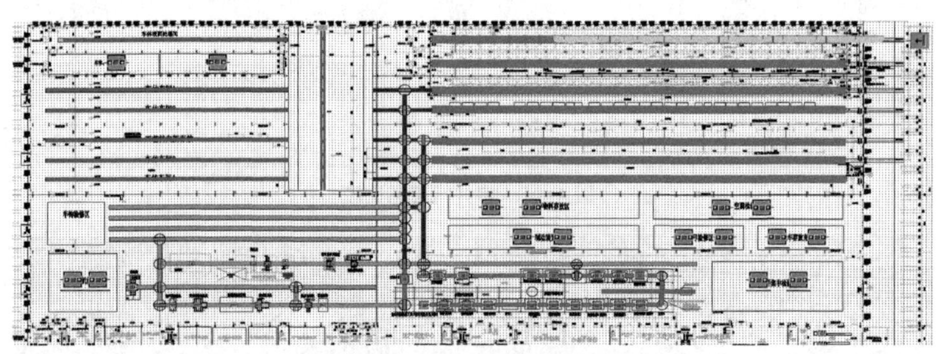

图 4-48　架大修库工艺布局

4.14.3　案例推广应用价值

随着数字化多胞胎、数字孪生等概念及理论的进一步拓展，使数字化虚拟世界对象具备与物理世界相同的模型及多学科属性，且虚拟世界对象属性能随时间及事件的变化得到修改、添加及删除，从而为依托数字化制造技术的工艺及工厂仿真带来更广阔的应用前景及深远变革。

该案例以某市轨道架大修库系统为例，介绍了基于工艺仿真与工厂仿真的方法、过程及应用环境，明确了工艺仿真与工厂仿真综合应用流程与价值。

4.14.4 实施效果

通过某市轨道架大修库系统的工艺及工厂仿真，企业在各设计阶段就能够校核及验证实际应用环境所需要的数据及资料，确保整个轨道架大修库系统解决方案的科学性、便捷性、合理性、可靠性及经济性。工艺及工厂仿真工具是一套全面的数字化制造解决方案组合，能够帮助用户对生产制造，以及对将创新构思和原材料转化为实际产品的流程进行数字化改造。企业借助工艺及工厂仿真工具，能够在产品工程、制造工程、生产与服务运营之间实现同步，从而最大限度地提高总体生产效率，并实现创新。

4.15 通力的科研生产一体化平台

通力有限公司（简称通力）通过科研生产一体化平台为航天某所筹备专门的信息化规划项目，对企业信息化进行重新审视，按照企业数字化战略转型的需要，以数据唯一、业务规范、透明管控的原则，对企业信息化进行整体规划。

4.15.1 优势分析

通力提出了基于模型的科研生产一体化规划方案，以模型化为核心思想，实现了基于产品定义模型、基于产品制造模型、基于产品验证模型、基于产品综保模型的核心应用，实现了业务过程数据、技术资源数据的全面统一整合，构建了企业统一的科研生产一体化平台，实现了型号研制整个生命周期中的数据及业务过程协同，以模型化数据管理为基础，支撑多专业、跨厂所、跨业务链研制协同，逐步实现需求、功能、设计、工艺、制造、试验和确认一体化。

4.15.2 实施步骤及路径

1. 基于产品定义模型的构建

在型号产品设计阶段，企业需要基于产品型号进行产品方案设计、详细设计、仿真验证，并最终交付生产。仿真人员利用分析工具软件对产品设计模型结果进行性能的仿真验证，为设计是否满足功能性能要求提供支撑。设计定型后的数据通过 Ablaze® DPS 实现数据发布，保障数据的结构化和安全。基于产品定义模型的抽象过程如图 4-49 所示。

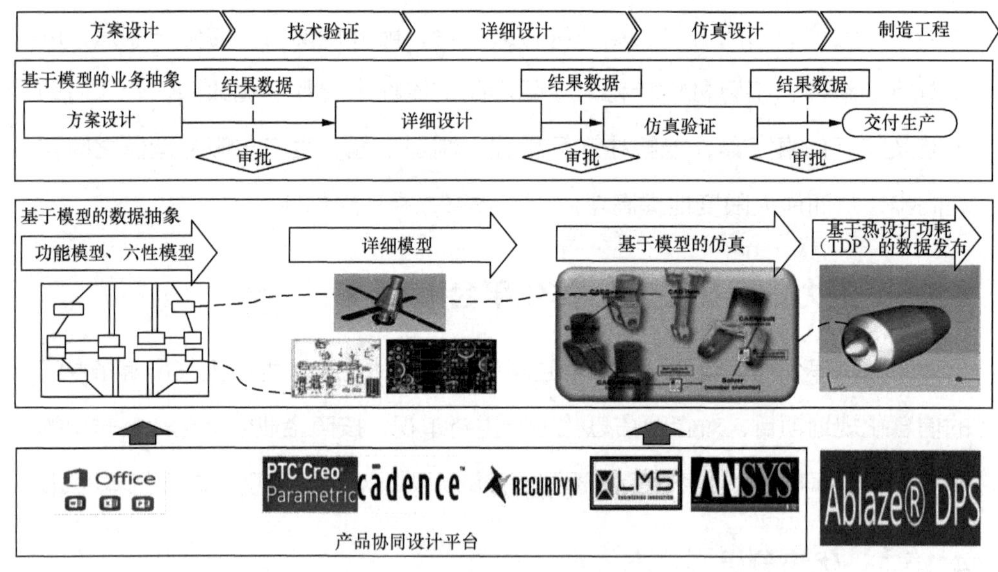

图 4-49 基于产品定义模型的抽象过程

整个产品设计过程中涉及的方案设计、详细设计、仿真验证、交付生产的业务过程是有机的业务过程，并且这些业务过程基于科研生产一体化平台实现抽象化，形成业务过程模型，研发相关人员可以进行业务过程的统一监控、历史追溯等，保证企业研发业务过程的一致性、透明化。

2. 基于产品制造模型的构建

基于产品制造模型的过程包括制造规划和制造执行两大部分，其中基于产品制造模型的制造规划及模型抽象如图 4-50 所示。

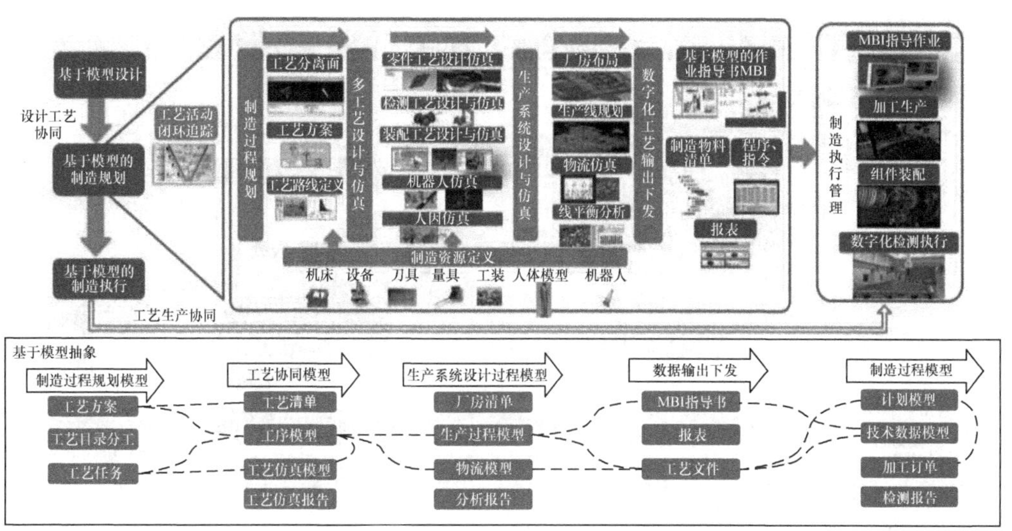

图 4–50　基于产品制造模型的制造规划及模型抽象

3. 基于产品验证模型的构建

产品验证过程与产品型号要求密切相关，产品研发需求来自型号需求，其验证过程伴随着产品型号研发的整个过程，产品型号研发前期涉及方案的研制，详细设计阶段涉及性能验证，生产交付阶段涉及综合整体性能验证。基于产品验证模型的抽象过程如图 4-51 所示。

4. 基于产品综保模型的构建

产品交付后并不意味着项目型号结束，其型号综合保障是型号研制生命周期的重要环节。对于一次性产品，企业需要在现场进行安装、调试等保障；对于非一次性产品，企业需要定期进行技术支持、培训、检查、维修等综合保障服务。综合保障工作与型号的研制过程密切相关，企业需要基于型号、批次实现对型号研发过程、制造过程的全面数据追溯，同时形成型号维修保养记录，并进行大数据质量分析，反馈到型号研发制造中，形成型号研制到综合保障的全面寿命周期闭环管控。基于产品综保模型的抽象过程如图 4-52 所示。

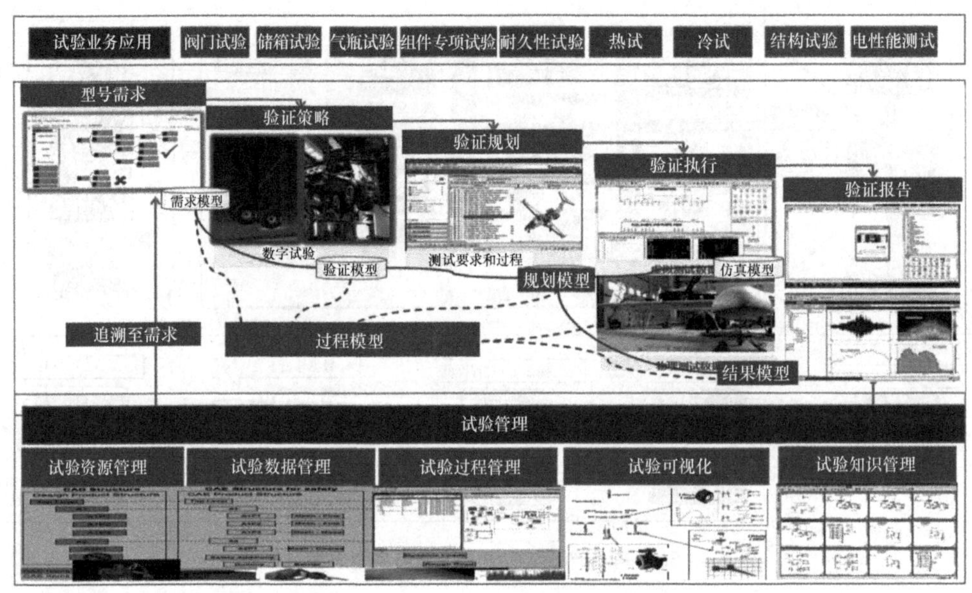

图 4-51 基于产品验证模型的抽象过程

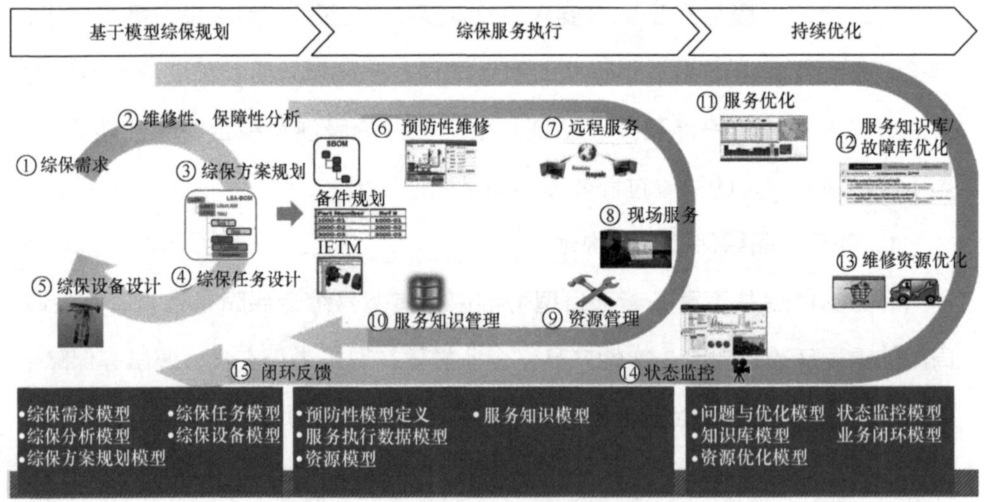

图 4-52 基于产品综保模型的抽象过程

5. 基于中央信息集成平台构建模型的数字脉络

前文提及的航天某所是典型的集研发、生产、试验、综合保障为一体的研制单位，其涉及研发、生产等不同业务过程，其间构建的基于模型的科研生产一体化平台也涉及众多业务过程模型和数据模型。而这些模型数据之间都有着千丝万缕的联系，从需求模型到功能模型、结构模型、仿真模型、工艺模型、制造模型等，从需求分析、详细设计、仿真、生产、试验、综合保障等业务过程，都有着数据和业务的关联关系。基于中央信息集成平台的数字脉络如图 4-53 所示。

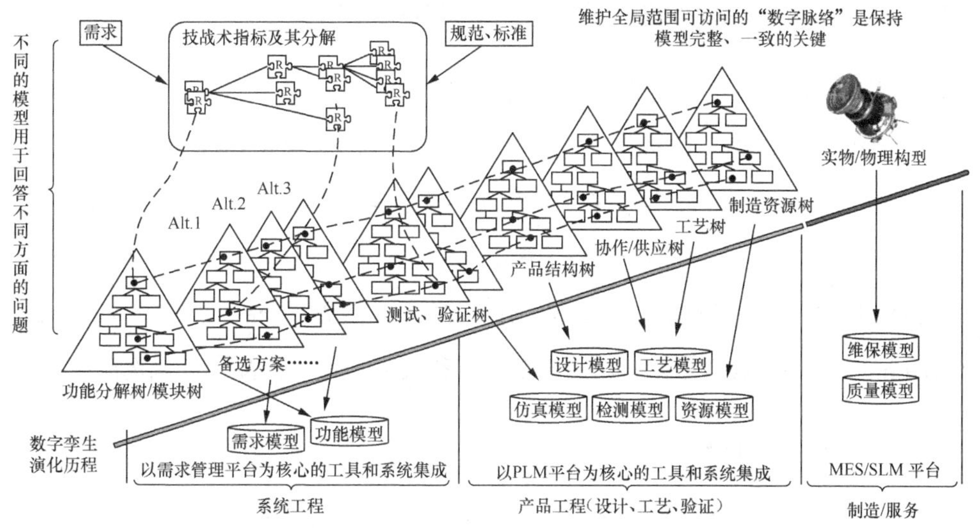

Alt：替代项 SLM：管理流程

图 4-53 基于中央信息集成平台的数字脉络

4.15.3 案例推广应用价值

通力有限公司基于多年来在企业设计制造一体化方面实践获得的经验，结合在某航天单位信息化的规划与实践，重点研究了基于模型的科研生产一体化建设的思想与方法，为工业制造企业践行数字孪生、实现数字化企业转型提供了借鉴。

4.15.4 实施效果

结合航天某研究所的信息化规划项目，通力提出了模型科研生产一体化平台规划方案，并基于该所从型号需求、设计到最后维修服务一体化业务特点，全面论述了科研生产一体化平台基于模型的构建内容。通力以自主研发的Ablaze® DPS平台作为中央信息集成平台，形成构建科研生产一体化平台的核心支撑以及基于模型的全面业务应用，全面打通不同业务间模型的数字脉络，为企业实现基于统一平台的科研生产一体化应用提供支撑。

4.16 盈趣科技的消费电子产品智能生产线

厦门盈趣科技股份有限公司（简称盈趣科技）以自主创新的联合管理系统（UMS）为基础，形成了高度信息化、自动化的智能制造体系，满足协同开发、定制服务、柔性生产、信息互联等综合服务需求，为客户提供智能控制部件、创新消费电子产品的研发、生产，并为中小型企业提供智能制造整体解决方案，目前这些技术已用于罗技、雀巢、PMI、WIK、Venture、3Dconnexion及Asetek等国际知名企业及科技型企业的产品代工制造服务中。

4.16.1 优势分析

其关键技术突破点包括消费电子产品智能生产线虚拟样机几何建模、消费电子产品智能生产作业流程数字化建模、消费电子产品智能生产线离线工艺虚拟仿真、消费电子产品智能生产线在线虚拟运行与状态镜像映射。

其优势有以下几点。（1）该智能制造装备为一套自主系统，在执行新工作时，能根据自身的技能、限制和状态，来判断该如何工作或寻找替代方案。（2）数字孪生体在生产过程中进行无缝模拟，可提供各种动态与静态数据，实时计算生产时间、生产成本和所需材料，并自动规划和执行生产。（3）在面临超量或紧急生产需求时，可借由历史资料评估可行性。（4）若实际生产情况未能符合数字孪生体的计算结果，将自动寻找问题点，判断是否有零部件需要调整、耗材需要更换。（5）对于生产事故进行实时反应，若因不可抗力因素而使生产中断，可立即重新安排开机时间。（6）详细的生产实时数据、仿真数据和环境监控数据辅助管理者进行最佳决策。

4.16.2 实施步骤及路径

数字孪生系统由真实空间、虚拟空间和数字孪生数据中心组成，在真实空间中，该系统利用各种传感器（气缸的磁性开关、电机的槽型光电开关、光纤传感器、激光传感器等）搜集实时状态数据、产品行为数据、环境数据和运转数据后，将这些数据传送到数字孪生数据中心。在虚拟空间中，数字孪生体透过各种模型、仿真、预测、优化、评估、根本原因分析等产生数据后，这些数据也被传送到数字孪生数据中心。这些数据联结了两个空间，利于能源用量把控、实时监控、使用导引、智能优化、更新和侦错，用以驱动制程控制和优化、资源管理与优化及生产计划优化。消费电子产品智能生产线数字孪生系统架构如图 4-54 所示。

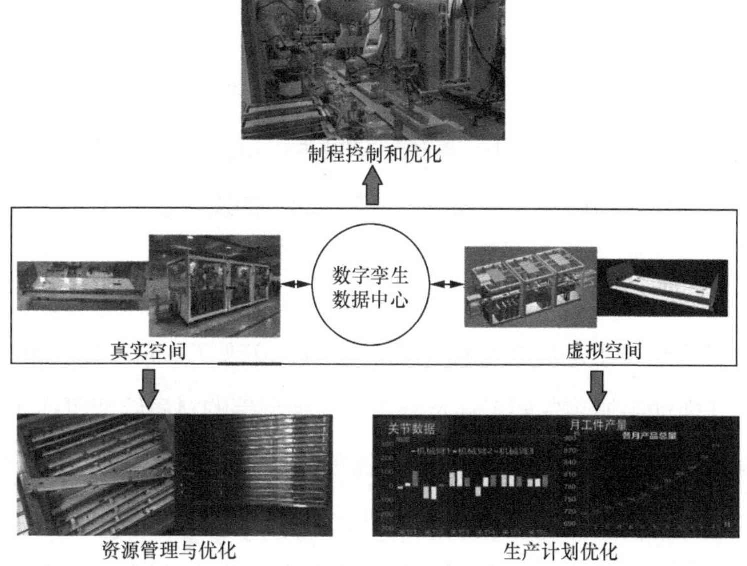

图 4-54 消费电子产品智能生产线数字孪生系统架构

4.16.3 案例推广应用价值

该智能制造装备涉及 10 项专利技术，并通过了厦门市产品质量监督检验院的检测，荣获“福建省首（台）套智能制造装备”（闽工信函装备〔2019〕664 号）的称号，现已投入生产家用雕刻机部件。其中料框、工装、供料模块、机械手装配机构和其他执行机构可方便快速更换，可用于各类组装产品，料框可公用，工装、供料模块均可根据实际产品调整设计，在机械手末端设有快换接头，用户在更换加工的产品时，只需根据产品实际情况设计出料框、工装、组装机构即可。该设备在保证产品饱和不被利用的基础上，利用最低成本设计更换外围设备，实现整装机台的重新启用，解决了过去机台投资大、闲置浪费、等待时间长等问题，对整个行业技术进步具有重要意义和作用。再者，有了数字孪生数据的辅助，该装备在设计复杂、多变的工序时更能发挥效能，例如在同时生产各种产品时，可以进行装备机群管理。另外，数字孪生体还可用作教学工具，在不耽误实际生产的情况下用来训练新进员工，应用相当多元。根据 IBISWorld 的调查，全球消费性电子产品的产值近 5 年平均增长率为 1.9%，大约 70% 的产品在我国制造和装配，但自动化率仅为 10% ～ 15%，市场调查机构 Aberdeen 访问了 223 家制造商，有近 64% 的制造商表示最大的竞争压力来自于降低成本，随着我国的人口红利渐渐消失，智能制造成为关键的战场，相关技术的产值在 2020 年已达 1.5 万亿元，估计未来将以每年 12.4% 的速度增长，可见需求之迫切。

4.16.4 实施效果

该项目已建成生产线虚拟样机几何模型，实现了 6 台三菱机器人手臂的气动手抓、电动手抓、主要工件及外围车间模型等的材质纹理可视化等；完善了虚拟样机几何模型重构；确定了作业流程模型，实现了在虚拟环境中消费电子产品智能生产线作业流程的虚拟仿真，生产家用雕刻机部件的脚本描述文件已完成并建立了生产线虚拟样机几何模型和作业流程模型之间的关联。企业通过构建消费电子产品智能生产线数字孪生体，实现了生产线作业流程的虚拟仿真及真实设备动作状态的实时同步，实现了虚实生产线之间的信息反馈与交互，仿真帧频平均达到 24Hz、传输时延短于 0.5s。以生产家用雕刻机部件为例，按照传统流水线作业需要 200 多道工序，通过此消费电子产品智能生产线 3D 模型，企业可完成生产线虚拟样机几何建模，对部分零部件进行适当简化，并对所有零部件进行编号与分类重组；企业构建消费电子产品智能生产线车间环境模型之数字孪生平台，系统性地进行自动化生产，所组装的产品合格率最高可达 98%。家用雕刻机部件的生产工序和相对应的实体与数字孪生体如图 4-55 所示，生产状况与其数字孪生体如图 4-56 所示。此装备能够对 3C 产业的高精密电子产品进行自动化组装，装配最大合成速度可达 7693mm/s，装配产品节拍每个可达 60s，旋转轴动作范围为 –180° ～ 180° ，重复精度可达 0.01mm，且其在组装不同产品时，换料模块的拆装料框时间可控制在 10s 以内，快速方便。整机具有强耐压性，最高电压可达 1750V，不发生闪络或击穿现象，故应用风险小。预计能提升项目年产能超过 40%。

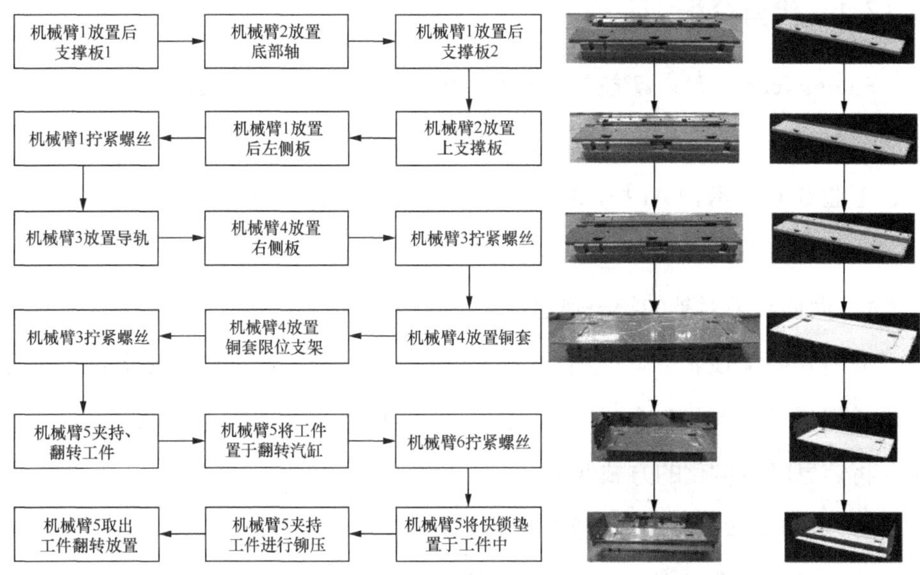

图 4–55　家用雕刻机部件的生产工序（左）和相对应的实体与数字孪生体（右）

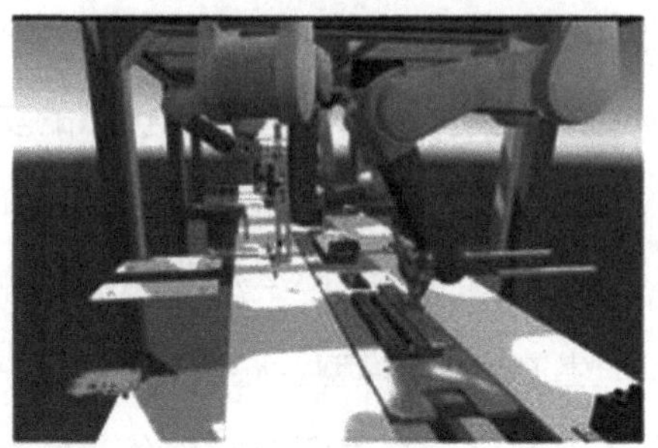

图 4-56　家用雕刻机部件的生产状况（左）与其数字孪生体（右）

4.17　互时科技的管道数字孪生施工管理

北京互时科技股份有限公司（简称互时科技）专注于提供流程工业建造期和运营期数字孪生解决方案，帮助企业提升物理资产全生命周期数据质量和可访问性。为破解管道施工管理的难题，某大型央企在投资数百亿的新建项目中，采用了互时科技基于数字孪生技术的 FulongTech™ 管道精益施工管理系统，通过使用统一的 3D 信息模型协同工作，监管施工进度、费用和质量。

4.17.1　优势分析

FulongTech™ 管道精益施工管理系统以“数字孪生”技术为核心，利用面向管道对象的统一信息模型聚合设计、采购和施工数据，并融合 3D 仿真模型、工业专业技术和 AI 技术赋能施工全业务过程，让管道施工过程更透明、更可控、更精益。

1. 面向管道对象的统一信息模型

采用元模型技术，内置符合 ISO 15926 框架的、开放的数据架构，以管道及其组成零部件为对象，集成设计、采购和施工业务的本体数据和活动记录，将信息以结构化的方式保存。

2. 主流品牌 CAD 软件数据自动解析

可解析 20 余种主流 CAD 软件的数据信息，并将其融合到 3D 信息模型中，改变传统 2D CAD 图纸施工现状，实现数字化施工管理。

3. 适应“三边工程”的变更自动识别

将设计变更、施工变更及时反映到虚拟可视化模型中，自动统计变更后的工程量、材料量，判断变更对人工、工期的影响，及时进行预测和调整，避免工期延误。

4. 3D 仿真模型可视化技术

基于工程设计 CAD 软件成果自动生成 3D 物理模型，并结合设计、采购及施工业务实现计划和进度仿真。该技术可支持上千亿投资、超大型规模工程项目的 3D 模拟仿真，并提供流畅、高效的人机交互体验。

5. 内置工业专业技术

通过内置工业专业技术实现自动划分试压包、自动组批点口，一键生成交工资料等智能功能，提高过程工作效率，降低人工错误率，加快施工进度。

6. AI 技术数据自动读取、校验

具有图纸识别功能，自动获取管道设计参数及材料情况，校验数据正确性、完整性，提高数据质量。

7. 图纸识别与 CAD 模型的一致性校验

基于机器学习技术自动识别非结构化图纸，对识别信息与 CAD 模型进行比对，以保证模型数据的一致性，获得真实可用的 3D 物理模型。

8. 移动端辅助数据采集

传统数据填报方式为人工填报，再上报到资料员处统一进行记录，数据至少延迟一天以上，移动端通过二维码扫描辅助施工过程数据采集，提高数据的及时性，数据同步到 3D 信息模型中，进而加快人们沟通、分析、决策。

4.17.2 实施步骤及路径

（1）根据企业管理要求，利用元模型技术搭建信息模型。

（2）自动解析 CAD 软件数据，将其融合到信息模型中。

（3）校验 AI 图纸识别与 CAD 模型，保证信息模型的准确性。

（4）自动识别、判断数据源变更，及时调整施工组织计划。

（5）内置工业专业技术，数据自动流转。

（6）以管道及其组成零部件为对象，通过过程管理，自动集成设计、采购和施工业务的本体数据和活动记录。

（7）企业基于虚拟的 3D 信息模型，进行进度、费用和质量把控，以实现精益施工管理。

4.17.3 案例推广应用价值

产品可通用于石油化工行业新建、改扩建等装置的工艺管道施工管理。产品设计灵活，可适用于不同标准和规范，具有复用性，可从石化行业向其他密集型资产行业（如船舶、海上油田等涉及管道专业的行业）进行拓展。

4.17.4 实施效果

在某大型央企投资数百亿的新建工程项目中，FulongTech™ 管道精益施工管理系统共应用于 85 个建设主项，以其中为一个工期为一年半的中型装置项目为例，参建单位通过可视化协同工作平台，进行施工各阶段的监管、分析、优化、调整，同时结合智能化功能，该项目提前 45 天交工，节约人工成本 200 万元，焊接合格率达 98%。FulongTech™ 管道精益施工管理系统与传统方式对比如表 4-6 所示。

表 4-6 FulongTech™ 管道精益施工管理系统与传统方式对比

传统方式	FulongTech™ 管道精益施工管理系统
人工“扒图扒料”	自动构建 3D 模型，获取数据
焊口设计，绘制图纸	3D 自动焊口编号、生成图纸
进度协调会	采用 3D 场景 + 进度 / 计划

续表

传统方式	FulongTech™ 管道精益施工管理系统
组批点口、安排委托	自动组批点口，生成委托单
划分试压包	一键自动划分试压包
试压进度及尾项统计	自动统计试压进度及尾项
编制交工资料	一键生成交工资料

4.18 中科辅龙的流程工业数字车间

北京中科辅龙计算机技术股份有限公司（简称中科辅龙）承接某大型央企地方分公司“数字车间”项目，期望基于数字孪生技术构建车间级的数据平台，帮助企业持续、高效地治理数据，构建运营期的数字主线，为车间基层人员减负，为企业数字化转型赋能。

4.18.1 优势分析

流程工业数字车间是一个生产装置级的数字孪生体，以设备设施、工艺系统、生产单元等管理对象为中心，集成、治理和共享生产装置的本体数据、运行状态和历史记录等数据，形成以赋能装置生产运行和维保检修为目标的数字主线。

该案例将实施重点放在了数据自动治理方面，包括如下内容。

（1）基于元模型技术，构建统一、多维的生产装置信息模型，支持扩展和变更，可以满足企业精细化管理不断扩展的需求。

（2）基于机器学习技术，自动提取高价值工程图档信息，包括设备设施对象、零部件规格等，大幅提升数据构建的效率和质量。

（3）基于自然语言处理（NLP）和工业专业技术，自动匹配第三方 IT 系统等数据源的编码体系，构建管理对象与数据源之间的关联。

（4）利用统一描述的信息模型结合工业专业技术构建多业务主题模型，

向第三方 IT 系统发布数据，并自动生成各类业务台账和表单。

（5）结合工程图档和 3D 可视化技术，为车间工程师提供更直观、易用的人机交互界面，形成生产装置全域数据访问的门户。

4.18.2 实施步骤及路径

流程工业数字车间应用案例具体实施步骤及路径如下。

（1）通过多源异构数据同构化技术，自动处理不同来源、不同结构的多种数据。

① 自动接收 17 种设计领域常用专业设计软件生成的智能化数据，如 SmartPlant 3D、PDMS、PDSOFT 等。

② 基于机器学习技术自动识别非结构化图纸，如基于 P&ID 的仪表识别。

③ 基于自然语言处理技术自动识别规格、标识等文本描述信息，如装配图的设备 BOM 表、管道单线图的 BOM 表等。

④ 内置常用系统适配器，包括 EM、LIMS、IP21、ODS、MES 等，自动提取数据并与设备设施资产对象关联。

（2）通过数据自动校验技术，为数据核查提供抓手，保证数据质量。

① 交叉比对多源异构数据的一致性。

② 基于 ISO 15926、GB/T 51296—2018 等参考标准，自动校验数据饱和度及合规性。

（3）采用数据持续更新保证技术，特别是针对数据源变更引起的变更识别。

① 主动监听第三方 IT 系统的数据变化，自动发起数据变更。

② 基于数据源及交叉比对结果，自动进行数据置信度处置，建立良好的数据生态。

③ 将变更数据自动发布至第三方 IT 系统，降低分别维护成本。

（4）采用数据多维分层映射技术，实现应用场景的自动构建。

① 自动构建车间管理常用台账、指标看板。

② 内置常用例行报告规则，同时支持自定义配置，自动生成例行报告，减少员工大量案头工作。

③ 自动识别密封点、易腐蚀管线、腐蚀回路等。

4.18.3　案例推广应用价值

流程工业数字车间可应用于新建装置的数字化交付及在役装置的数字化重建。

新建装置的数字化交付，即在工程公司向业主交付物理装置的同时，交付一个数字化的装置，具有数据质量高、与工程建设同步的特点。该技术路线能够在构建“数字车间”的同时，帮助业主在项目建设前中期更早地参与到设计审查、员工培训、台账构建和转资等工作中，实现工程建设期向运营期的平滑过渡。

在役装置的数字化重建，是结合车间档案资料、现场勘测数据及 IT 系统信息等多种数据源，通过同构化、集成和校验等一系列手段构建装置级数字孪生的过程，从而提高数据质量，缩短故障洞察及响应的时间，保证装置“安稳长满优”运行。

4.18.4　实施效果

流程工业数字车间项目的实施，全面、自动地聚合、治理了多源异构数据，主动发现了数据质量缺陷，提高了数据与现场的一致性，推动了企业高质量数据自动流转。

（1）采用元模型技术构建信息模型，构建设备 826 台、管道 7403 条、仪表 11 892 台，零部件级元件 280 万个，本体数据累计达 1600 万条。

（2）持续治理数据机制，数据质量透明可见，在变动环境中始终保持数据与现场情况完全一致。

（3）基于 NLP 技术完成材料规格异构描述带来的一物多码、编码清理工作，减少 90% 的工作量。

（4）减少人工识别和提取图纸数据工作量，支持 PDF、PNG、DWG 等常用格式，提高治理效率 15 ～ 20 倍。

（5）自动化数据治理提升了治理效率，人工投入时间由原来的 6 个月缩短至 1 个月，项目总拥有成本（TCO）投入降低 50%。

（6）一站式数据查阅，获取数据以秒计算，事件洞察响应速度提高 90%，在项目实施过程中避免出现两次装置停工的情况，减少损失达 1000 余万元。

（7）采用统一信息模型结合工业专业技术构建业务主题模型并发布数据的方式，每年减少 IT 系统初始化工作 90 人天，每年减少各类台账表单编制工作 160 人天。

第5章 第三届中国工业互联网大赛——工业互联网＋数字孪生专业赛案例

5.1 算法赛

5.1.1 北京大学——针对锡膏印制技术的缺陷预测与改进方案

1. 方案思路

在自动化生产工厂中，SMT 加工过程可通过与大型监控设备连接，获得实时采集的生产数据。技术人员及时调整生产参数，以期获得最好的印制效果。然而，在加工过程中容易出现多锡、少锡、偏移、连桥等缺陷问题，研究人员为此从以下 3 个角度分别进行缺陷预测和参数优化。

（1）缺陷预测

针对官方给出的多产品、多批次设备检测数据，研究人员首先进行了特征工程分析，发现不同种类产品的缺陷与检测数据中的体积、高度、面积、X 轴偏移量、Y 轴偏移量等因素存在直接关系。然而，由于实际数据参数阈值设置过高，导致缺陷产品数据过少，因此研究人员舍弃了数据结果，针对以上 5 个参数分别设置了新的阈值，以均衡数据质量。

研究人员采用差分自回归移动平均（ARIMA）模型对各个参数进行时间序列分析，在完成参数异常预测的基础上，建立各参数异常与少锡、连桥等缺陷种类之间的映射关系，完成对缺陷的预测，从而能够在某个产品生产节点处对后续产品质量进行预测，在生产过程中及时预测缺陷产品的产生，并调整相应的参数，提高生产效率。

（2）改进方案

研究人员首先进行影响因子分析，根据相关文献对影响因子进行分类扩充；其次针对每一种缺陷，采用模糊综合评价法，确定影响程度最大的几个因子；然后根据因子类别分别提出相应的改进措施。

（3）清洗频率

钢网污染是锡膏印制过程中的常见现象，正常粘连时清洗钢网是一种常见的解决方法，操作员需要定时停机，自动或手动清洗钢网。但如果不及时清洗钢网，可能会产生异常污染，对生产造成很大影响。

为了避免印制电路板（PCB）出现质量缺陷、印制机印制失效等现象，企业需要合理设置钢网清洗频率。锡膏印制机清洗频率过大会增加清洗成本，同时造成清洗成本、人力资源和钢网剩余印制能力的浪费，高频停机中断生产线会大大影响生产效率，清洗频率过低则会产生缺陷品。

目前在 SMT 生产线中，清洗频率的设定主要依赖人工经验，但这种决策方法未能准确地把 PCB 的印制成本和质量等因素综合考虑，所以难以实现生产性能的最优化。该项目首先以 SMT 生产线上的锡膏印制机为研究对象，将钢网清洗成本、钢网清洗停机时间作为影响钢网清洗决策的主要因素，其次构建模型，确定最佳的钢网清洗时机，然后在保证质量的前提下降低印制成本。

2. 模型构建

模型构建主要涉及基于 ARIMA 的异常生产参数预测模型。

由于在进行锡膏检测时，机器的各个生产参数都是固定的，因此假设检测得出的 5 个产品参数（体积、面积、高度、X 轴偏移量、Y 轴偏移量）的变化是与时间序列相关的，即可以通过当前几个节点的产品参数去预测未来的各产品参数。

针对数据集，我们将原始数据划分为训练集和测试集，其中训练集用于预测模型的建立，测试集用于进行模型的检验。企业采用 ARIMA 模型进行缺陷预测，并基于诸多影响因子，通过因子分析法针对各个缺陷提出优化策略。

3. 各因素影响程度说明

根据前面的建模结果，结合实际生产过程，我们可以得到主要影响因子对生产结果的影响，具体如下。

（1）钢板厚度

对于不同脚距的 PCB，锡膏印制过程一般以表 5-1 作为选取钢板厚度的基础，再配合 PCB 上其他的零部件种类略加变化。

表 5-1　钢板厚度的选取

脚距	钢板厚度
> 0.627mm/25mil	1.8mm
0.627mm/25mil ～ 0.50mm/20mil	1.5mm
0.50mm/20mil ～ 0.40/16mil	1.2mm
< 0.40mm/16mil	1.0mm

（2）清洗频率

操作员需要按照某种频率来清洁钢板。决定清洗频率的函数是一个包含多个变量的复杂函数，其影响因素包括模板设计、PCB 的最后表面处理等。

（3）锡膏黏度

印制过程中流体现象在很大程度上会受到锡膏黏度的影响，因为黏度决定了锡膏的滚动性及其进入钢板开孔的力的大小。

（4）锡膏颗粒大小

锡膏颗粒大小会影响印制效果，对于不同脚距 PCB 的印制过程，应该选择不同大小的锡膏颗粒。

（5）锡膏主要成分

锡膏一般包含以下成分：金属、助焊剂及其他成分。不同的锡膏组成将影响印制效果的好坏。

（6）刮刀印制压力

适当的刮刀印制压力可以保证锡膏能完整脱离钢板。如果刮刀压力过大，将使锡膏渗出或对钢板造成损害。反之，如果刮刀压力太小，则将造成锡膏脱印到钢板开孔上或者锡膏浸润不足。

（7）印制速度

印制速度对于锡膏印制效果的影响，目前尚未明确。Mannan 等人发现在锡膏印制过程中，锡膏厚度会随着刮刀速度的提升呈现线性上升的趋势。Wilson 及 Bloomfield 等人认为印制速度在 25 ～ 200mm/s 范围内对于锡膏的印制厚度并无显著影响。Lau 则认为刮刀速度取决于锡膏的黏度。

（8）脱模间距

脱模间距代表钢板底部与 PCB 间的距离。锡膏印制一般采用接触式印制方式，即脱模距离等于零。Wilson 及 Bloomfield 等人发现小的脱模间距将有助于锡膏脱离钢板开孔。

（9）脱模速度

关于脱模速度的选取，目前尚无统一的标准。Whitmore 等人认为脱模速度对于锡膏脱离钢板的效果有很大影响。但 Ekere 及 Sahay 等人的研究报告显示，脱模速度对锡膏体积并无显著影响。

（10）刮刀角度

在电子组装业，人们一般选取 45° 的刮刀角度进行锡膏印制。Lideen 及 Dahl 等人研究发现，对于 129 洛氏硬度的橡胶刮刀而言，最佳刮刀角度为 45°，而钢制刮刀的最佳刮刀角度为 60° 。

4. 改进建议

采用 LSTM 进行时间序列建模。LSTM 是一种改进的针对时间序列神经网络的算法，其采用细胞状态指标来保证当前的下一个预测值能够充分结合前面的输入，这样能使模型的预测值充分结合过往的记录，因此更加准确。

单个 LSTM 细胞的总体结构如图 5-1 所示。

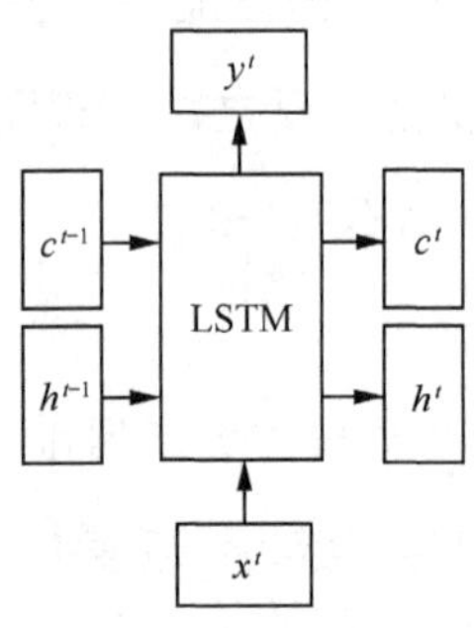

图 5-1 单个 LSTM 细胞的总体结构

结合该案例，其主要的输入部分来自如下 3 个部分：c^{t-1}，h^{t-1} 以及 x^t。其中，c^{t-1} 是LSTM的核心所在——细胞状态。这个参数结合了前面的一系列参数（时间、体积等）来使 LSTM 模型能够对以前输入的数据产生依赖关系，从而使模型的预测更能结合长距离的输入。h^{t-1} 代表上一个输入细胞状态的输出，即上一个时间点的参数（体积、高度等）的输入对该细胞状态的影响。而 x^t 则代表本次 LSTM 的参数输入，目的是结合最新的时间序列来使模型更好地收敛。

采用 LSTM 时，由于该神经网络需要大量的输入数据，并且其对于超远时间的记忆程度较高，因此会比采用基于 ARIMA 的时间序列预测模型拟合度更高。因此，在该案例中，当企业所提供器件的相关数据量较大时，一个可能的改进方案就是采用 LSTM 来对数据量进行更加深入的拟合。

5.1.2 海河大学——锡膏性状对产品质量的影响因素分析

1. 方案思路

随着微电子技术与计算机技术的飞速发展，生活中许多设备的电子运算单元从手工连接各个元器件的电路板转变为了集成度更高且更为先进的电路板，在精密制造的电路板上进行表面贴装元器件的焊接技术被称为 SMT，SMT 的出现极大程度地提高了集成电路板的制造速度，但由于各种因素的影响，贴片机贴装的电路板可能会出现元器件贴装错位、元器件与电路板结合不紧密等各种情况，导致整块电路板报废，这种情况极大地浪费了生产资源，并且很难补救。所以要探索各个因素在生产过程中对贴片成功与否的影响。

SMT 的工艺可简单表示为锡膏涂敷、贴装元件、固化、回流焊接（如对于双面 PCB，则翻转另一面后，重复上述工艺）、清洗、检测、成品。

锡膏涂敷是应用丝网印制机将锡膏或贴片胶漏印到 PCB 焊盘上，为元器件的焊接进行准备。它位于 SMT 生产线的最前端。点胶是使用点胶机将胶水滴到 PCB 固定位置上，其主要作用是将元器件固定在 PCB 上，位于 SMT 生产的最前端或检测设备的后面。

贴装元件是应用贴片机将表面组装元器件准确安装到 PCB 的固定位置上。它位于 SMT 生产线中丝印机操作的后面。

固化的作用是将贴片胶固化，从而使表面组装元器件与 PCB 牢固粘连在一起。其所用设备为固化炉，位于 SMT 生产线中贴片机操作的后面。

回流焊接的作用是将锡膏熔化，使表面安装器件与 PCB 牢固焊接在一起。其所用设备为回流焊炉，位于 SMT 生产线中贴片机操作的后面。

清洗是使用清洗机将组装好的 PCB 上面对人体有害的焊接残留物（如助焊剂等）去除。位置可不固定，在线或不在线。

检测的作用是对组装好的 PCB 进行焊接质量和装配质量检测。可以进行人工检测，也可以使用光学检测（如使用功能测试仪等检测）。

上述工艺流程中最重要的一步便是锡膏的涂敷，可以用丝网印制、漏印模板印制方法。在印制过程中，刮刀在加压的情况下以一定的速度推动锡膏，使之通过漏印模板上的窗口被分配到 PCB 焊盘上，这一过程实际上是流体的动态运动过程。SMT 中丝网印制最困难的是怎样把适量的锡膏准确地分配到 PCB 的焊盘上，这对贴片结果的影响非常大。接下来我们使用机器学习中的支持向量机（SVM）对锡膏状态与贴片结果之间的关系进行探讨。

2. 模型构建

通过对实际生产数据的分析，可以得出失败结果下的锡膏状态与成功结果下的锡膏状态之间的区别。分析工具为 SVM，它是一种二类分类模型，其基本模型定义为特征空间上的间隔最大的线性分类器，其学习策略便是间隔最大化，最终可转化为对一个凸二次规划问题的求解。

基于焊点长、宽等参数及其相对于目标位置的偏移量，我们可以将锡膏印制的品质分类为“好”和“不好”（属于二分类问题），从这个角度来看，该问题适用于 SVM。针对问题中给出的数据，使用 SVM 对其进行分类训练，再分析训练好的模型的各个权值，可以大致看出数据之间的相关性，以及数据和结果之间的相关性。

3. 各因素影响程度说明

与结果关联程度最大的是锡膏的高度，当锡膏高度过低时，焊盘的结果容易出现失败的情况，而当锡膏高度较高时，结果为“GOOD”的情况较多。这一点说明当锡膏高度过低时，电子元件的引脚不能和锡膏充分接触，从而影响其电流效果和整个电路板的物理稳固性；而当锡膏高度较高时，电子元件引脚可以被充分地浸入锡膏，从而获得良好的导电效果。

锡膏的面积和 X 轴偏移量也对结果有着很大的影响。首先这两个量之间就存在着一定程度的相关性。在所选取的众多样本中，我们可以看出 X 更多情况是向负轴偏移，这或许与生产的工艺技术有关。然而可以明确的是，当 X 轴偏移量在负值上超过一定范围后，锡膏的面积就开始明显减小。这是因为焊盘的面积有限，如果偏移量的绝对值过大，则必然导致锡膏错位，留在焊盘上的锡膏面积有所减小。面积减小带来的结果是负样本增多。

锡膏的体积和结果的相关性明显不如前 3 个因素大。可以看出，在一定范围内，正负样本的数量相差不多。正样本数略多于负样本数。然而，当体积范围大于 1 时，绝大多数是负样本。这说明了锡膏的体积需要保持在一定范围内。当超过一定范围后，锡膏容易与其他元器件发生接触而导致短路。

锡膏的 Y 轴偏移量和结果几乎没有相关性。我们推测，可能是由于工艺因素，锡膏的 Y 轴偏移量始终保持在一个合理的范围内，不会对结果产生影响。

综上所述，所选样本中与结果相关性最大的是锡膏高度、锡膏面积及锡膏的 X 轴偏移量。锡膏的体积对结果也有一定的影响，然而当体积保持在一定范围内变化时，则影响可以不予考虑。而锡膏的 Y 轴偏移量对结果几乎没有影响。

4. 改进建议

优化钢网的开孔工艺。钢网的开孔直接影响锡膏的覆盖面积、高度等性状。钢网的开孔位置和 PCB 的焊盘位置是相互对应的，考虑到锡膏的流动性，因此钢网开孔大小应该略小于焊盘面积，在适度的情况下使得锡膏的自然塌落不会超出焊盘范围。一般我们可以将开孔面积设置为焊盘面积的 75% ～ 90%，焊盘面积增大，钢网开孔比例也要适当增大。同时钢网的厚度和开孔大小比例也要保持在合适的范围内，以免引起锡膏的堵塞。通常开孔宽度和厚度的最佳比例为 1 ∶ 1.5。钢网材质应该选择硬度高、延展性低的金属材质，避免在印制过程中出现钢网本身形变带来的不良影响。钢网开孔技术一般被分为激光和化学腐蚀。激光开孔精度高、整齐，但切割面粗糙，有很多细小的铁渣，需要经过二次打磨，开孔成本比较高，同时精度也比较高。化学腐蚀的孔隙边缘光滑，不需要二次抛光，但边缘呈现锯齿状，比较粗糙，所以精度不理想，但其开孔成本低，对于精度要求低的贴片任务可以使用此技术。对于精度要求高的贴片任务，则应使用激光开孔技术。

5.1.3　南京航空航天大学——基于 LightGBM 的 SMT 分类模型及改进方案

1. 方案思路

首先对数据分布进行分析，对数据进行清洗和筛选，重新制作数据集。之后选定 LightGBM 作为分类器，最终得到了较好的效果。之后，进行多维度的数据分析，挖掘影响焊锡的因素，并给出解决方案。

2. 模型构建

由于该数据文件的数据分布极不均匀，所以选择从组件结果为 GOOD 的样本中进行筛选，如表 5-2 所示。

表 5-2 数据文件的数据分布

检测结果	数量
E.Insuffi.	1366
E.Position	21
E.Bridging	8
E.HeightU	3
E.Exessive	1
E.AreaL	1
E.Shape	1

首先，选择均值作为一个样本。

选择 LightGBM 作为分类器进行分类，将分类准确率作为指标。

LightGBM 是一个快速的、分布式的、高性能的基于决策树算法的梯度提升框架，可适用于排序、分类、回归及很多其他的机器学习任务。研究人员提出 LightGBM 的主要目的就是解决 GBDT 在海量数据中遇到的问题，让 GBDT 可以更好、更快地被用于工业实践。不同模型参数对应值如表 5-3 所示。

表 5-3 不同模型参数对应值

模型参数	值
num_leaves	32
max_depth	6
learning_rate	0.5
n_estimators	4000
reg_alpha	0.5
reg_lambda	0.5

将新构造的数据集以 8 ∶ 2 的比例进行划分、再进行训练和测试。测试结构较好，准确率能够达到 0.9966159052453468。但是将模型用于预测所有的结果，我们最终发现，准确率只有 0.75 左右。

通过仅有的数据分析可以发现，数据存在不同的分布，如果采用平均值作为特征，将丢失大量有用的信息。于是，选择从分类结果为 GOOD 的组件中随机筛选数量近似负样本的正样本。按照上述构建的分类模型，可以发现对每个组件的预测结果的准确率平均达到了 0.996。

3. 各因素影响程度说明

我们通过数据分析发现，检测结果的好坏与温度存在一定关系。事实上生产的温度略低，湿度略高，更能使得生产的产品更优。其中样本特征也与温度和湿度变量存在明显关系，可能锡膏在回流焊接结束冷却过程中受到一定影响，导致最终的锡膏成型存在一定问题。

变量“Volume(%)”是变量“Height(μm)”“Area(%)”的乘积，所以它与这两者之间的相关性较大，不同的测试结果对应的说明如表 5-4 所示。

表 5-4　不同的测试结果对应的说明

检测结果	说明
多锡	锡膏量超出公差值
少锡	锡膏量低于公差值
偏移	锡膏位置不同于初始位置
连桥	连接了两个以上的 Pad（短路）
形状	锡膏的形状不同于正确形状
高度	锡膏积累高度超过或低于公差值

通过表 5-4 可知，当锡膏的高度、覆盖面积、偏移超过了一定的范围，就会认定此次焊接存在问题。

根据数据分析结果，判定 GOOD 结果和其他结果有以下较为明显的区分，如表 5-5 所示。

表 5-5　GOOD 结果和其他结果有以下较为明显的区分

特征	GOOD	其他结果
Volume（%）	95% ～ 110%	25% ～ 50%
Height（μm）	100 ～ 115	50 ～ 80
Area（%）	95% ～ 105%	20% ～ 60%
Offset X（mm）	偏移小于 0.005	波动范围较大
Offset Y（mm）	偏移小于 0.02	波动范围较大

4. 改进建议

（1）准确控制元器件位置

PCB 焊前翘曲度小于 0.005；PCB 需采用热风整平，焊盘上焊料涂覆均匀平整；阻焊需与焊盘对应，焊盘上不得存在阻焊。电子元器件 SMT 工艺贴片操作环境需要对元器件的位置进行控制，其中主要对电子元器件的摆放高度进行控制，摆放高度控制合理即可保证其 SMT 工艺质量符合要求。电子元器件 SMT 工艺在实现机械自动化的同时，需要对元器件控制的精确度和操作流程进行控制，利用编程等手段保证电子元器件的摆放高度符合规定标准，智能化和自动化机械控制手段是电子元器件 SMT 工艺质量改进的有效措施。这样是为了控制焊锡的偏移度，防止偏移过多，导致焊接失败。

（2）控制锡膏的温 / 湿度

锡膏使用的环境温度为 20℃～ 25℃，相对湿度为 30% ～ 60%，黏度在 500Pa · s ～ 1200Pa · s。平时我们应将锡膏密封保存在冰箱里。使用前从冰箱取出后，放置使其达到室温，并使得锡膏中的水分完全蒸发后再使用。在使用锡膏前要充分搅拌。环境温 / 湿度超过这个范围之后产生焊料球的概率会大大增加，不利于电子元器件 SMT 工艺的质量改进。因此在电子元器件 SMT 工艺中应该在合适的位置安装温度传感器和湿度传感器负责监控锡膏的温 / 湿度，在安装传感器时需要保证其信号在该温 / 湿度环境下可以正常工作，最后根据传感器的温 / 湿度结合空调系统对环境的温 / 湿度进行调整，使其保持在规定范围之内即可。这是为了控制特征参数能够在小范围内波动。

（3）合理选定印制参数，提升印制质量

印制在电子元器件 SMT 中是非常关键的工序，其中刮刀的设计、压力、速度、钢网与 PCB 的脱模速度等参数选择，是决定印制质量的关键要素。通常人们会选用长度合适的不锈钢刮刀和合适的印制角度，印制压力根据开孔区域锡膏是否被刮干净来调整，印制速度根据开孔区域有无锡膏残留来调整，脱模速度根据无拉尖、少锡等情况来调整，以上参数在产品试制时确定，在生产时需在进行首件验证后进行选择。在实际制造过程中，我们首先需要对印制机进行钢网清洗，将自动清洗技术应用在钢网清洗中，对钢网进行自动清洗，避免出现清洗不到位等情况。另外，还可以对空调系统进行完善，保证运行环境中湿度及温度的稳定性，保证清洁度。这是为了确保提升焊接的整体质量。

5.1.4 安徽大学——锡膏印制质量影响因素的数学建模

1. 方案思路

SMT 是电子行业的核心工艺技术，SMT 贴片是指在 PCB 基础上进行加工的系列工艺流程的简称，主要包括“锡膏印制 - 印制检测 - 贴装 - 回流焊接 - 自动光学检测”等环节。

其中检测包括锡膏印制检测（SPI）、自动光学检测、X-RAY 检测、功能测试等，这些检测可根据需要配置在相应的环节。行业的普遍做法是，在各个环节之后均需要进行独立检测，若检测出有质量瑕疵，则需要停机对这一工艺环节进行参数调整，以确保产品质量的可靠性。

对给予的锡膏印制检测数据进行数学建模，就是在锡膏印制后检查锡膏的高度、体积、面积、连桥和偏移量等因素，再对一系列相关影响因素进行处理分析。其建模流程如图 5-2 所示。

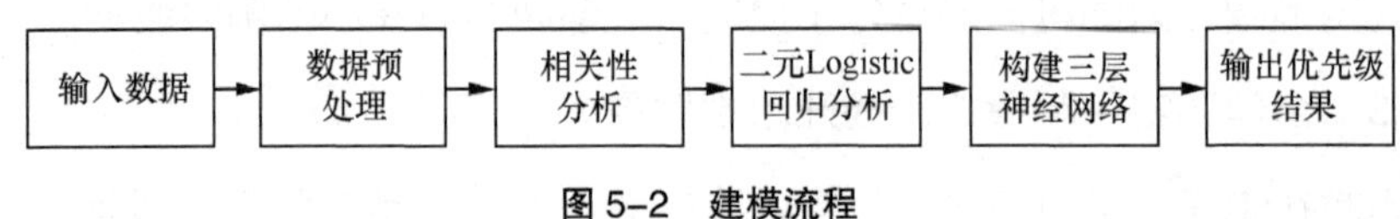

图 5-2　建模流程

锡膏印制后，研究团队会通过锡膏检查机来检查锡膏的高度、体积、面积、连桥和偏移量，并将相关数值与标准区间值进行比较以判断印制质量是否良好。然而，并非所有的因素都影响印制质量，且每个因素的影响程度不尽相同。为了节省操作成本，提升生产效率，研究团队运用孤立森林算法与降维方法得到影响印制质量的因素，对现有的锡膏印制检测数据的高因子进行相关性分析与回归模型的建立，最后构建三层神经网络，包括输入层、隐藏层和输出层，对结果进行训练与测试验证。

2. 模型构建

（1）相关性分析

对于所给出的数据中，为了能够得到锡膏印制检测数据中各因素与印制质量之间的关系。研究团队采用卡方检验方法和皮尔森相关性来检验每一类因素对于结果的影响。

卡方检验方法用于判断两类数据之间的差异性，进而判断两类之间的相关性。卡方检验方法作为非参数检验方法的一种，其稳健性不及参数检验方法，因此，从使用的角度来看，应首选参数检验方法，如果在无法满足参数检验方法基础条件的前提下，再考虑使用非参数检验方法。

（2）二元 Logistic 回归

二元 Logistic 回归的优点有以下几点。

① 模型的可解释性较好，研究人员从特征的权重可以看到每个特征对结果的影响程度。

② 输出结果是样本属于类别的概率，方便研究人员根据需要调整阈值。

③ 训练速度快，资源占用少。

（3）神经网络构建

神经网络是一种模仿动物神经网络行为特征，进行分布式并行信息处理的算法数学模型。依靠系统的复杂程度，通过调整内部大量节点之间的相互连接关系，可以拟合数据之间复杂的非线性关系。一般而言，两层神经网络足够拟合任意函数。

一个神经网络分类模型包括输入层、隐含层和输出层，由可修正的权值互连。在这基础上构建的 3-3-1 神经网络，由输入层、隐含层和输出层组成。隐含层单元对它的各个输入进行加权求和运算而形成标量的“净激活”。

3. 各因素影响程度说明

数据经过了卡方检验的相关性分析后，研究人员得到锡膏印制质量高影响因子，然后对于所有因子进行回归模型的建立，得到回归方程，观察整个因子组对于印制质量的共同影响，构建回归模型。最后，运用神经网络输入激活函数，拟合所有因子，得到多层神经网络模型并进行数据训练，将测试集输入训练好的神经网络以验证模型的正确性。实验结果显示，对于测试集，模型的预测准确率高达 99.8%，充分说明了拟合的数据模型的正确性，也验证了锡膏印制中的影响变量，为锡膏印制质量的改进提供了方向。

4. 改进建议

（1）优先级设置

在锡膏印制中，印制质量影响因素可能来自多方面。而对于一件印制品的质量检测而言，设置优先级之前的速度与印制之后的速度相比可能差别并不大，但是对于成千上万的印制品而言，速度的一点点缓慢可能就会导致大量的时间被浪费，因此设置优先级对于快速、高效检测印制质量有着较大的影响。

通过对影响锡膏印制质量的因素进行分析可以发现，印制过程中人工操作势必存在一些隐患，由于工作疲劳，肉眼检测会导致检测结果的不稳定和不准确。因此，在人工操作过程中，对印制品设置优先级，可以减少工人的重复劳动，使得他们在工作中更加游刃有余，首先处理优先级高的因素，从而加快了筛选的准确度与条理性。

因此，对锡膏印制过程来说，优先级的设置是具有一定意义的，可以提高工业生产速度，提高印制条理性，使人们得到印制更准确的印制品。

影响锡膏印制质量的因素主要是体积、面积和高度，其优先级由高到低依次为高度、体积、面积。另外对于偏移量这一影响因素，由于数据去除了异常值、数据的限制性，不能消除偏移量这一因素对于结果的影响，因此对于偏移量给予最低的优先级。

（2）IoT 化

近年来，IoT（工业 IoT、农业 IoT 等）愈发火爆，IoT 已经渗入各个行业，IoT 是指通过各种信息传感器、射频识别技术、全球定位系统、红外感应器、激光扫描器等各种装置与技术，实时采集任何需要监控、连接、互动的物体或过程，采集其声、光、热、电、力学、化学、生物、位置等各种需要的信息，通过各类可能的网络接入，实现物与物、物与人之间的泛在连接，实现对物品和过程的智能化感知、识别和管理。IoT 是一个基于互联网、传统电信网等的信息承载体，它让所有能够被独立寻址的普通物理对象形成互联互通的网络。

针对整个 SMT 生产步骤中每个环节步骤可以设置一个 RFID，RFID 是一种先进的自动识别技术，它的工作效率高，不用直接接触就可远距离读取物体信息，数据存储量丰富，可适应各种不同环境。在生产实践中，RFID 技术与生产设备进行配套使用，可以有效追踪产品各项指标和生产过程中的各项参数，并且具备实时监控功能。若将基于 RFID 的 IoT 系统与企业信息系统进行融合，系统就可以采集大量数据，实现生产信息和产品之间的有效沟通，便于企业全方位把控产品质量。为每个环节设置一个节点，对于相关数据进行节点数据的提取，然后回传到中央处理器，对于数据进行实时的检测与操作。

5.1.5　安徽工程大学——锡膏印制质量与生产率提升方案

1. 方案思路

锡膏印制质量与生产率提升方案是基于残差相似性模型的钢网印制退化分析方案。

在锡膏印制过程中，产生损耗是难免的，锡膏印制机的钢网性能在生产加工过程中逐渐退化是一种不可避免且普遍存在的现象，有一定的随机性和不确定性。其中，钢网污染是反映锡膏印制机性能的一个重要方面，钢网污染分为对生产没有很大影响的正常污染和对生产有很大影响的异常污染。钢网的生存具有一定的周期性，也就是说，自钢网正常污染到异常污染会存在一定的周期，当钢网达到“寿命”极限时，生产将不得不暂停，钢网被更换和清洗。传统的方法是，依据人为经验和大部分需要，在印制问题出现后，人们才能判断出现了钢网异常污染；假设钢网的健康度是影响锡膏印制机能效的主要因素（这一假设得到了企业的认可），根据 B 和 T 数据集，建立基于残差相似的回归模型来描述钢网的健康度并进行可视化，以此达到提前预测的效果，在钢网出现异常污染前，就可以提前更换或清洗钢网，减小 PCB 出现印制问题后才中断生产带来的损失。

2. 模型构建

（1）数据预处理与分析

对于印制机钢网退化处理，由于工程数据采集难度较高和存在比赛数据限制，因此基于数据分析的结果，可以假设锡膏印制检测数据间接反映了钢网的性能。对此需要对原样本数据进行处理，将原单个 Panel 的描述性基本信息作为新的特征，将锡膏检测设备的检测时间作为钢网的使用时间。假设所有自运行到失败的运行周期内的数据都是从健康状态开始的，运行开始时的健康状况被赋值为 1，而运行失败时的健康状况被赋值为 0。那么随着时间的推移，健康状况会从 1 直线下降到 0。观察数据分布趋势，每个集合成员都是一个 14 列的集合，这些列包含钢网状态、周期时间和锡膏检测设备测量的数据等信息。

由于其综合性指标太多，基于以上数据分析过程，这里使用单个 Panel 中的 T 样本的体积、B 样本的高度的描述统计作为新特征，数据指标如表 5-6 所示。

表 5-6 数据指标

数据集			类别数	样本数	正样本数	负样本数
data_B_table_Height.txt			14	1554	1540	14
data_T_table_V.txt			14	1870	1866	4
id	time	min1	…	new_median	new_std	new_25
1	1	60.99	…	109.26	13.75	96.06
1	2	81.05	…	113.30	13.02	100.75
1	3	80.36	…	119.90	14.83	105.62
1	4	80.37	…	117.06	13.56	103.50
⋮	⋮	⋮	⋮	⋮	⋮	⋮
5	1376	66.04	…	117.64	13.37	106.31
5	1377	55.19	…	112.93	13.75	101.82
5	1378	63.06	…	121.18	14.97	110.31
id	time	max0	…	new_std	new_25	new_75
1	1	140.69	…	9.15	103.27	115.74
1	2	140.70	…	8.19	102.36	112.33
1	3	132.84	…	7.40	102.67	112.42
1	4	161.27	…	8.86	102.03	113.02
⋮	⋮	⋮	⋮	⋮	⋮	⋮
15	15	139.95	…	7.36	107.73	117.26
15	16	147.23	…	8.48	107.05	118.83
15	17	136.78	…	7.09	105.33	114.15

（2）特征与钢网性能的趋势分析

集合中的每个特征都随钢网的性能变化而变化，因此我们可以看出每台机器从运行到失败的运行周期内的变化，而最后一个是钢网性能最差的结果，但由于锡膏印制机的人工检测时间不等问题，数据并没有严格遵循时间序列。钢网从健康运行到失败运行的周期也不等。基于钢网生命周期的事件，研究团队模拟基本特征与钢网性能进行相似性趋势分析，如图 5-3 所示。

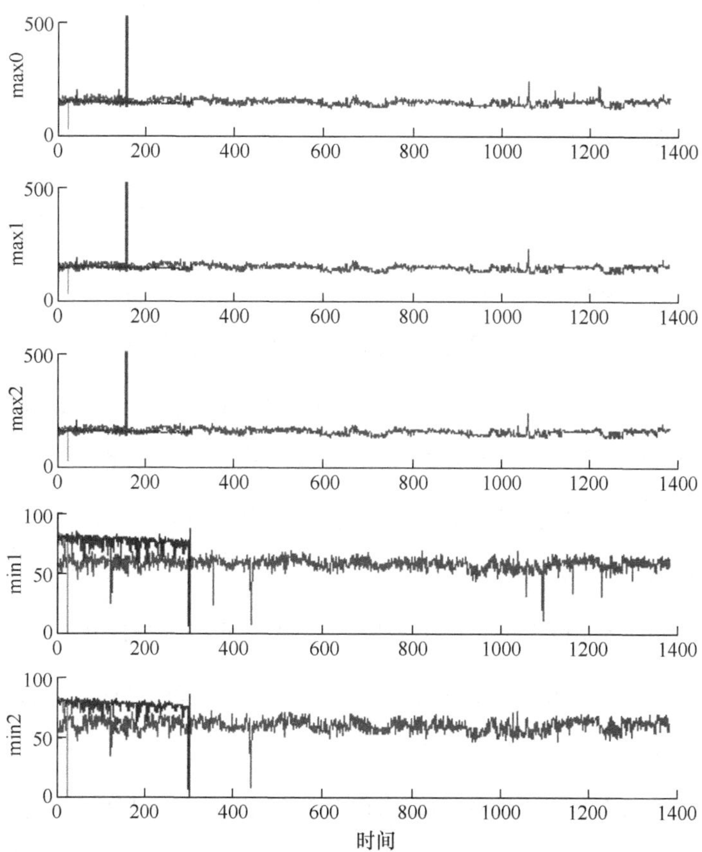

图 5-3 基本特征与钢网性能的相似性趋势分析

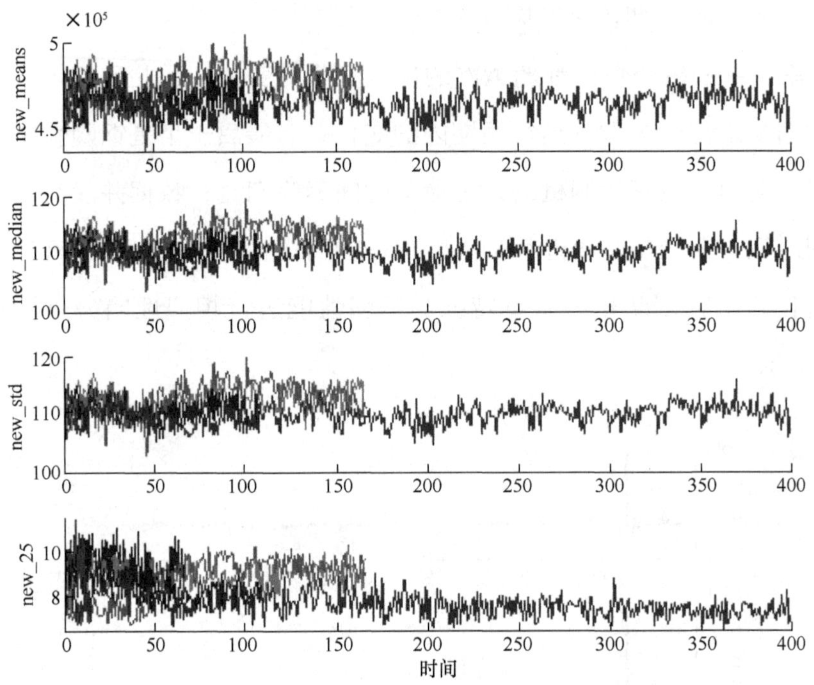

图 5-3　基本特征与钢网性能的相似性趋势分析（续）

从图 5-3 中可以看出，某些特征退化趋势明显，某些特征退化趋势则不太明显。研究团队选择退化趋势最典型的特征为测量值，构建健康指数进行预测。对每个特征测量值构建线性退化模型，并对其斜率的绝对值进行排序。最终选出 8 组退化趋势，其中 6 组的数据分析如图 5-4 所示。

（3）钢网健康指标融合分析

一些趋势最明显的信号显示了积极的趋势，而另一些信号则显示了负面的趋势。可以看出，随着降解速度的变化，各组员的健康状况的趋势是非常不明显的。

但该团队要对此构建健康指标，就需要将选出的这些传感器数据融合到一个健康指标中，并通过该指标训练基于相似性的模型。假设所有的故障数据都是从健康状况开始的，开始时的健康状况被设为 1，失效时的健康状况被设为 0，那么所有数据对应的健康状况都是从 1 下降至 0。其中 4 组数据的健康指标的变化趋势如图 5-5 所示。

（4）实验结果分析

当机器快要发生故障时，其曲线会出现某种变化。因此，基于残差的相似性模型能反映钢网印制的性能退化情况，该方法可用于直观掌握钢网的印制能力变化，根据模型实时调整钢网的清洗能力，降低因钢网性能退化导致的不良品发生率，提前告知工作人员需要进行的操作，同时提升生产效率。操作人员基于锡膏印制检测数据可以分析钢网性能退化情况，由于数据集的时间序列问题与实际生产环境的问题造成了多因素的噪声干扰，导致最后钢网性能退化。

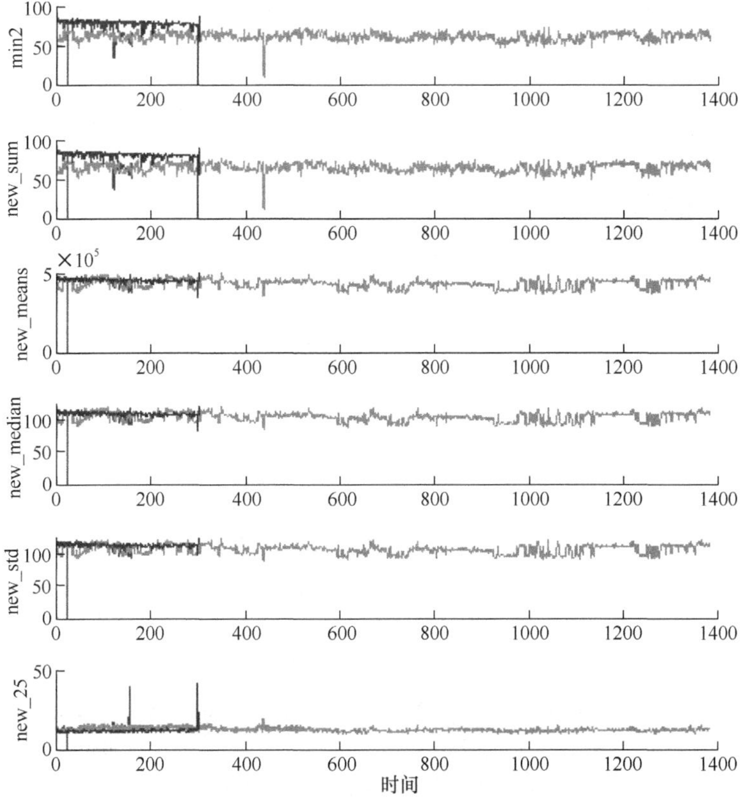

图 5-4　6 个特征组的数据分析

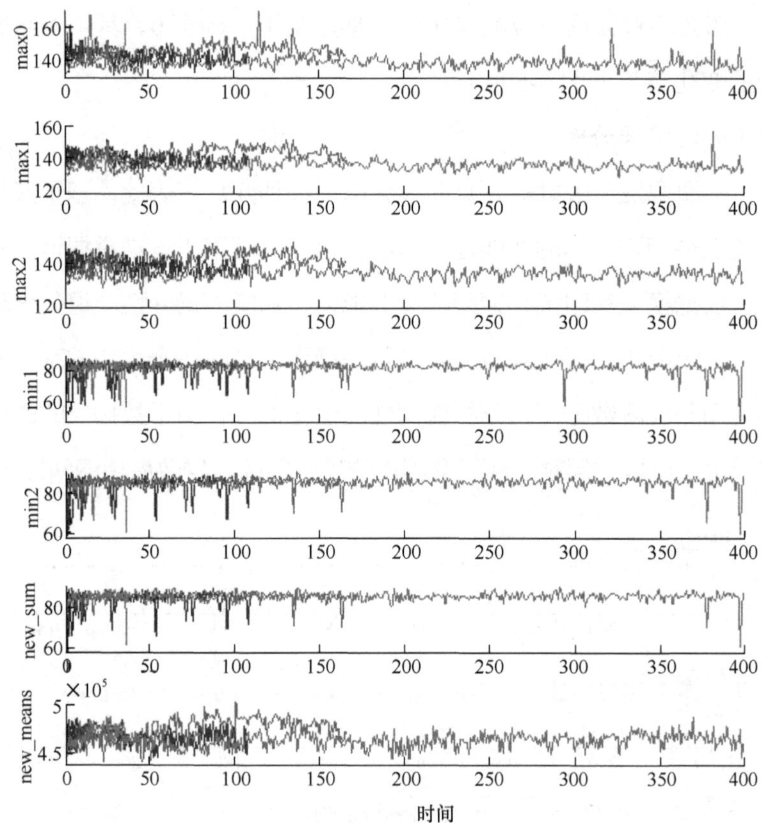

图 5-4　6 个特征组的数据分析（续）

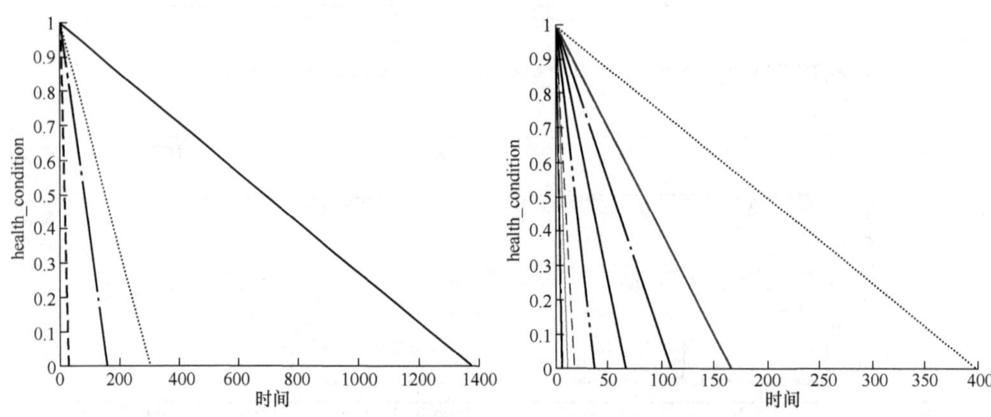

图 5-5　4 组数据的健康指标的变化趋势

3. 各因素影响程度说明

对于以上数据分析的结果，该团队结合官方给出的数据集信息，用鱼骨图来描述影响锡膏印制机在锡膏印制过程中的各个因素，如图 5-6 所示。

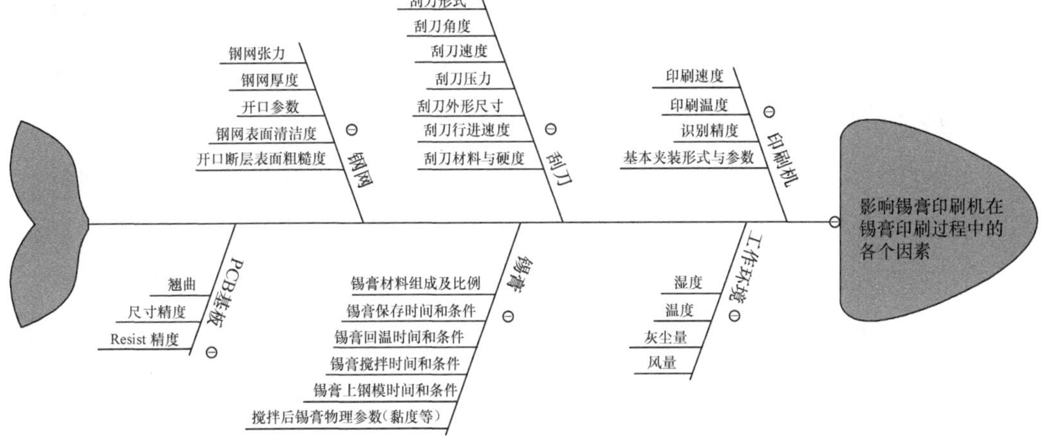

图 5-6　描述影响锡膏印制机在锡膏印制过程中的各个因素的鱼骨图

4. 改进建议

该团队的改进方案主要围绕两点：一是通过提前预测组件的状况，对相关影响因素进行调整，以此降低不良品发生率，从而降低面板不合格的可能性；二是当面板不合格时，可以及时发现并销毁面板，而不是让它流入市场。

改进方案 1：对于 B 设备的面板，重点关注 1 ∶ D6 组件的情况，从前面的分析中可以知道，1 ∶ D6 的不良组件在整个不良组件中占了很大一部分，如果可以解决 1 ∶ D6 组件的不良品发生的问题，就能进一步提高 B 设备中面板的合格率，并降低不良品发生率。

改进方案 2：对于 T 设备的面板，不能像对待 B 设备的面板那样去关注 1 ∶ D6 组件是否不良。通过以上分析可以知道，T 设备中的 1 ∶ D6 组件占比极少，而且 T 设备中不合格面板的出现大多伴随着大量连续的不良组件，所以该团队认为可以将注意力放在对连续不良组件的检测上。也就是说，当大量不良组件同时出现时，应该立即使用人工方法或者让机器介入，加强观察和调整，仔细检测相关面板是否合格。

改进方案 3：锡膏印制数据还存在多种影响因素，基于锡膏印制机数据的间接反映数据难免会产生失真的结果。如果企业在对实际生产过程进行数据采集的时候更多地关注影响异常事件的因素，挖掘和探索更多的影响因素，获得更多的数据特征，让数据集更加完整，就可以更好地利用自编码器和长短期记忆（LSTM）等模型预测方法去预测印制不良品发生事件，提高预测的精度。

改进方案 4：SMT 工艺有很多流程，每一个工厂、每一个车间、每一件产品都会有不同的工艺标准。由于生产环节中产生不良品的原因较为复杂，所以建议采用六西格玛管理法来提高产品的质量和生产率。

改进方案 5：构建基于残差的相似性模型，根据目标设备数据和历史数据匹配度来确定剩余寿命，反映钢网印制性能的退化，并根据模型实时调整钢网的清洗能力，降低因钢网性能退化而引起的不良品发生率，提高生产效率。

改进方案 6：利用多种机器学习方法对单个元器件分别进行预测，训练后对模型进行投票优化。在各种不同的模型求解结果中，寻找适合当前工业生产环境的最佳模型，减少人工二次质检的工作量，提高工作效率。

5.1.6 安徽信息工程学院——丝印全连接神经网络模型

1. 方案思路

全连接神经网络、逻辑回归、决策树、随机森林、支持向量机等 AI 算法，对芜湖宏景电子股份有限公司提供的多个产品、多批次的丝印工艺检测结果数据（1 为合格、0 为不合格），以及相匹配的影响因素数据和参数（数值或字符串）进行数据分析，建立精准质量优化模型，精准判断因素影响程度，提出改进建议。可将具体思路归纳为以下几步。

（1）用机器学习算法和深度学习算法在 SMT 丝印技术的背景下，通过确定一个精确、高质量的算法模型来提高正次品预测的概率。

（2）通过逻辑回归得出的权值系数来得到在 SMT 印制技术生产条件下产生次品的主要因子。

（3）通过依赖性关联算法找到次要影响因子，该因子导致主要影响因子降低了 SMT 印制技术产品的正确率，对此，该团队给出针对性的改进方案。

2. 模型构建

构建的模型有机器学习的逻辑回归、决策树、随机森林和深度学习的 1 层全连接、2 层全连接、3 层全连接、4 层全连接、5 层全连接、6 层全连接模型。由于有 10 个面板，所以每个模型都要构造 10 份。对每个模型进行 10 次训练，每次训练都随机划分训练集和测试集，对 10 次训练结果的指标求一个平均值，最后通过上述指标进行分析，模型对比如图 5-7 所示，得到 6 层全连接模型是最优模型，如图 5-8 所示。

构建 10 维的特征向量输入，分别为所有锡膏的体积（Volume）、高度（Height）、面积（Area）、X 轴偏移量（Offset X）、Y 轴偏移量（Offset Y）、张力、印制机温度、印制机湿度、当日温度、当日湿度，用 $x1$ ～ $x10$ 表示。模型预测逻辑如图 5-9 所示。

3. 各因素影响程度说明

（1）刮刀角度

在 SMT 加工的生产过程中，刮刀夹角会直接影响刮刀对锡膏的力的大小，夹角越小，垂直方向的力就越大，刮刀的最佳角度应设定在 45° ～ 60° ，此时锡膏具有良好的滚动性。

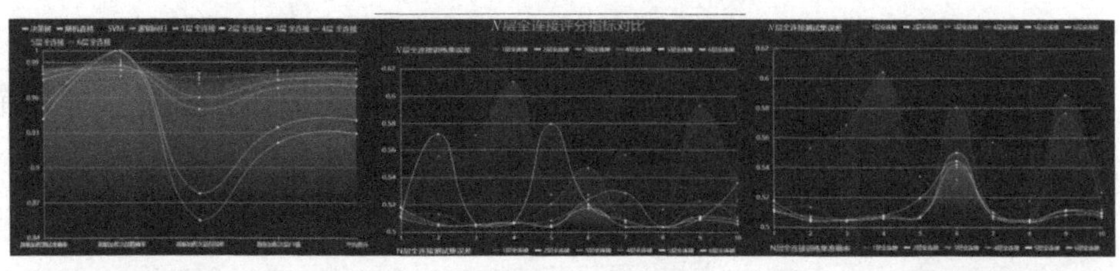

所有模型评分指标对比　　N 层全连接评分指标对比　　N 层全连接测试集误差

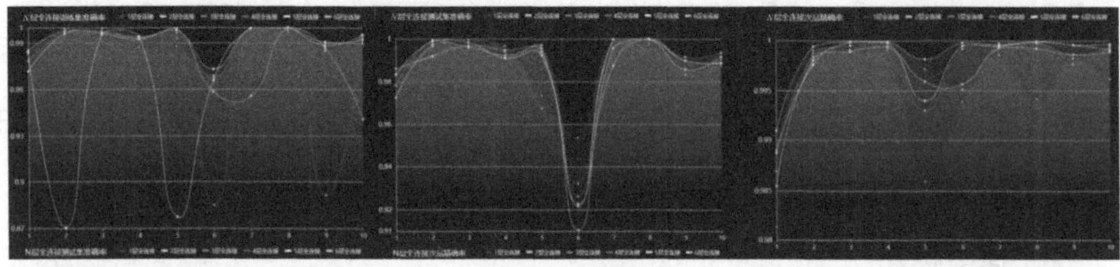

N 层全连接训练集准确率　　N 层全连接测试集准确率　　N 层全连接次品精确率

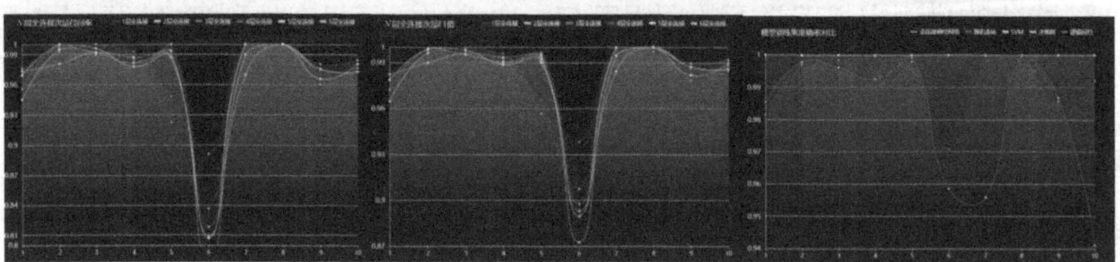

N 层全连接次品召回率　　N 层全连接次品 $F1$ 值　　模型训练集准确率对比

模型测试集准确率对比　　模型次品精确率对比　　模型次品召回率对比

算法模型	面板加权测试准确率	面板加权次品精确率	面板加权次品召回率	面板加权次品F1值	平均得分
决策树	94.18%	99.98%	85.49%	92.11%	92.94%
随机森林	95.10%	**99.99%**	87.76%	93.45%	94.08%
逻辑回归	98.33%	97.81%	**98.04%**	97.93%	98.02%
1层全连接	98.42%	98.34%	97.70%	98.02%	98.12%
2层全连接	97.50%	98.71%	94.99%	96.80%	97.00%
3层全连接	98.02%	99.03%	95.99%	97.47%	97.63%
4层全连接	98.42%	98.85%	97.19%	98.01%	98.12%
5层全连接	98.45%	99.01%	97.09%	98.03%	98.14%
6层全连接	98.67%	99.21%	97.44%	**98.30%**	**98.40%**

模型次品 $F1$ 值对比

图 5-7　模型对比

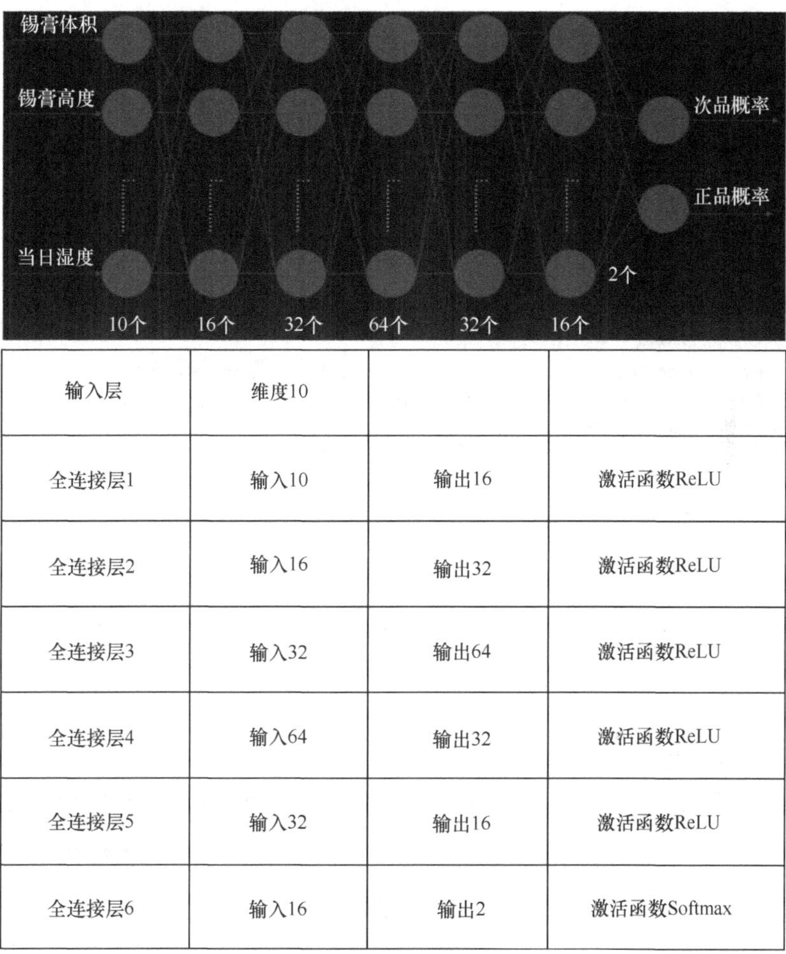

输入层	维度10		
全连接层1	输入10	输出16	激活函数ReLU
全连接层2	输入16	输出32	激活函数ReLU
全连接层3	输入32	输出64	激活函数ReLU
全连接层4	输入64	输出32	激活函数ReLU
全连接层5	输入32	输出16	激活函数ReLU
全连接层6	输入16	输出2	激活函数Softmax

图 5-8　6 层全连接模型

（2）刮刀速度

刮刀速度越快，其所受力也相应变大，并且在实际的 SMT 贴片加工中，刮刀速度越快，之后压入锡膏的时间就越短，从而无法完成合格的锡膏印制。刮刀的速度和锡膏的黏稠度也有很大的关系，刮刀速度越慢，锡膏的黏稠度越大；同样，刮刀速度越快，锡膏的黏稠度越小。

①通过第一层隐藏层得到第一个神经元$O_1^{(1)}$，$f(x)$ 为激活函数 ReLU。

②第二个神经元$O_2^{(1)}$，$f(x)$ 为激活函数 ReLU。

③以此类推可以得到第一层隐藏层的 16 个神经元$O_1^{(1)} \cdots O_{16}^{(1)}$，

然后通过第二层隐藏层得到第一个神经元$O_1^{(2)}$，为激活函数 ReLU。

④以此类推得到第二层隐藏层的 32 个神经元$O_1^{(2)} \cdots O_{32}^{(2)}$，

再以此类推得到第五层隐藏层的 16 个神经元$O_1^{(5)} \cdots O_{16}^{(5)}$。

⑤从而得到输出层的第一个结果$O_1^{(6)}$，$f(x)$为激活函数 Softmax。

⑥第二个结果$O_2^{(6)}$，$f(x)$为激活函数 Softmax。

⑦其中 $w_{ki}^{(j)}$ 是我们通过训练得到的值，k 为前一层网络的第 k 个节点，i 为当层网络的第 i 个节点，j 为当前的网络层数。

⑧通过上面的计算得到最后的两个输出结果$O_1^{(6)}$、$O_2^{(6)}$分别为是正品的概率和次品的概率，然后选择概率高的结果作为该面板的预测结果。

$$S_1^{(1)} = \sum_{k=1}^{10} w_{k1}^{(1)} x_k + b_1^{(1)} \qquad O_1^{(1)} = f(S_1^{(1)})$$

$$S_2^{(1)} = \sum_{k=1}^{16} w_{k1}^{(1)} x_k + b_2^{(1)} \qquad O_2^{(1)} = f(S_2^{(1)})$$

$$S_1^{(2)} = \sum_{k=1}^{16} w_{k1}^{(2)} O_k^{(1)} + b_1^{(2)} \qquad O_1^{(2)} = f(S_1^{(2)})$$

$$S_1^{(6)} = \sum_{k=1}^{16} w_{k1}^{(6)} O_k^{(5)} + b_1^{(6)} \qquad O_1^{(6)} = f(S_1^{(6)})$$

$$S_2^{(6)} = \sum_{k=1}^{16} w_{k1}^{(6)} O_k^{(5)} + b_1^{(6)} \qquad O_2^{(6)} = f(S_2^{(6)})$$

图 5-9 模型预测逻辑

（3）刮刀压力

锡膏在滚动时，会对刮刀设备的垂直平衡施加一个正压力。印制压力不够时会造成锡膏刮不干净，而印制压力过大又会造成钢网后面的渗漏和钢网表面的划痕。

（4）刮刀宽度

在 SMT 贴片加工中，如果刮刀比 PCB 宽，那么就需要更大的压力、更多的锡膏参与工作，因此会造成锡膏的浪费。通常刮刀的宽度为 PCB 长度（印制方向）加上 50mm，并要确保刮刀头落在金属钢网上。

（5）锡膏颗粒

锡膏的颗粒大小会影响焊接效果，一般建议锡膏颗粒大小为钢网开孔最小尺寸的 1/7 ～ 1/3。

4. 改进建议

通过对全连接神经网络模型进行分析可知，在温度为 25.0℃、湿度为 53% 的情况下，次品发生率会远高于温度为 25.1℃、湿度为 52% 时次品发生率。前者容易导致少锡或多锡和锡面积过大或过小的情况发生，从而导致次品产生。通过计算，印制电路板的最佳温度是 25.4℃，波动范围最好

为 ±0.3℃，因此 PCB 的温度最好为 25.1℃～25.7℃。PCB 的湿度最好为 50.3%～54.5%。

PCB 应尽量保证每 20 分钟中有 3 分钟都处于清洗状态，但不宜清洗过长时间。通过依赖性关联算法公式计算得出，锡膏体积、锡膏高度、锡膏面积、锡膏 X 轴偏移量是在 SMT 印制技术生产条件下产生次品的主要影响因子。T 面（平均张力为 43.7N）的次品发生率小于 B 面（平均张力为 47.1N），因此钢网张力过大容易导致锡膏高度过低，从而导致次品产生。

5.1.7　哈尔滨工程大学——基于机器学习的 SMT 锡膏印制质量研究

1. 方案思路

根据对实际生产情况的了解，SMT 锡膏印制有以下几个问题需要解决。

（1）在试印制过程中，需要对试印制的 PCB 进行锡膏印制检测，一旦锡膏体积、面积和高度超出锡膏印制检测所设置的阈值，则发出报警信号，进行人工判定，确定是否为缺陷，然后根据报警率和人工判断缺陷率判定参数设置是否合适。这一过程往往依赖经验，将耗费大量的时间成本，并具有不确定性。

（2）在印制过程中，需要根据实际的印制情况对设备的参数进行调整，如在少锡的情况下，需要定时清洗钢网，对人力和时间成本要求较高。

（3）实际生产过程中的调控往往需要依赖经验，需要通过真实的数据分析或建模提供建设性的方案。

根据对以上问题的分析，结合生产实际，提出以下几点解决方案思路。

（1）建立分类模型，准确判断是否产生缺陷样本。

（2）建立时序预测模型，预测相关参数变化，及时预警。

（3）进行影响因素分析，判断缺陷产生的本质，提供可靠参考。

2. 模型构建

对于普通的融合模型，取多种算法模型或同一类型算法但不同参数模型的预测均值，并不能体现不同预测算法数据观测的差异性，各种算法并不能通过取长补短的方式训练出更优异的模型。Stacking 方法考虑了不同算法的数据观测与训练原理差异，充分发挥各种模型的优势。如图 5-10 所示，将梯度提升决策树（GBDT）、极端梯度提升（XGBoost）、轻量的梯度提升机（LightGBM）、CatBoost 作为基学习器，将支持向量机（SVM）作为元学习器，降低了对广泛的超参数调优的要求，并减少了过度拟合的机会，这也导致模型变得更具有普适性。

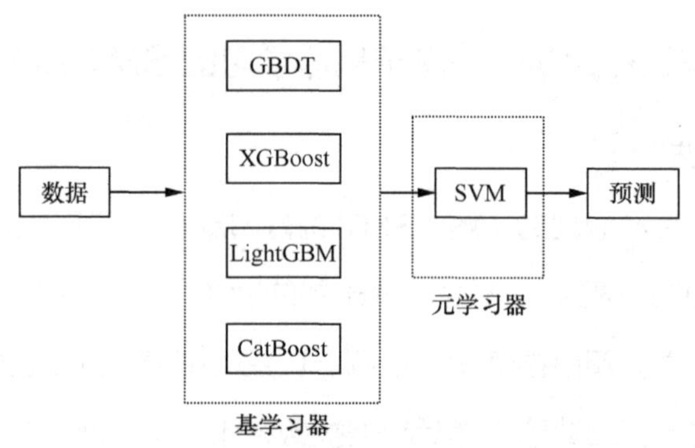

图 5-10　将 SVM 分类器作为元学习器

模型将数据集分为 75% 的训练集和 25% 的验证集，在分割数据集的过程中将数据随机打乱，采用五折交叉验证进行训练，具体过程如图 5-11 所示。

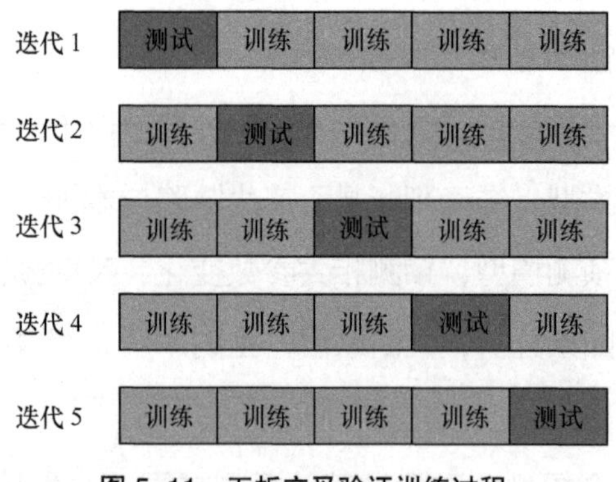

图 5-11　五折交叉验证训练过程

模型分类预测性能指标如表 5-7 所示，Stacking 模型相较于其他单一模型表现出了最优异的性能，非常适合此项业务场景。

表 5-7　模型分类预测性能指标

评价指标	准确率	精确率	Roc
SVM	0.8920	0.8821	0.9052
CatBoost	0.9702	0.9785	0.9523
GBDT	0.9712	0.9813	0.9611
XGBoost	0.9802	0.9812	0.9621
LGBM	0.9812	0.9854	0.9645
Stacking	0.9983	0.9941	0.9417

3. 各因素影响程度说明

对于 SMT 锡膏印制质量的具体因素进行探究，结论如下。

（1）“焊盘编号”表示的是 PCB 上焊盘的位置信息，由于刮刀较长、压力不均等原因，不同位置的焊盘印制出来的锡膏量是不同的，所以焊盘位置是影响锡膏形状的最大因素。

（2）“印制高度补偿”是指印制时工作台与 PCB 间微小的距离，理想情况下间距应为零，但在实际印制过程中为避免磨损而设置了高度补偿，当间距过大时，锡膏的体积和面积会变小。

（3）“清洗速度”是指清洗钢网的速度，速度过小会造成钢网清洗效果不佳，印制时堵塞钢网开孔，使得锡膏体积变小，严重时可能导致出现“无锡膏”缺陷。

（4）如果“刮刀速度”太快，刮刀通过钢网开孔就相对较快，锡膏透过网孔的时间短，不能保证充分印制，容易造成“漏印”，一般来说，降低刮刀速度能保证较好的印制品质。

（5）“脱膜速度”过快会造成焊锡膏形状不良，过慢则会影响印制效率。

（6）“脱膜距离”与“脱膜速度”相关，距离大时，多级脱膜能够保证锡膏印制质量。

（7）“刮刀使用次数”和“钢网使用次数”过多会造成刮刀和钢网的磨损，从而影响钢网下锡率。

（8）“锡膏计数”。刮刀上的锡膏印制次数较多时，PCB 在空气中容易变干、粉化、变质，从而影响印制质量。

（9）“PCB 厚度”会影响 PCB 的翘曲度和底部支撑，较厚的 PCB 翘曲度较小，能够保证板上所有的焊盘锡膏形状一致。

（10）“刮刀压力”与“刮刀速度”负相关，压力过小会使锡膏高度和体积较大，压力过大则会造成少锡，钢网和刮刀被磨损。因此，企业应在保证锡膏的可印制性的前提下，尽量加快印制速度，并配合调节刮刀压力，以达到平衡，获得较好的印制质量。

4. 改进建议

根据以上建模分析结果，可以通过较为精确的分类预测模型来辅助工作人员对质量检测结果进行判定，从而提高 SMT 锡膏印制的稳定性、经济性、可靠性。

通过影响程度分析，Volume、Height、Area、Offset X、Offset Y 直接影响了检测的结果，在这 5 种影响因素的背后，还存在大量的其他影响因素，这 5 个参数只是它们本质的表征。

根据专家经验和业务逻辑关系，刮刀压力是锡膏印制最重要的参数之一。此外，焊盘编号、印制高度补偿、清洗速度、刮刀速度、脱膜速度、人工清洗、脱膜距离、刮刀使用次数、钢网使用次数、锡膏计数、PCB 厚度也是重要的影响因素，但本次大赛并未给出具体的相关数据。若给出更多的相关数据，企业便可以进一步探究影响因素之间的关系，更具体地调整相关参数，提高 SMT 锡膏印制质量。

5.1.8　中国民用航空局——锡膏印制过程的质量预测及优化

1. 方案思路

基于 SMT 大数据的产品质量影响因素分析，中国民用航空局主要研究的是 SMT 锡膏印制缺陷影响因素分析。分析框架一共分为 3 个阶段，如图 5-12 所示。

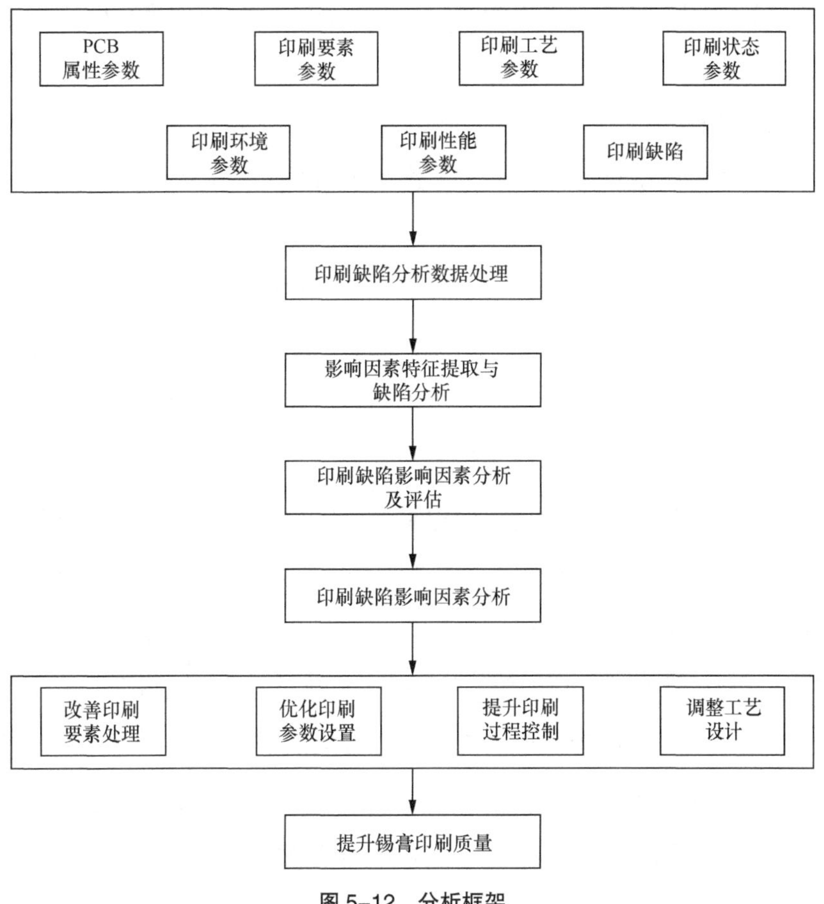

图 5-12　分析框架

第 1 个阶段是 SMT 大数据处理阶段，主要是对锡膏印制数据和锡膏印制检测数据进行的预处理和数据包构建，其中数据处理部分除了对离群点和空值点的处理以外，还包括数据包的构建。数据包构建主要是针对印制缺陷这个分析目标而进行。

第 2 个阶段是影响因素分析方法模型构建阶段，包括影响因素相似性度量，即影响因素相关性分析和样本间距离度量；然后基于数据挖掘和机器学习算法构建印制缺陷影响因素分析方法流程。

第 3 个阶段是结果评价与应用阶段，进行影响因素分析的目的是挖掘产品质量与各种印制影响因素之间的隐含关系，以此为依据优化生产流程，改善产品质量。

2. 模型构建

（1）基于随机森林算法建立缺陷类型预测模型

锡膏印制过程数据主要分为两种：连续型变量和离散型变量。其中，连续型变量主要有板长、板宽、板高、工作台分离速度、刮刀速度、刮刀压力、平均压力、最小压力、最大压力、清洗速度、清洗供给时间、刮刀分离速度、锡膏体积、锡膏面积、锡膏高度、工作台分离距离等。离散型变量主要有自动清洗、自动清洗计数、人工清洗等。

该团队采用随机森林算法来构建锡膏印制缺陷预测模型，同时采用五折交叉验证法对模型性能进行评估。由于锡膏印制缺陷预测模型属于分类模型，因此需要将随机森林算法的结果处理为分类结果，该团队使用 Softmax 函数对随机森林算法的结果进行映射。Softmax 函数对逻辑函数进行了推广，它能将向量变换成另一个同等维度的向量，在变换后的向量中，每一个分量的值都在 [0，1] 之间，并且所有分量的和为 1。假设有一个 n 维向量 V，V_i 表示 V 中的第 i 个元素，那么这个元素的 Softmax 值就是：

$$S_i = \frac{e^{V_i}}{\sum_{j=1}^{n} e^{V_j}} \quad (5\text{-}2)$$

在对锡膏印制缺陷预测模型进行训练时，采用如下公式进行：

$$\begin{cases} \min obj^t = \sum_{j=1}^{T}\left[G_j w_j + \frac{1}{2}\left(H_j + \lambda\right)w_j^2\right] + \gamma T \\ w_j^* = -\frac{G_j}{H_j + \lambda} \\ obj^* = -\frac{1}{2}\sum_{j=1}^{T}\frac{G_j^2}{H_j + \lambda} + \gamma T \end{cases} \tag{5-3}$$

在使用 Softmax 函数对模型结果进行映射时，采用如下公式进行：

$$p_i = \frac{e^{w_i}}{\sum_{j=1}^{n} e^{w_j}}$$

式中，p_i 表示样本属于类别 i 的概率。

（2）基于粒子群算法建立印制过程优化模型

锡膏印制质量预测模型输入 $X=[X_1, X_2, X_3, X_4, X_5, X_6, X_7, X_8]^T$，分别表示锡膏印制的工艺参数：$X$ 轴坐标、Y 轴坐标、刮刀压力、钢网清洗频率、刮刀速度、脱模速度、印制距离、刮刀单位速度压力，模型输出$y_1 = g_1(x)$表示锡膏体积的均值，$y_2 = g_2(x)$表示锡膏体积的标准差。

锡膏检测值为测量值与理论值的比值，所以比值越接近 1，锡膏的印制质量越好，且锡膏体积波动越小，则锡膏的印制质量越好。根据如下公式，构建锡膏工艺参数优化目标函数为：

$$\begin{gathered} \min G(X) = \lambda\left[g_1(x) - 1\right]^2 + (1-\lambda)g_2^2(x) \\ \forall X \in \Omega，\lambda \text{ 为权重系数，} \lambda \in [0,1] \end{gathered} \tag{5-4}$$

3. 各因素影响程度说明

基于随机森林算法的 SMT 锡膏印制性能影响因素分析分别以锡膏体积、面积、高度和 X 轴、Y 轴偏移量为目标变量建立影响因素分析模型，研究团队得到影响因素重要度排序，具体过程如下。

① 对数据样本进行有放回的随机抽样。预处理后的 SMT 数据样本约为 99 万条，随机抽取 10 000 次，每次抽取 2/3 的数据样本，构建 10 000 棵回归树。

② 对原始样本集中的影响因素进行随机抽样。数据集中一共有 145 个影响因素，每次随机抽取 12 个影响因素。

③ 设定回归树构建数量并把它作为构建的终止条件，得到 10 000 个回归模型的均方误差。

④ 计算每个影响因素的重要度分数，即删除每个特征时模型误差变化的百分比。

综合考虑 5 个指标的回归误差，使得 5 个指标的回归误差保持在最低水平，其重要度分数综合评估排序如表 5-8 所示。

表 5-8　重要度分数综合评估排序

序号	影响因素	得分（体积）%	得分（面积）%	得分（高度）%	得分（X 轴偏移量）%	得分（Y 轴偏移量）%
1	焊盘编号(拼板)	96.918	264.714	231.556	174.237	164.204
2	焊盘编号(大板)	75.052	224.237	167.085	188.568	261.570
3	印制高度补偿	68.721	212.451	148.890	109.218	235.840
4	清洗速度	46.273	60.682	43.315	99.844	58.749
5	刮刀速度	23.026	13.887	12.694	48.300	34.128
6	脱膜速度	14.127	14.994	15.400	45.190	19.259
7	人工清洗	13.445	15.924	30.277	25.166	16.489
8	脱膜距离	12.958	13.639	17.313	38.572	17.162
9	刮刀使用次数	11.643	15.591	19.794	37.932	20.753
10	钢网使用次数	11.122	16.209	20.255	36.401	27.228
11	锡膏计数	10.622	15.673	18.597	37.360	21.091
12	PCB 厚度	10.583	15.673	19.179	34.562	21.647
13	刮刀压力设置值	10.331	14.683	34.487	32.122	9.540
14	刮刀压力最小值	8.971	17.590	36.758	36.697	29.925
15	刮刀压力均值	8.379	19.738	36.720	32.782	41.348

4. 改进建议

以提供的 PCB B 面为例，当 B 面组件的检测准确率高于 99.999975% 时，B 面检测的整体成功率将达到 99%。

深度学习算法较高的准确率验证了运用深度学习算法判断组件合格与否的可行性，结果通过“E.Insuffi”组件，根据机器检测精度单位对其参数进行增加或减少一个检测精度单位，并将新数据输入经该模型训练好的深度学习算法中。反复进行上述步骤，若该参数达到标准值，则去改变其他参数，直到输出结果为“GOOD”，计算此时的参数与第一次检测时参数的差值，并根据哪项工艺对该参数影响最大来判断生产过程中哪个环节存在问题，以此自动进行相关工艺参数的调节，从而实现自动化安全生产，如图 5-13 所示。

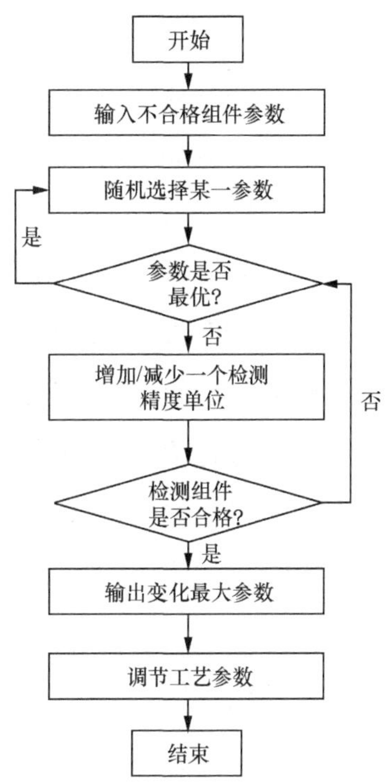

图 5-13　自动进行相关工艺参数调整的流程

5.1.9　中国科学院自动化研究所——SMT 丝印工艺质量预测与优化

1. 方案思路

该方案面向 SMT 质量控制中的 3 个亟待解决的核心问题展开，并给出解决方案，包括以下几个方面。

（1）SMT 缺陷产品，即锡膏印制检测结果为“PASS”和“FAIL”的产品的预测分析。

（2）针对 SMT 缺陷焊点分布的模式挖掘。

（3）针对关键缺陷的钢网清洗优化策略。

最后根据数据和分析结果给出面向 PCB 锡膏印制机的参数调整建议。

2. 模型构建

由于印制机运行日志提供的参数信息不全面，温 / 湿度记录和钢网测试记录在同一天内保持不变，基于锡膏印制检测的数据研究团队给出了 SMT 丝印工艺质量预测与优化相关的解决方案。

（1）SMT 缺陷产品预测

锡膏印制检测的数据记录了印制后 PCB 上每个焊盘的锡膏体积、高度、面积、X 轴偏移量、Y 轴偏移量及检测结果（少锡、多锡、偏移、连桥等信息），其中 B 面包含 4220 个焊盘，T 面包含 3970 个焊盘。SMT 缺陷产品预测的目标是给定一定时间窗范围内的 SPI 数据，预测该时间窗后下一个产品的检测结果。

① 特征提取。构建了 21 维特征向量，分别为所有焊盘的体积、高度、面积，X 轴偏移量、Y 轴偏移量的最大值、最小值、平均值和标准差共计 20 维特征与锡膏印制检测中结果为“PASS”和“FAIL”的焊盘的数量。

② 数据预处理。将时间窗长度设为 30，即通过连续 30 个锡膏检测设备的检测数据预测下一项监测结果。对 21 维特征向量分别进行归一化，其中，设置不合格焊盘数量的阈值为 10，当其数量小于 10 时将其归一化为 [0，1]，当其数量大于 10 时则直接赋值为 1。

③ 模型构建。选取多尺度卷积神经网络构建预测模型。多尺度卷积神经网络的结构如表 5-9 所示。

表 5-9 多尺度卷积神经网络的结构

Conv1d(21，21，3，2，1)	Conv1d(21，21，3，2，1)	Conv1d（21，21，3，2，1）
LeakyReLU	LeakyReLU	LeakyReLU
Conv1d（21，21，3，2，2）	Conv1d（21，21，5，2，2）	Conv1d（21，21，7，2，1）

续表

Conv1d(21,21,3,2,1)	Conv1d(21,21,3,2,1)	Conv1d (21, 21, 3, 2, 1)
LeakyReLU	LeakyReLU	LeakyReLU
Dropout	Dropout	Dropout
MaxPool1d	MaxPool1d	MaxPool1d
Linear	—	—

其中，Conv1d(21，21，3，2，1)表示输入卷积核数量为21，输出卷积核数量为21，卷积核长度为3，卷积步长为2，空洞卷积扩张率为1。模型通过不同的卷积核长度与空洞卷积扩张率提取多尺度时域信息，并通过拼接后输入全连接Linear层。

④ 数据不平衡的处理。由于锡膏印制检测数据中通过与不通过的数据存在典型的不均衡现象，方案中采用代价敏感学习算法处理该问题，对不合格样本的损失函数给予更高的权重。该权重的选取与预测结果密切相关，高权重会使模型偏向于给出不合格产品的正性预测，使精确率降低，反之则会导致召回率降低。为解决该问题，方案采用多标签代价敏感分类集成学习算法对不同权重的学习模型进行集成，以得到最后的预测结果。

（2）SMT缺陷焊点分布的模式挖掘

锡膏印制检测的结果中蕴含了丰富的缺陷焊点分布模式信息，即在给定钢网、刮刀和锡膏参数的情况下，产生缺陷焊点的频繁项集合。方案采用FP-growth算法，以天为单位搜索出现缺陷的焊点频繁项编号集合，并对比不同温/湿度、钢网张力和其他参数挖掘其影响因子。

（3）针对关键缺陷的钢网清洗优化策略

研究团队经数据分析发现，“少锡”是出现频率最高的关键缺陷，其产生受环境参数、印制参数、物料参数等多方面因素的影响，清洗钢网是处理“少锡”现象的有效策略。印制机具有固定的清洗频率，但由于不能有针对性地提前预知“少锡”现象的发生频率，需依靠人工经验进行调节。根据对锡膏印制机运行日志进行的数据分析，研究团队发现目前 Clean Screen 的频率为 5 分钟左右，方案结合 SMT 缺陷产品预测结果，给出了一种带有遗忘机制的清洗频率动态更新模型，实现针对“少锡”等关键缺陷的钢网清洗优化。

3. 各因素影响程度说明

SMT 生产过程中的主要影响因子及其关联程度如表 5-10 所示。

表 5-10　SMT 生产过程中的主要影响因子及其关联程度

<table>
<tr><th>序号</th><th>工艺要素</th><th>工艺参数</th><th>关联程度</th></tr>
<tr><td>1</td><td rowspan="5">钢网</td><td>钢网厚度</td><td>钢网厚度决定了焊锡的厚度，厚度较大容易导致出现“多锡”和焊锡球，厚度较小则会产生“少锡”现象</td></tr>
<tr><td>2</td><td>钢网张力</td><td>同日期 T 面测量张力较大，同时 T 面缺陷数量大于 B 面</td></tr>
<tr><td>3</td><td>钢网表面清洁度</td><td>孔壁无锡膏、异物等残留可能直接造成“少锡”现象</td></tr>
<tr><td>4</td><td>开口参数</td><td>/</td></tr>
<tr><td>5</td><td>开口断面表面粗糙度</td><td>/</td></tr>
<tr><td>6</td><td rowspan="7">刮刀</td><td>刮刀材料与硬度</td><td>/</td></tr>
<tr><td>7</td><td>刮刀形式</td><td>/</td></tr>
<tr><td>8</td><td>刮刀外形尺寸</td><td>/</td></tr>
<tr><td>9</td><td>刮刀行进速度</td><td>产生“少锡”现象时，可降低速度</td></tr>
<tr><td>10</td><td>刮刀压力</td><td>压力过小容易污染钢板，压力过大容易导致塌陷</td></tr>
<tr><td>11</td><td>刮刀角度</td><td>/</td></tr>
<tr><td>12</td><td>刮刀宽度</td><td>/</td></tr>
<tr><td>13</td><td rowspan="3">锡膏</td><td>锡膏材料组成及比例</td><td>/</td></tr>
<tr><td>14</td><td>锡膏保存时间和条件</td><td>/</td></tr>
<tr><td>15</td><td>锡膏回温时间和条件</td><td>/</td></tr>
</table>

续表

序号	工艺要素	工艺参数	关联程度
16	锡膏	锡膏搅拌时间和条件	/
17		搅拌后锡膏物理参数（黏度等）	/
18		锡膏上刚模时间和条件	/
19	印制机	印制速度	/
20		印制温度	/
21		识别精度	/
22		基本夹装形式与参数	/
23	基板	尺寸精度	/
24		翘曲	/
25		阻抗精度	/
26	工作环境	温度	温度过高容易塌陷
27		湿度	湿度过高容易生成焊锡球
28		灰尘量	/
29		风量	/
30	操作工人	/	/

4. 改进建议

采用机器学习方法能够有效地提取锡膏印制机历史数据中的有效特征，并预测未来一段时间内产生缺陷的可能性，当历史数据足够时，可充分利用大数据分析的优势，针对具体类型的故障构建预测模型，部署于工厂数据中心或边缘服务器上，锡膏印制机通过集成通信接口将数据实时上传并进行分析，确定针对预测不同类型缺陷的解决方案，如清洗钢网等，通过算法的自动优化给出最优的动态清洗频率。

该方案无须添加额外硬件，仅需利用上传的锡膏印制检测数据即可自动分析预测并实时反馈优化方案，从而有效降低 SMT 的缺陷率，按照 2021 年 8 月 24 日 B 面 0.75 的召回率计算，模型能够实时预测 75% 的缺陷产生情况，若能够进一步分类并采取手段预防，可有效提高良品率，预期应用效果显著。

5.2 创意赛

5.2.1 新奥集团——油气管道数字孪生体解决方案

1. 应用范围

方案主要针对油气长输管道、省级管网、油气田集输管网、城镇燃气管网等领域。从全球格局看，2021 年油气长输管道总里程约为 191.9 万千米；截至 2020年年底，我国油气田集输管网总里程已达 16.5 万千米；2021年，我国城镇燃气管网里程已达 105 万千米。其中，油气长输管道约 85% 以上都隶属于 2019 年新成立的国家管网集团有限公司；省级管网分属各省的天然气公司或已划归国家管网集团有限公司；油气田集输管网主要隶属于中石油、中石化、中海油等大型国有能源公司；城镇燃气主要由新奥集团、昆仑能源、华润燃气、港华燃气等全国性大型燃气集团及北京燃气、申能集团等地方燃气公司所管理。

2. 整体设计

管道数字孪生体最终将落脚于各个应用场景，应用场景是否能够发挥不同技术的特点并形成合力解决生产问题，关乎数字孪生体最终的应用效果。为指导智慧管网数字孪生体应用场景设计与实现，新奥集团提出了基于"两端两核"设计理念的智慧管网数字孪生体应用范式，如图 5-14 所示。"两端"分别为应用端和实体端，"两核"分别为数据模型和虚拟模型。

实体端包含管道本体、输送介质、设备、环境 4 个部分的物理实体，以及各种传感器、控制器、检测仪器和设计施工的数据或模型等内容，各部分依托各类智能感知、通信等关键技术实现实体端各管道物理实体的属性、行为、模型等的信息流调用、传输、操作与更新，如图 5-15 所示。

数据模型包含了实体端传递的实际管网系统的运行数据、管理数据、外部系统共享的数据及虚拟模型计算后的数据，并且完成数据的预处理、存储、融合、分析等功能，如图 5-16 所示。

虚拟模型包含了具有超高精度的仿真模型及通过既有经验或数据分析得到的用以支持仿真模型构建和计算的规则模型。根据不同的业务需求，划分为不同层级的虚拟模型。各虚拟模型形成规范的建模、求解、验证和应用流程，以及协同更新和工作机制。开发模型集成平台，培育多领域综合建模的能力，如图 5-17 所示。

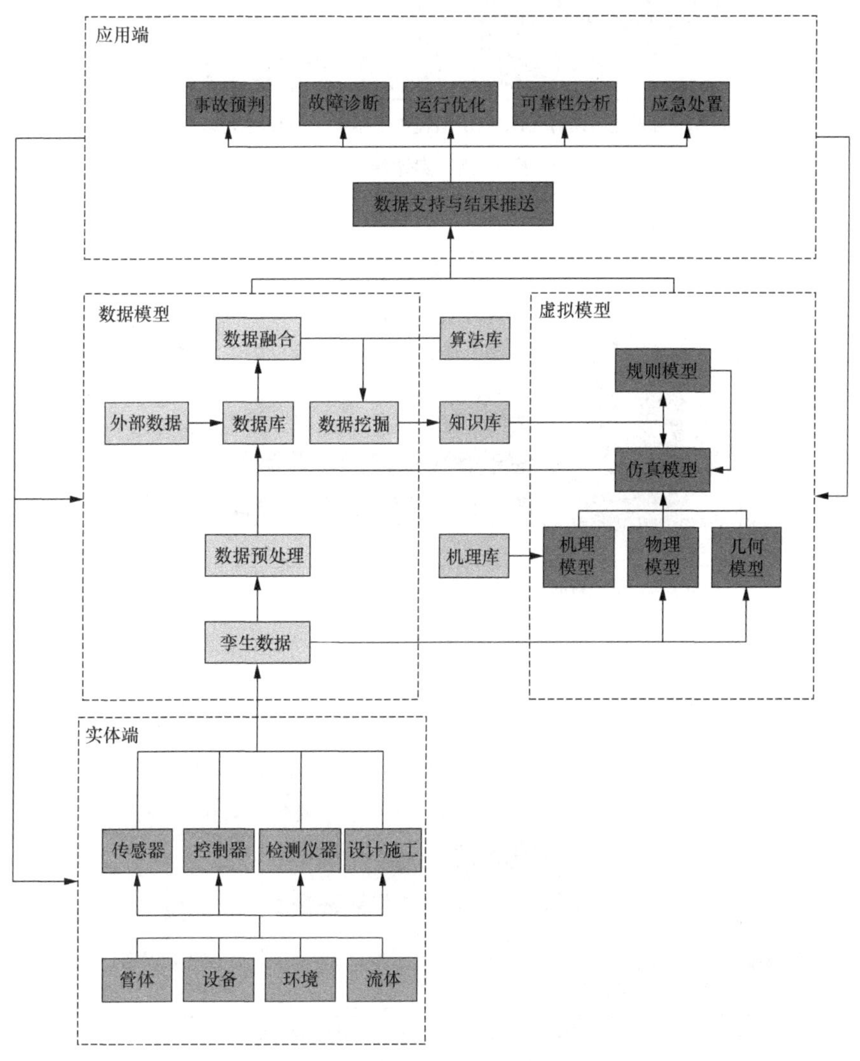

图 5-14　基于“两端两核”设计理念的智慧管网数字孪生体应用范式

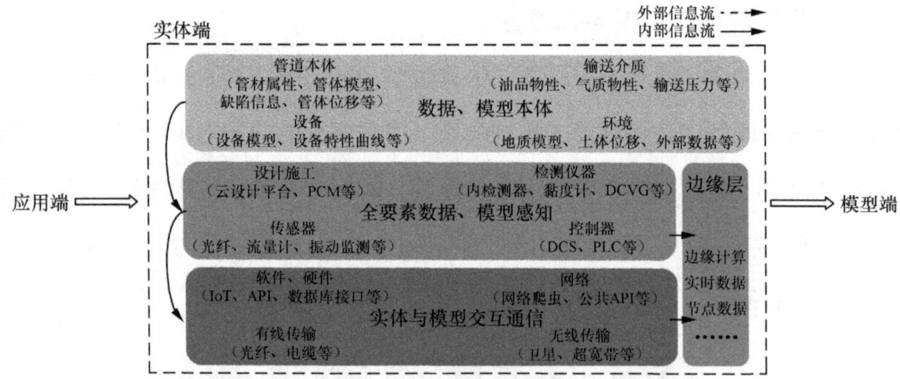

PCM：脉冲编码调制　DCVG：直流电压梯度　API：应用程序接口

图 5-15　实体端内容

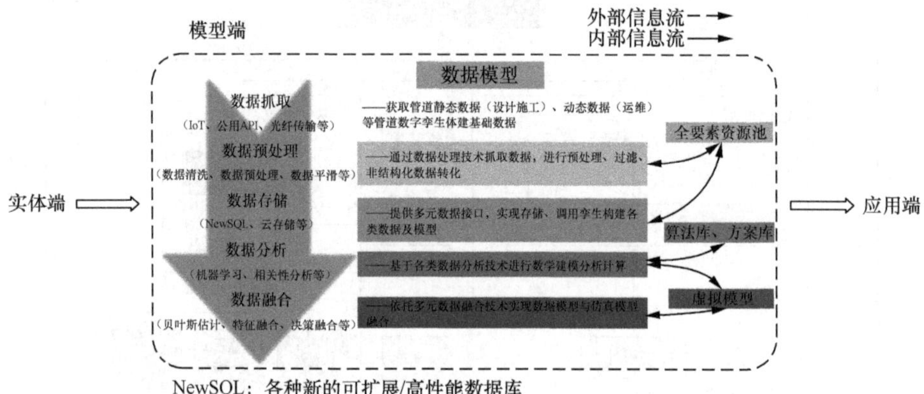

NewSQL：各种新的可扩展/高性能数据库

图 5-16　数据模型

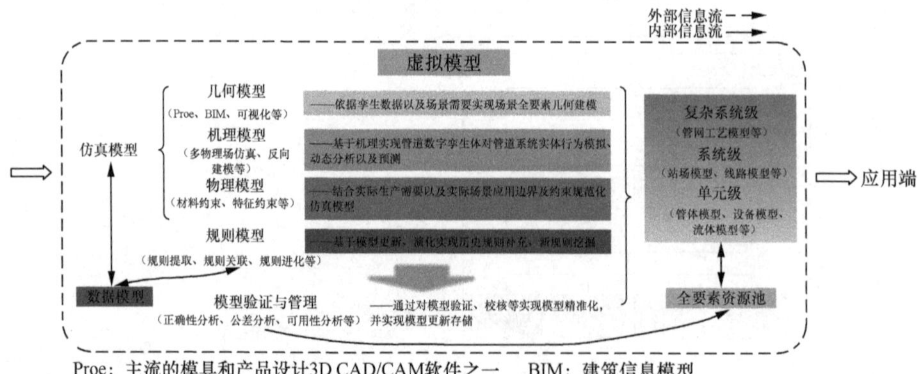

Proe：主流的模具和产品设计3D CAD/CAM软件之一　BIM：建筑信息模型

图 5-17　虚拟模型（多物理场耦合、多尺度协同）

应用端包含了各类分析决策系统，智慧管网数字孪生体将计算、分析后的数据和结果推送给相应的系统，协同生产管理人员进行事故预判、应急处置、综合优化等。应用端生成的数据或决策一方面应反馈回数据模型和虚拟模型中进行案例的存储及验证，另一方面应反馈回实体端进行操作指令下发，如图 5-18 所示。

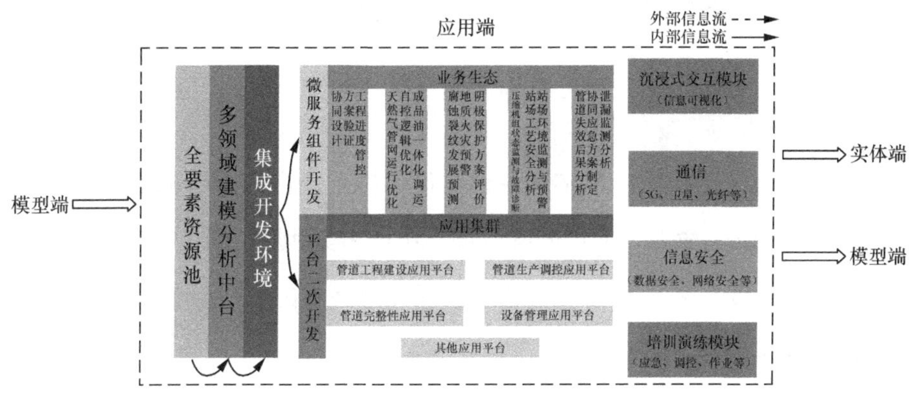

图 5-18　应用端内容

数字孪生体均诞生于设计阶段，终止于报废阶段，具有全生命周期的属性，但使得数字孪生体具有生命力的是系统的运行阶段。这是由于在系统的运行阶段，数字孪生体的两个核心——数据模型和机理模型才真正得以运转，而支撑其运转的能量来源于实体的孪生数据。因此，在智慧管网数字孪生体应用范式中，数据模型与虚拟模型之间并不是简单的线性叠加、彼此独立的关系，而是融合互联的关系。其目的是：①不断利用生产运行数据对仿真模型中的未知参数进行反向建模估计，逐渐提高仿真精度；②当机理模型不完善甚至是空白时，采用大数据、机器学习技术探寻规律，形成规则模型辅助建模；③当无法确定数据分析结果是否可靠时，可以利用虚拟模型进行验证；④当数据量和数据维度有限时，既可利用虚拟模型计算的结果进行补充，也可利用虚拟模型模拟未发生过的事件，进而扩大数据范围。可见，数据模型与虚拟模型实现技术互补，将为智慧管网数字孪生体带来高精度的虚拟模型及可知、可用、可靠的AI技术。

3. 功能介绍

（1）关键技术

管道数字孪生体是一系列技术集成、融合、创新形成的一体化解决方案，主要包含仿真、大数据分析、模型融合、管道物联网、工业互联网等方面的技术。

（2）解决方案

① 设计施工。将管道数字孪生体与设计施工结合，能够赋予设计施工期的数据和模型以生命力，促进面向管道运维的方案优化，促进资源配置优化，实现建设效益最大化，为后续的运营管理奠定坚实的基础。管道数字孪生体原型如图5-19所示。

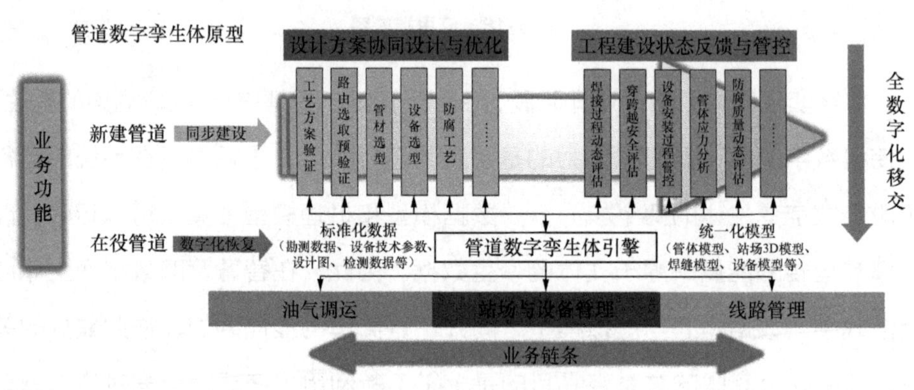

图5-19 管道数字孪生体原型

② 调度运行。将管道数字孪生体与油气调运结合，能够在“全国一张网”下，持续优化产运销系统，统筹优化管网的运行方案和自控方式，不断提升调控系统的自学习、自适应、自决策能力。提高管输收益，提升方案响应速度，降低能耗成本，为管网互联互通创新赋能，如图5-20所示。

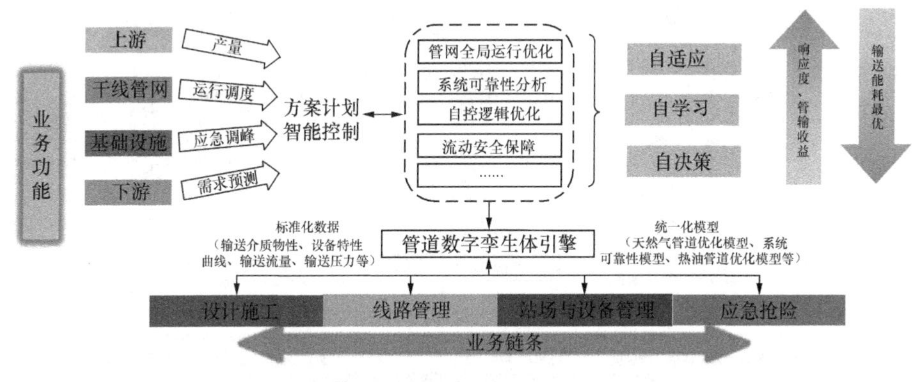

图 5-20　管道数字孪生体调度运行

③ 线路管理。将管道数字孪生体与线路管理结合，能够充分融合天地空多维度的感知信息，预测管道的缺陷发展，评估管道剩余强度和剩余寿命，合理制订维修计划。实现安全风险的智能辨识和预警，提高本体安全的管控能力，如图 5-21 所示。

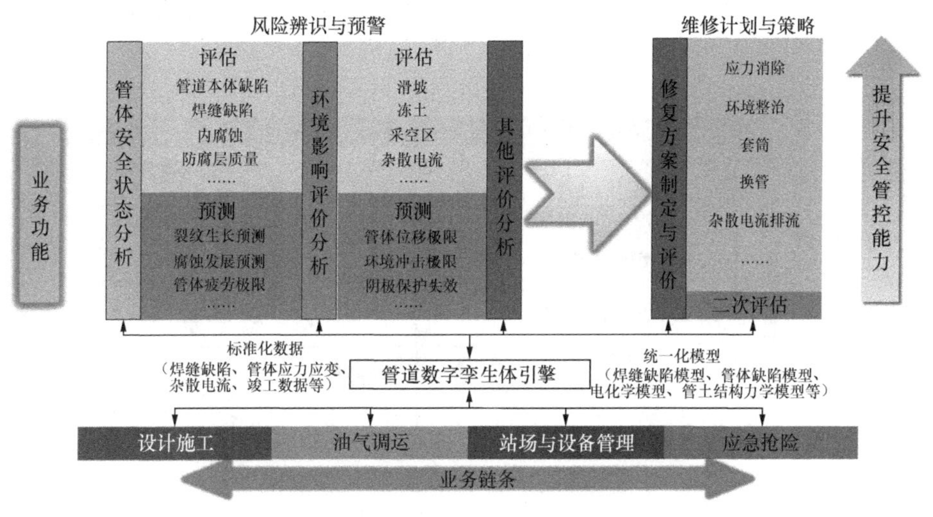

图 5-21　管道数字孪生体线路管理

④ 设备管理。将管道数字孪生体与设备管理结合，能够通过将拟真的设备数字化模型与强大的工业大数据平台相结合，获取设备细致入微的洞察力信息，实现设备的智能化诊断，预防性维护和全生命周期管理，如图 5-22 所示。

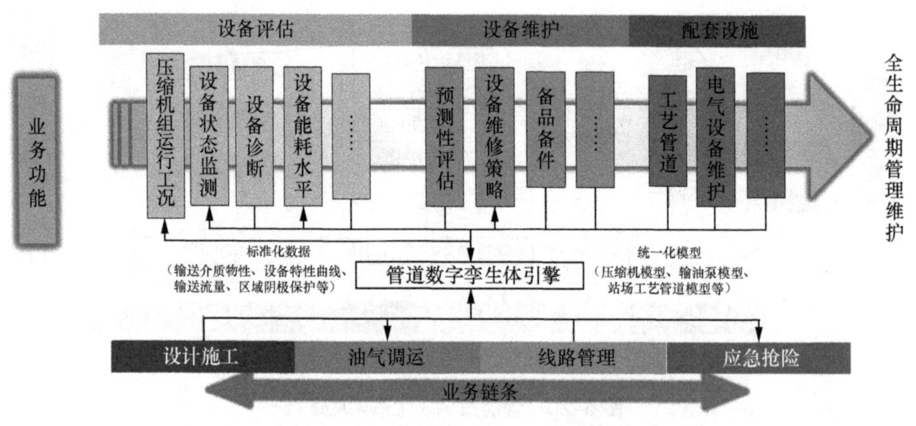

图 5-22　管道数字孪生体设备管理

⑤ 应急决策。将管道数字孪生体与应急决策结合，能够涵盖“事前、事发、事中、事后”全过程分析，快速、及时地对事故进行响应，动态预估事故后果，评定事故等级。实现运行工况调整、人员和物资调配、维抢修作业等一体化的解决方案，最终形成统一指挥和协同工作的应急机制，如图 5-23 所示。

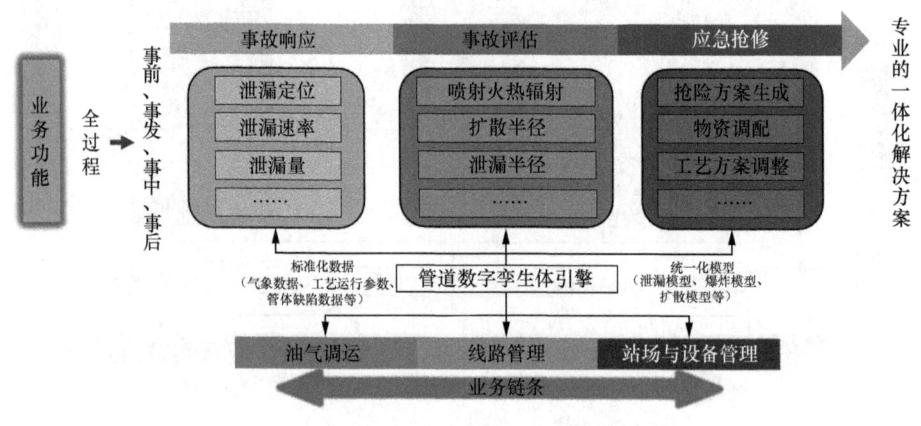

图 5-23　管道数字孪生体应急决策

4. 应用情况

数字孪生技术在油气长输管道、油气田集输管网、城镇燃气管网等领域仍属于新理念、新技术、新方向。由于近几年数字孪生话题在工业领域的火爆讨论，油气管道领域也逐渐着眼于管道数字孪生体的研究与建设。但遗憾的是，近几年推出的管道数字孪生平台、产品等，往往是“旧貌换新颜”。绝大多数方案强调的是 3D 模型和数据可视化，力求在“形”上进行孪生，但是忽视了数字孪生的本质，即“内”在的孪生。

数字孪生体是一套支撑数字化转型的综合技术体系，技术在发展，应用在深化，体系在演进，其应用推广也是一个动态的、演进的、长期的过程。在这期间，各行业在数据采集、模型积累、软件开发等方面存在诸多短板，这成为制约数字孪生发展的瓶颈。如果从数字孪生的初衷和本源考虑，当前仅有极少数企业能够独自构建完整的数字孪生体解决方案，深化跨界合作是推动应用创新的必由之路。

5. 商业价值

（1）行业复制推广能力

虽然油气管道可以被划分为油气长输管道、油气田集输管网、省级管网、城镇燃气管网，但是上述领域在业务范畴上是一致的，即包括工程建设、调度运行、线路管理、设备管理、应急决策等。项目的管道数字孪生体正是站在行业高度，综合考虑了各类业务问题形成的一体化解决方案，在行业内具有极强的复制推广能力。同时对于相关的能源行业（电网、水网、油气开发等），可能在具体的技术领域需要进行行业适配改造（例如仿真模型的更换或者数据模型的调整），但是主体的架构依然具有示范性意义。

（2）经济效益和社会效益

通过构建管道数字孪生体，相比于目前的业务管理模式，预期能够产生以下经济效益和社会效益。

① 管道能耗率降低 10%。以输气管网为例，目前我国采用管道输送的天然气约为 1500 亿方以上，其中约 2.5% 的天然气被作为能耗消耗掉。能耗率降低 10% 将节约 3.75 亿方以上的天然气。按照天然气 2.5 元 / 方计算，可以

节约9亿元以上。

② 管道事故率降低10%，综合维护维修费用降低10%。事故应急响应能力大幅度提高，事故损失显著降低。油气管道每年在维护保养上投入巨额费用，其中一部分仍属于过度维护或非必要维护。采用数字孪生技术后，能够节约非必要的维护成本。

（3）行业推广计划

拟定在商业价值最大及业务需求最旺盛的油气长输管道和城镇燃气管网领域开启试点。待技术逐渐成熟与落地后向省级管网、油气田集输管网及外部行业开展推广。

（4）商业合作计划

管道数字孪生体目前拟定在管体、流体、工艺的仿真、数据可视化、基础工业互联网平台等方面应用，研发公司可与外部成熟解决方案提供商进行合作，从而为客户、企业提供更完善的平台级产品。

5.2.2 海尔——基于COSMOPlat工业互联网平台的数字孪生应用解决方案

1. 应用范围

项目基于COSMOPlat工业互联网平台引擎，以家电制造业转型需求为切入点，开发了针对关键数据进行数字化映射、监测、诊断、预测、仿真、优化等功能的数字孪生系统。COSMOPlat核心数字孪生引擎，包括数字孪生体、工业机理模型、知识图谱、数字空间。主要功能是将工业经验沉淀为平台能力，向上生长SaaS应用，向下接入工业设备，形成一个通用兼容的共性基础技术平台，实现从工业基础设施到工业应用的互联互通。

基于数字孪生技术“双向”“持续”“透明”等特点，生态赋能制造企业实现全流程、全生命周期、全价值链体系。海尔通过提供不同场景下的工业数字孪生服务，解决了目前家电生产多维数据难以整合、产线生产数据透明化程度低、生产各环节协同程度低、人员及设备管理精细化程度低等难题，引领全国产业高质量发展。项目成果目前已延伸至汽车零部件、工程机械、生物医疗等多个领域，为不同产业各层级的企业提供全生命周期的数字孪生服务。

2. 整体设计

基于 COSMOPlat 工业互联网平台的数字孪生应用解决方案是基于 COSMOPlat 数字孪生引擎，融合云计算、AI、5G、边缘计算、大数据、区块链等技术，构建的云边端协同的数字孪生应用解决方案。整体架构包含云、边、端三大模块，在云端构建数字孪生开发环境、数字孪生管理平台、行业服务体系，开发者社区、服务超市等，聚合优秀资源；在边缘侧搭建数字孪生运行平台、数据接入处理系统，提高部署效率；在现场连接工控、传感和执行设备，实现虚实同步和逆向优化，如图 5-24 所示。

3. 功能介绍

项目基于 COSMOPlat 工业互联网平台的重点技术架构，打造重点领域设备数字孪生建模环境，建设对企业生产经营过程中产生的关键数据进行数字化映射、监测、诊断、预测、仿真、优化的跨区域工业数字孪生管理系统，并借此为产业链各层次企业提供包括生产过程建模与控制、产品质量管理、协同工艺规划、设备故障诊断与远程运维、能效优化分析在内的支撑服务，助力数字孪生在工业互联网平台中的广泛应用，实现基于工业互联网平台的、成熟的数字孪生应用解决方案。

项目实施过程重点围绕仿真建模实时性、数字采集和处理多源集成性、边缘网关多协议适配及平台系统安全等共性技术开展研究和应用，具体开展实施了以下关键技术的攻关。

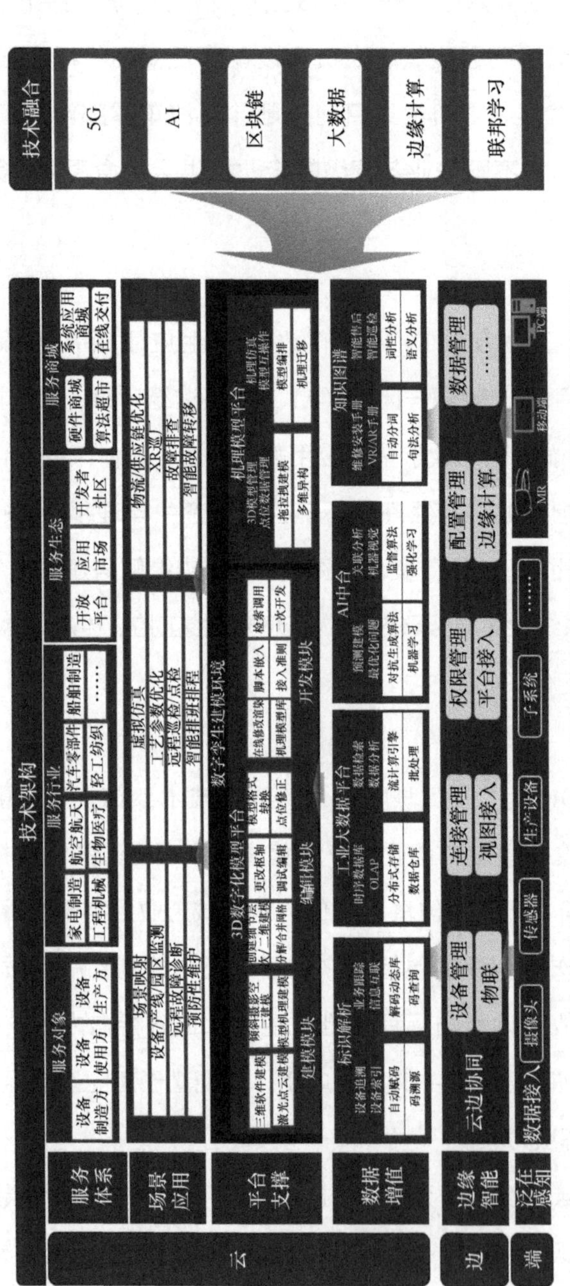

图 5-24　基于 COSMOPlat 工业互联网平台的数字孪生应用解决方案技术架构

（1）实现基于云渲染的多平台互动和多端展示。

（2）支持智能边缘网关为媒介的多协议适配。

（3）实现全流程数据集成与处理能力。

（4）支持高保真、高精度实时仿真建模。

（5）构建安全可靠的数字孪生防护体系。

通过信息网络接口，以仿真建模为主要手段，改变各环节、各系统接口之间的“数据孤岛”状态，构建互联互通的虚实映射环境，实现全流程的智能化管控、运营和决策。具体创新效果表现在：从广度上讲，海尔依托 COSMOPlat 工业大数据平台的全域实时数据主线，突破以设备数据为主的传统数字孪生应用，建设了企业全域数据的数字孪生平台；从深度上讲，COSMOPlat 数字孪生引擎基于 AI 平台从可视化的数字孪生应用转向以数字化映射、检测、诊断、预测、仿真、优化等智能应用为核心的平台；从维度来讲，COSMOPlat 数字孪生引擎依托强大的 3D 实时渲染引擎，突破传统浏览器只能展示单一效果及场景的限制，建立企业全场景、跨平台的数字孪生可视化平台；从生态上讲，COSMOPlat 数字孪生引擎引入设备制造方、设备使用方、设备服务方入驻平台，同时打造开发者平台借助开发者能力迭代更新数字孪生平台，搭建应用算法市场，汇聚众多应用和模型，提供市场交易，保证工业数字孪生平台的竞争力与活力。

目前，项目提供的解决方案已在所属企业第 5 代示范线进行数字孪生技术的应用验证，并成功落地海尔内部互联工厂数字化建设。

4. 应用情况

基于 COSMOPlat 工业互联网平台的数字孪生应用解决方案已经被广泛应用于家电、电子、建材、汽车等 15 个行业，推动了规模化工业产品生产制造过程的数字化、智能化转型升级，实现了智能制造的产品化、社会化，树立了行业标杆，有力地提升了我国制造企业在国际上的竞争力。

依托基于COSMOPlat工业互联网平台的数字孪生应用解决方案，支撑海尔在全球范围内的互联工厂建设，目前海尔已经搭建了多个数字化互联工厂，解放了工厂大量劳动力，并实现了节能降耗，节约生产成本上亿元。该解决方案通过帮助企业在实际投入物理对象（如设备生产线）之前即能在虚拟环境中进行设计、规划、优化、仿真、测试、维护与预测等，实现了调试前的透明化，进而在实际的生产运营过程中同步优化整个生产流程，实现高效的柔性生产，节约成本，变被动为主动，提高企业核心竞争力。

5. 商业价值

在国内外复杂的经济政治格局下，数字经济在推动经济发展、提高劳动生产率、培育新市场和产业新增长点、实现包容性增长和可持续增长等诸多方面发挥着重要作用。2019年数字经济在我国GDP中所占比重已经达到36.2%，数字经济增加值规模达到35.8万亿元。数字孪生作为数字经济当中的一项关键技术和高效能工具，可以有效发挥其在数据采集、分析预测、工艺优化、生产运营等方面的作用，助力推进产业数字化，促进数字经济与实体经济的融合发展。

项目基于COSMOPlat工业互联网平台构建了数字孪生管理系统及其应用推广平台，项目研究的各项技术成果依托海尔智能研究院第5代大规模定制测试验证平台及海尔互联工厂进行验证落地，研究团队开发和积累了诸多数字孪生典型应用场景和解决方案。各项技术成果依托COSMOPlat工业互联网平台生态优势，面向全国特色产业集群企业进行部署应用和推广，实现跨行业、生态、区域复制。项目主要实现经济效益情况如下。

在家电行业，通过应用数字孪生解决方案，完成单一工厂向大规模定制的转型，满足用户高端化需求，实现高端份额占比市场第一。以海尔胶州互联工厂为例，通过搭建数字孪生工厂，有效缩短建厂周期的40%，提升整体产能，增加经济效益数千万元。

5.2.3　共生物流 / 安徽师范大学 / 安徽工程大学——基于数字供应链孪生的智慧物流解决方案

1. 应用范围

基于数字供应链孪生的智慧物流解决方案，侧重于仓储运输物流供应链相关的数字孪生网络，包括物流环节涉及的相关要素，如公铁水空运输、仓储管理要素（人员、机器、原料、方法、环境）等方面的数字孪生。结合基础设施（如仓库空间等）数据构建仓库等数字模型，根据仓库存储实体属性、数量及存储特性等数据，为构建最优仓储规划布局提供数据支撑；通过 IoT 传感器技术，监控仓库货品流转运营数据，实时上传数据，实现模型仿真迭代，模拟仓库运行状态；通过基于地理空间和运输设备数据构建运输系统数字模型，实时展示交通、气象及业务数据，动态灵活调整运输策略及运输路线，提高响应速度和异常预警执行效率等；通过历史数据分析及系统仿真在持续优化仓库存货量、补货策略、出入库流程、智慧调车、路线规划、控制塔柔性交付能力持续优化等方面提供辅助及自主决策、自我迭代等。

数字供应链孪生系统将提供对供应链的实时、端到端可视性和数据驱动供应链洞察力，其不断发展将彻底改变供应链及物流相关领域的运营模式。未来对数字供应链孪生技术的广泛应用将更多地跟踪、监测、规划路线和优化整个工厂的货物流，使得货物位置和所处环境参数如温湿度、光感等变得实时可见。在无须人为干预的情况下，智慧物流系统借助 AI 技术可以自我决策，指挥库存转移、动态优化仓配流程或重新规划运输路线、自动预警等；同时实现从适配、满足需求到发现、响应需求，再到进一步预知、创造个性化定制需求的智慧物流供应链。数字供应链孪生系统结构如图 5-25 所示。

2. 整体设计

数字供应链孪生体从系统结构上可以分为物理层、分析层、模型层 3 个层次。物理层即物理供应链孪生，包括供应网络、计划执行系统（终端、机器、设施、环境、人）及供应链管理的组织形态（整个供应链及其运营环境所有的数据源）；分析层包括物理供应链的数字表示、外部环境数据、IoT 实时数据，同时该层对这些数据进行分析，产生洞察，用以指导和优化物理供应链；模型层包括用于物理供应链优化的各种供应链模型、供应链预测模型和计划、运营规划等。

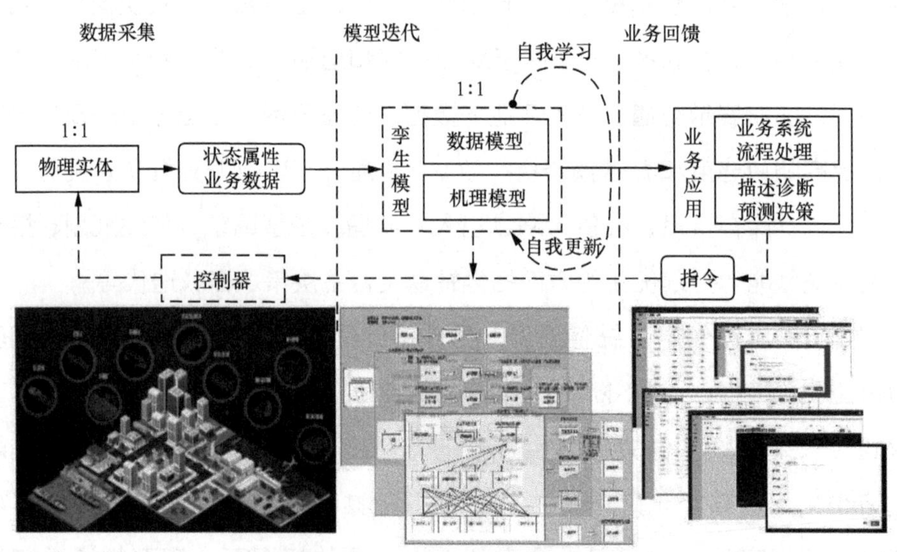

图 5-25 数字供应链孪生体系统结构

数字供应链孪生体从应用架构上可以分为基础支撑层、数据互动层、模型构建与仿真分析层、共性应用层和行业应用层。其中基础支撑层由具体的设备组成，包括工业设备、基建设备、交通工具、包装容器等，如图 5-26 所示。

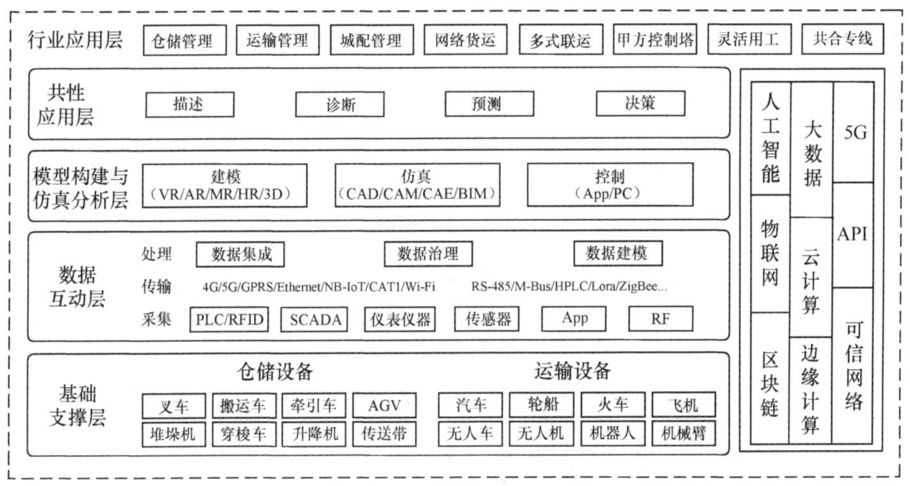

MR：混合现实　GPRS：通用分组无线服务　Ethernet：是局域网（LAN）中最为普遍的连接形式

NB-IoT：窄带物联网　CATI：是 LTE 网络下用户终端设备的无线性能的分类

Lora：一种线性调制扩频技术　ZigBee：紫蜂协议，是一种低速短距离传输的无线网上协议

SCADA：数据采集与监控系统　RS-485：仪表通信接口　M-Bus：远程抄表系统

HPLC：高效液相层析　RF：一种网络硬盘

图 5-26　数字供应链孪生体应用架构

3. 功能介绍

智慧供应链支持数据实时可见和实时监控预警，利用 IoT 和认知洞察，加强可视性和可预测性，改善运营及提高设备资产的可靠性和运行性能；通过对未来的场景模拟仿真，从供应商、工厂、仓库、渠道到门店，把控全局原材料、订单、库存、产能等物流信息；并主动识别风险，进行根因分析，利用 AI 技术及机器学习算法，结合大数据，提供相应解决方案；通过 IoT、数字孪生技术进行远程控制和业务处理，并支持流程持续优化和创新。通过供应链控制塔，最终体现更低的成本、更快的速度、更好的服务、更小的风险，让供应链变得更加敏捷、精简，实现供应链的业务目标及新的客户体验和价值主张。数字供应链孪生体将提供对供应链的实时、端到端可视性和数据驱动供应链洞察力。当一个物理的供应链完全数字化后，包括横向的供应网络、

纵向的供应链组织、供应链流程、人和机器、设施和环境的数字化，它们都连接在可通信的 IoT 中，构成一个与物理供应链对应的数字供应链孪生体，数字供应链孪生体功能介绍如图 5-27 所示。

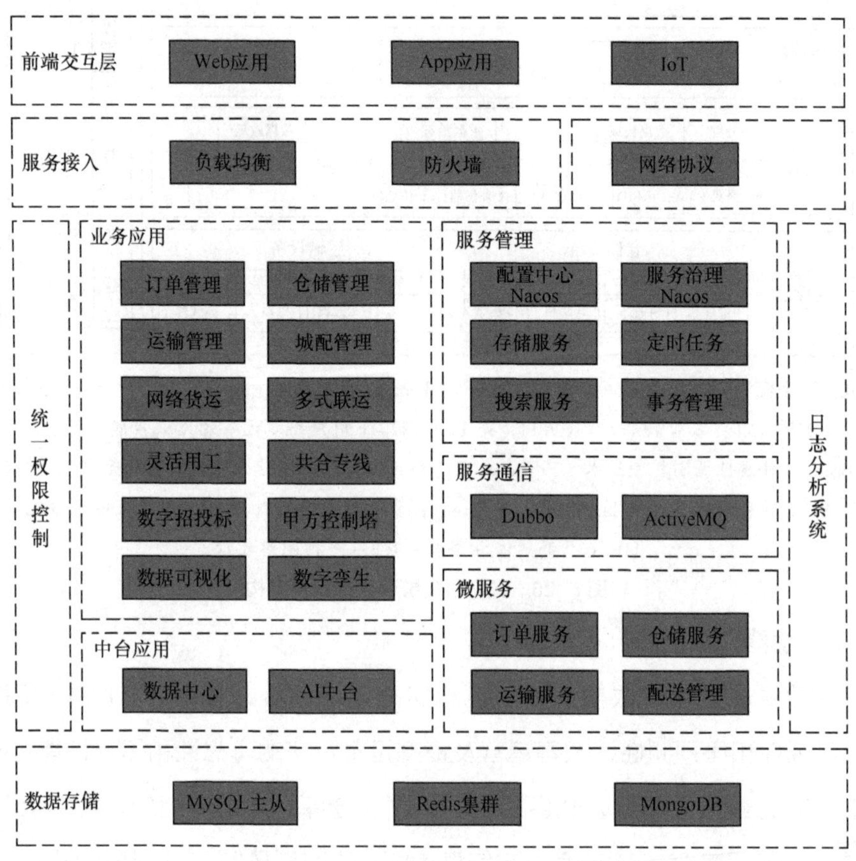

Nacos：一个更易于构建云原生应用的动态服务发现、配置管理和服务管理平台

Dubbo：阿里巴巴公司开源的一个高性能的服务框架

ActiveMQ：Apache 软件基金会所研发的开放源代码消息中间件

MySQL：一种关系型数据库管理系统　Redis：远程字典服务

MongoDB：一个分布式文件存储数据库

图 5-27　数字供应链孪生功能介绍

4. 应用情况

数字孪生供应链的出现，将实现供应链管理从“功能机”到“智能机”

的转变。同样数字孪生供应链也要应用 5G、云计算、区块链等诸多“黑科技”。以 5G 为例，5G 具备高速率、大连接和低时延的优势，基于此，一方面能够有效使数字化工具被应用于车间、仓库、运输、配送等供应链各环节，实现各类人员、车辆、设备数据的实时高效采集，另一方面可以支持数字化平台决策控制指令的实时闭环分发。在数字供应链孪生体系下，产品以客户需求为生产依据，避免了以订单为生产依据所产生的“牛鞭效应”。生产后的产品在物理空间中仅需要在最终对消费者交付时发生一次物理转移。对于所有在物理空间内的产品，均通过 IoT 的方式实现其在数字世界的唯一映射，企业之间的订货、退货均通过数字方式实现，并利用区块链技术实现所有权的转移确认，而无须真实移动物理空间内的产品。由于所有商业行为均以数字方式运作，因此企业之间的合作方式、促销方式与存货管理方式可以更加灵活。未来，数字供应链孪生体可以完全消除企业间的订货成本、运输成本，经济订货批量模型在数字供应链孪生体中将完全失灵。集中库存管理能极大降低库存成本，结合以区块链技术为依托的所有权转移，实现库存成本的合理分摊。数字供应链孪生体将从本质上突破产品在物理空间内的交易效率极限，让企业以更加高速、高效、高频的方式开展供应链管理活动。

5. 商业价值

安徽共生物流科技有限公司（简称共生物流）目前的主要业务有网络货运、物流互联网服务、供应链技术服务、仓储配送服务、多式联运服务等，服务产品超过 30 个。2020 年交易额达 49.6 亿元、营收 8.9 亿元、自身纳税 4600 万元，另外线上产业园孵化共创企业纳税 4300 万元。5 年来累计交易额 150 亿元、营收 29.6 亿元、纳税 1.98 亿元，孵化共创企业纳税超过 1.5 亿元。公司被评为国家发展改革委员会“互联网 + 百佳行动案例”、工业和信息化部国家专精特新“小巨人”企业、工业和信息化部制造业“双创”平台试点示范企业、“国家中小企业公共服务示范平台”、工业和信息化部“大数据产业发展试点示范企业”，在交通部的无车承运人试点企业评比中位列安徽第 1、全国第 9。

5.2.4 美云智数——M.IoT 数字孪生灯塔工厂

1. 应用范围

应用范围涉及制造业的工厂级、车间级、设备级数字孪生可视化监控、重要生产车间及主要生产设备精细建模、重点安全区域监控信息管控、园区主要管网图、能流图展示，包含生产车间实时数据监测、生产设备数据信息展示、安全提醒与告警管理、应急处置与模拟演练功能、供应商车辆 GPS 轨迹追踪等，实现与园区现有 IT 业务系统（SCADA、MES、APS、大数据等）的数据交互。

2. 整体设计

构建一个工业互联网数字信息平台，实现生产要素和管理要素在内的全要素可视、可控、虚实同步。

基于 M.IoT 数字孪生灯塔工厂对工厂状况进行实时监控，并指导厂区物流秩序和安全，实现厂区数据透明化、调度一体化、监管实时化、管理智能化。

利用虚拟仿真技术，可以对工厂的生产线布局、设备配置、生产制造工艺路径、物流等进行预规划，并在仿真模型“预演”的基础之上，进行分析、评估、验证，迅速发现系统运行过程中存在的问题和有待改进之处，并及时进行调整与优化，减少后续生产执行环节对于实体系统的更改与返工次数，从而有效降低成本、缩短工期、提高效率。

数智驱动的 M.IoT 数字孪生灯塔工厂支持现场业务，在生产、物流、设备、能源、环保、安防各个方面实现效率提升、节能降本、品质提升、安定管理，如图 5-28 所示。

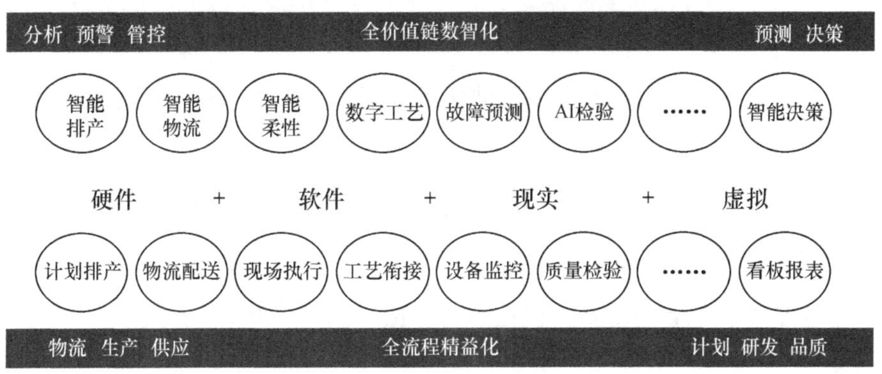

图 5-28　M.IoT 数字孪生灯塔工厂整体架构

3. 模型构建

建模“数字化”是对物理世界数字化的过程。这个过程需要将物理对象表达为计算机和网络所能识别的数字模型。数字孪生的目的或本质是通过数字化和模型化，用信息换能量，以更少的能量消除各种物理实体，特别是复杂系统的不确定性。所以建立物理实体的数字化模型的技术或信息建模技术是创建数字孪生体、实现数字孪生体的源头和核心技术，也是“数字化”阶段的核心，如图 5-29 所示。

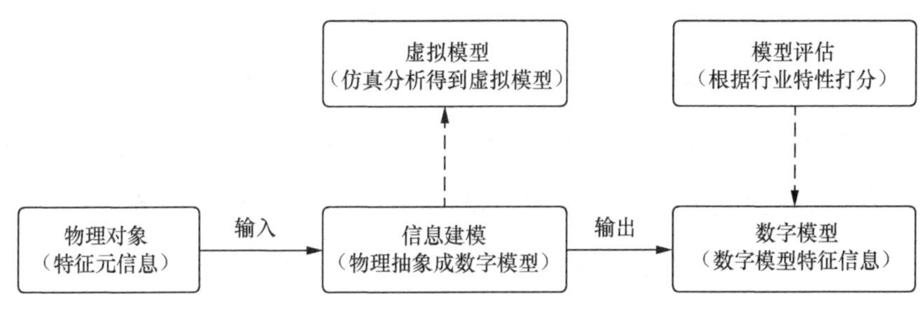

图 5-29　M.IoT 数字孪生模型构建流程

4. 功能介绍

M.IoT 数字孪生灯塔工厂是集设备数据采集、大数据分析、3D 工艺仿真、装配仿真、人机协作、物流仿真、机器人仿真、虚拟调试、数字孪生工厂等功能于一体的数字化工业仿真平台，可应用于新建工厂的产线布局设计、物流规划、价值流分析；工厂生产效率提升、精益改善；新产品研发端的可制造性分析、工艺设计、装配仿真；自动化虚拟调试、机器人轨迹规划及示教、离线编程等场景。

M.IoT 数字孪生灯塔工厂包含大数据 AI- 设备预测性维护、大数据 AI- 工艺参数调优、大数据 AI- 声纹检测、仿真 - 产线和物流分析、仿真 - 机器人仿真和离线编程、仿真 - 设备联机和虚拟调试、仿真 - 虚拟装配和人机工程、数字孪生体 - 丰富的 3D 模型组件库、数字孪生体构建、车间虚拟映像、历史数据回放、实时设备状态监控、物流数据管理、实现模型与视频画面的切换等功能。

5. 应用情况

广东美云智数科技有限公司（简称美云智数）的 M.IoT 数字孪生灯塔工厂的建设目的是打造一个“可监测、可预警、可定位”的完善闭环式数字孪生管理系统，能够实现集中呈现、集中管理、集中控制。在搭建系统前，首先，研发人员对公司整体环境、主要生产车间、重要生产设备设施等进行轻量化建模；其次，运用多源异构数据能力采集各个系统的实时数据；最后，通过 3D 引擎对模型与数据进行深度融合，实现公司级、车间级、设备级数字孪生可视化监控、重要生产车间及主要生产设备精细建模、重点安全区域监控信息管控、生产车间实时数据监测、生产设备数据信息展示、安全提醒与告警管理、应急处置与模拟演练功能。打破信息化系统之间的“信息孤岛”，进一步提高数字工厂远程运营管理效率。M.IoT 数字孪生管理系统如图 5-30 所示。

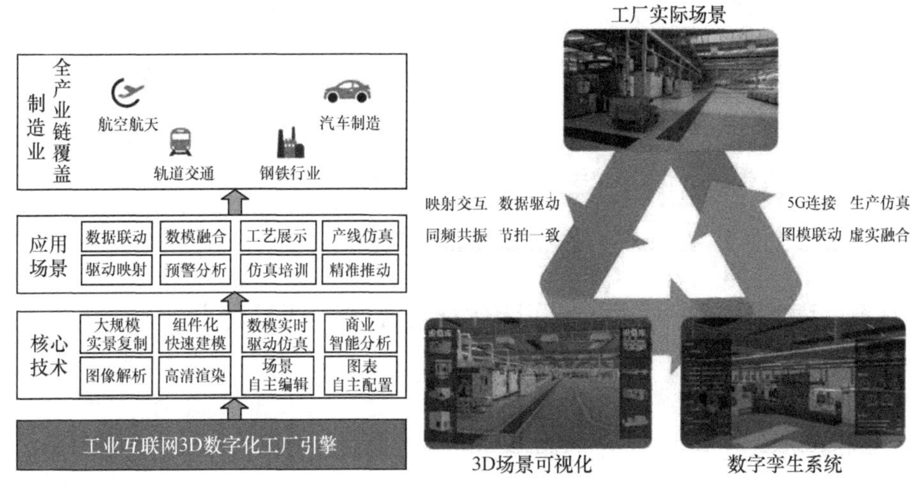

图 5-30　M.IoT 数字孪生管理系统

6. 商业价值

M.IoT 数字孪生管理系统对系统、应用、数据、设备、信息等充分集成，形成具有大集成、大覆盖、大数据、大协同和大成果的“五大”数字化制造新模式。

（1）大集成。该方案将集成智能制造装备，通过加强与各供应商沟通，协同数据交换格式，加强设备间信息互通，实现智能制造装备、机器人、检测设备之间的综合集成。

（2）大覆盖。跨越传统工厂建设中设备、车间与企业管理层之间的孤立状态，通过在数据采集系统、核心应用系统间集成，实现信息流在设备层、控制层、车间层、企业层，直至供应链协同层之间的高效无障碍流转，实现信息流与实物流的完全同步。

（3）大数据。加强与上下游制造环节之间的信息系统的互通共享，完成覆盖全厂各个生产、物流等关键位置的实时数据采集系统建设，通过高速工业互联网完成信息从各个点向企业核心数据库的汇总，基于业务流程分析建立大型数据分析模型，利用数据挖掘技术及云计算平台实现对数据的深度分析，生成基于数据的决策报告，为企业管理层决策提供科学依据。

（4）大协同。联合体各方在现有的合作基础上进一步加强沟通、协作，充分发挥各方在核心装备研制、系统自动化集成、软件集成等领域的技术优势，密切协同。

（5）大成果。高度重视智能制造建设中的科研技术的知识成果，以专利形式充分保护，预期将申请多项核心发明专利。

5.2.5 南方电网——面向新型电力系统的“新基建”

1. 应用范围

解决方案主要应用于南方电网公司（简称南方电网）内部源网荷储全业务域、全链条的提质增效，产业链上下游企业的数字赋能，粤港澳大湾区、南方五省区社会、政府的数字互联互通及支撑新型能源接入与新型能源消费的新型电力系统生态圈。

2. 整体设计

数字孪生电网总体技术框架基于云数一体基础设施，以全局模型统一数据定义，以智能设备、IoT 实现物理电网海量、实时数据采集及传输，以数据中心实现异构数据统一存储和融合，以统一共享服务上承业务、下联数据，以应用面向业务随需定制，从全局视角对业务和数据进行统一管理和共享使用，实现物理电网的数字镜像，对物理电网过去和现状运行状态的实时在线感知，并支撑对未来运行情况进行模拟和预测，如图 5-31 所示。

3. 功能介绍

该项目团队从模型规范，2D、3D 电网数字孪生，实时运行数据孪生等方面开展了体系化的关键技术研究，建成世界首创的 2D、3D 数字孪生电网时空服务平台，全面支撑数字孪生电网业务应用。统一电网数据模型如图 5-32 所示。

统一电网数据模型兼顾各业务视角，作为全局构建的数据模型，覆盖发、输、变、配、用能量全过程，规划、采购、运行、检修供应链全环节，从源头统一和规范各应用系统数据定义，保障系统间模型定义的一致性，为实现全局业务贯通、最大限度地实现系统间数据共享提供基础保障。

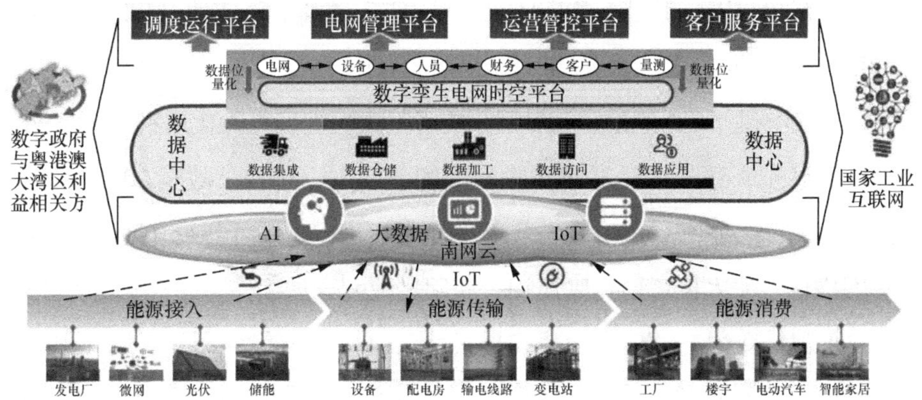

图 5-31　数字孪生电网总体技术框架

公共模型

电网资源	合同	员工	项目	财务	客户

应用模型

规建	供应链	生产	安全	营销	财务	人资	数字化	创新与项目	综合
电网规划	需求	生产运行	安全管理	档案	资产价值	人力规划计划	数据资产	科技创新	协同办公
配网基建	仓储	生产设备	安全隐患	客服	工程财务	组织	信息安全与运行	项目管理	党建管理
主网基建	调配	生产综合	风险管理	计费	核算管理	用工			工会管理
投资计划	采购	技术标准	应急管理	账务	价格管理	薪酬			审计管理
	品控	二次管理		产品	报表管理	绩效			
	授码	系统运行		订单	产权管理	干部			
	逆向	基础管理		支付	资金管理	招聘			
	供应商			积分	预算管理	人才			
	专家			管控	内控风险	培训			
				计量	税务管理	评价			
				电力市场		离退休			
						考试			

6类公共模型　321个数据主题
10个数据域　1.2万张物理表
60个数据域　26万个字段

图 5-32　统一电网数据模型

该项目还具有 2D 电网数字孪生，3D 电网数字孪生，2D、3D 地理环境孪生，电网实时运行数据孪生，电网生产监测数据孪生等主要功能。

4. 应用情况

（1）数字特高压

我国首个特高压多端直流输电工程数字孪生体建设，聚焦地理环境、设备、台账、图形、拓扑、实时运行、设备状态监测等动静态数据贯通，完成了 1452

千米线路、2947 杆塔、2691 处交叉跨越，3 个换流站建筑物、20 000 余台设备实现特高压工程全面 3D 数字化。同时还形成了南方电网跨区域输电工程建设“数智管控”的典型示范，工程建设管理节约 720 万元，数字化资产建设节约 560 万元。

（2）数字输电

数字输电基于 3D 通道点云数据，使用无人机实现无人化巡视，开展缺陷、隐患辅助识别，逐步推动缺陷与隐患的智能识别全覆盖。截至 2021 年年底，支撑全网超 25 万千米输电、15 万千米配电线路，超 300 座变电站“5G 云机巢 + 网格化”无人机自动驾驶巡视，实用化程度全球领先。

（3）数字变电

融合电网物理模型、信息模型、实时数据，实现“设备状况一目了然、风险管控一线贯穿、生产操作一键可达、决策指挥一体作战”的目标。已支撑全网近 100 座变电站智能巡视、作业和安全应用，初步实现“机器代人”目标，每年节约人工巡视成本约 6000 万元。

（4）数字配用电

以数字电网模型为基础，实现能源侧、消费侧、物联终端等跨业务数据的统一汇聚，在新能源消纳、区域电网 / 微电网、电力供应与系统稳定等各方面开展相关探索及应用。

5. 商业价值

（1）推广模式

在推广模式方面，解决方案的目标客户包含了内外部客户，提供了内部提质增效，外部数据服务、产品赋能等商业模式，达到生态共建、合作共赢、共同发展的目标。在运营方面，面向电网及相关行业内部，主要提供模式复制；面向产业链上下游、政府、社会等，主要提供数据及产品赋能。

（2）成果效益

在经济效益方面，项目总投入为 4.5 亿元，其初始投资为 1.2 亿元，10 年间运维成本约为 3.3 亿元，预计可产生的经济效益为 40 亿元。

（3）社会效益

贯通“源 - 网 - 荷 - 储”数据，提升供电可靠性，缩短客户平均停电时间，助力优化电力营商环境，服务公司业务决策及产业链上下游应用，助力南方电网“三商”转型。以数字电网模型为基础，实现能源侧、消费侧、物联终端等跨业务数据的统一汇聚，提供多样化、多层次实时渲染，呈现数字孪生体的能力，实现空间分析、拓扑分析、仿真模拟等，着眼于新型电力系统，为新能源的规划、设计及并网接入提供可靠支撑。

5.2.6　容知日新——基于预测性维护的设备智能运维平台解决方案

1. 应用范围

设备智能运维平台解决方案同时适用于集团型工业企业和广大中小型工业企业，能够帮助企业实现从事后维修到预防性维修（预知性维修），直至预测性维护的转型，使得企业的设备智能运维水平得到有效提升，使得企业的经济效益与管理效益提升，具体价值体现如图 5-33 所示。

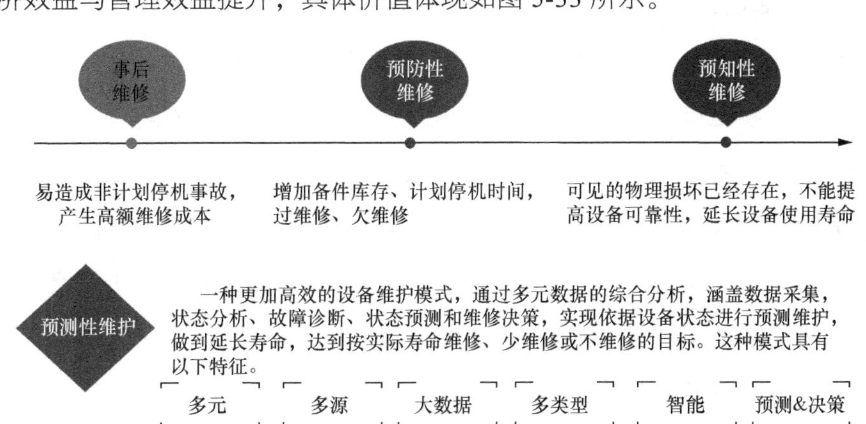

图 5-33　基于预测性维护的设备智能运维平台解决方案价值

（1）使动设备非计划生产停机时间缩短 20% ～ 35%。

（2）减少运行风险，降低重大事故、突发性事故发生率。

（3）避免出现“欠维修”“过维修”的情况，防止不必要的拆卸，降低维护成本，延长设备使用寿命 10% ～ 20%。

（4）对齿轮故障、轴承故障、轴系故障、大电机故障等准确定位，减少维修时间，提高生产效率。

（5）优化备件库存，提前预知关键备件、长周期采购备件。

（6）降低设备运维综合成本 20% ～ 40%。

（7）减少人员工作量，提升工作效率，逐步实现少人、无人化，人员减少 30% ～ 50%。

（8）建立了一套故障诊断智能算法、模型管理平台，助力企业逐步实现设备智能运维，乃至智能工厂的建设。

（9）整合诊断专家资源，形成专业力量，真正实现自事后维修到预防性维修，再到预测性维护的转型。

（10）构建设备数据平台，解决企业设备运行数据“信息孤岛”的问题。

（11）为企业构建设备故障案例库、设备诊断知识库、故障标准知识库，形成企业知识资产。

2. 整体设计

设备智能运维平台解决方案总体架构如图 5-34 所示。

设备智能运维平台，充分考虑云端、边缘端、设备端的需求，以及对平台建设目标、部署应用特点、中心平台定位等内容，构建了一套自上而下的整体解决方案架构，有效地解决了多类型设备监测、多源数据、边缘端应用、设备大数据、AI 算法应用、专业诊断系统、故障预测策划 - 实施 - 检查 - 处置（Plan、Do、Check、Act、PDCA）闭环、数字可视化、移动化、知识库、数据驱动业务等各环节技术与业务架构问题。

3. 功能介绍

（1）视觉系统

在云端应用上，对用户企业监控的所有项目、设备状况、报警情况、故障情况、数据异常等情况，进行数字化、图形化汇总展示。

（2）专家诊断平台

设备智能运维平台涵盖了多类型动设备诊断子系统，为专家诊断提供专业应用工具，如图 5-35 所示。

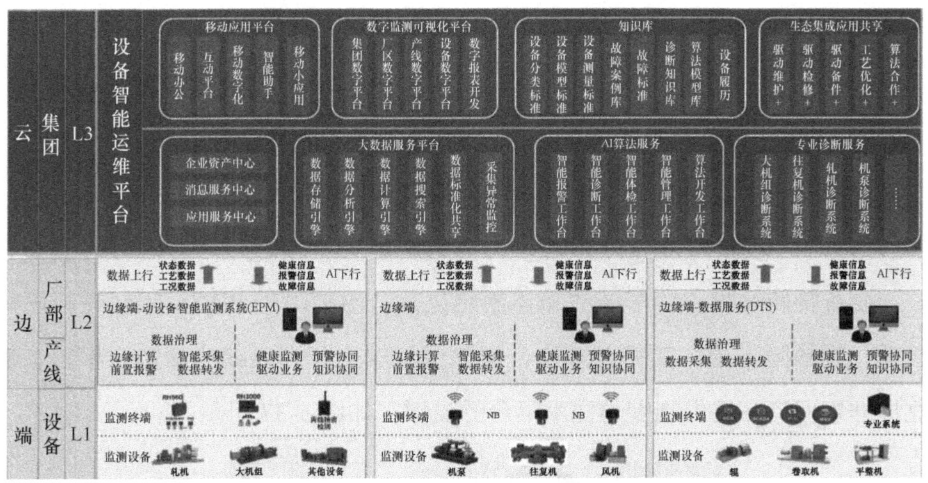

图 5-34　设备智能运维平台解决方案总体架构

快速设备分析	指标分析	常规分析	精密分析	专业分析	特种设备分析	大机组分析
• 设备多趋势 • 温度多趋势 • 多设备趋势	• 采样值趋势分析 • 指标趋势分析 • 特征指标分析	• 测量定义趋势 • 时域波形 • 频谱分析 • 转速分析 • 工艺趋势分析	• 长波形趋势 • 长波形 • 波形再处理 • 包络解调 • 瀑布图 • 倒谱分析 • 阶次分析 • 包络趋势分析 • 频率趋势分析 • 包络频率分析	• 叶片分析 • 峰值频率分布图 • 模态分析 • 相似度趋势 • 塔筒分析	• 大机组分析工具 • 往复机分析工具 • 轧机分析方法	• 轴心轨迹 • 伯德图 • 极坐标图 • 全息谱 • 轴中心位置图 • 波形转速趋势图

图 5-35　专家诊断平台

（3）智能报警触发机制

设备智能运维平台通过智能报警触发机制及时通知现场进行设备维护处置和诊断处理，形成诊断结果及检维建议，对于关键设备的监控来说，其对设备异常的及时响应至关重要，如图 5-36 所示。

图 5-36　智能报警触发机制

（4）故障预警触发业务 PDCA 闭环

设备智能运维平台形成故障诊断结果后，对故障的 PDCA 闭环进行严格管理，为故障隐患切实得以解决，保障设备安全和为后续故障知识积累，建立标准知识资产提供制度与技术平台的支撑，如图 5-37 所示。

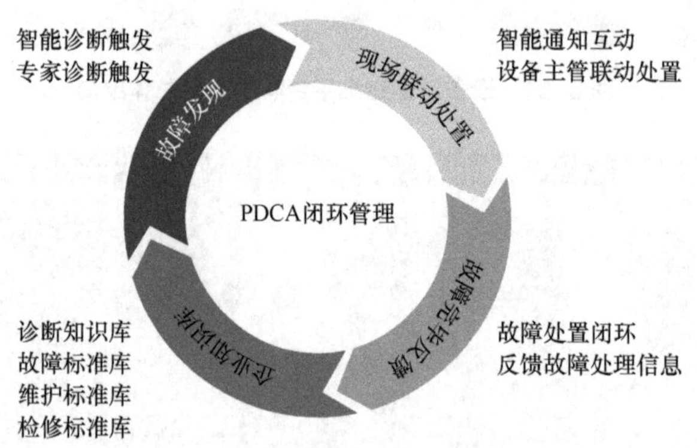

图 5-37　故障预警触发业务 PDCA 闭环

故障预警触发业务 PDCA 闭环具有设备全生命履历管理、设备寿命预测、知识库沉淀、智能运维数字指标、移动化 App 智能管理、智能报警算法应用、智能诊断算法应用、智能体检应用、与第三方系统接入等功能。

4. 应用情况

该项目技术路线是基于安徽容知日新科技股份有限公司（简称容知日新）

多年行业发展的基础，符合国家和行业发展的方向及容知日新整体的战略规划，实现了硬件设备、管理平台、智能算法、诊断服务等全技术链路的打通。而对于不同行业、不同设备、不同场景，公司也在有针对性地进行软硬件研发，并逐步推进和优化，提高设备管理智能化水平，并通过助力企业建立完整开放的智能运维生态，实现数据对接和资源整合，真正实现数据驱动业务，为企业管理提供依据。通过软硬件部署解决了数据获取难题，通过平台搭建和数据标准化解决了不同系统间的数据对接问题，通过智能算法模型的研发和迭代解决了管理效率问题，通过构建以企业为核心的运维生态解决了全流程业务数据化、智能化问题，帮助企业提高生产效率和管理效率，避免产生生产和维修损失，同时也为建设智能工厂提供了重要的支撑。

5. 商业价值

容知日新的设备智能运维平台是综合性管理服务平台，具有极强的普适性和包容性，不对服务对象设置门槛，任何使用机械设备的行业都可以接入系统进行监控和管理。公司将通过与设备研发、制造行业内的龙头企业的深度合作，围绕产品开发、设备工艺参数、装配条件、使用工况、运行维护、管理决策等各方面信息，利用大数据技术和智能诊断算法，为用户提供集产品、技术支持和云诊断服务为一体的定制化解决方案，帮助企业降低设备维护成本，减轻企业备件压力，科学合理压缩库存，增强企业劳动生产力，实现企业智能工厂建设，助力企业实现智能工业的宏伟目标，实现产业上下游、跨领域的广泛互联互通。

5.2.7　中国民航大学——清洗设备运维的数字孪生解决方案

1. 应用范围

数字孪生技术在各行各业都有广阔的应用前景，该团队提供的解决方案主要应用在设备清洁领域，适用于航空航天、交通运输、医疗等领域内的任何需要清洁的设备或场地。该产品的数字孪生应用覆盖产品的研发测试、设计验证、运维等各个生命周期，一方面可以帮助企业推进数字化进程和自助式服务，有助于企业降低人力成本，提升维护服务质量，创新商业模式；另一方面，在产品调试、安装、运行监控等方面也可以给企业带来更多的利益。

该设计中主要通过数字孪生技术对清洗设备进行实时状态监测，实现缺陷识别、故障定位和清洗信息可视化，并对产品设备进行预测性维护。

2. 整体设计

清洗设备运维的数字孪生解决方案的技术架构由物理实体、基于 CoppeliaSim 构建的虚拟体、基于 QT 的中继数据处理器和控制器、预测模型和实时同 / 异构数据流 5 部分组成。

（1）对于不同物理实体组成的设备，在 SolidWorks 中进行多维度建模。相较于传统计算机辅助设计技术，多维度建模需要考虑设备使用环境、材料性能、受力等多种因素，以最大限度地模拟现实状态。

（2）将在 SolidWorks 中建好的模型转为统一机器人描述格式（URDF）导入 CoppeliaSim 中，并在 CoppeliaSim 中设计设备的运行状态、可视化传感器及执行机构的运动路径等，模拟实体设备工作过程，实时显示设备的各时刻重要参数，并依此不断地对工作控制过程进行优化。

（3）获取实时数据。实时数据来源主要为传感器和控制器，根据不同的通信协议获取数据。

（4）以 QT 为桥接实现物理实体与虚拟体数据互通，在设备工作时，传感器会不断采集物理实体的工作参数，并将数据实时传送至服务器，服务器统一数据格式后将数据传输至虚拟体，并显示重要参数，实现实体数据可视化，并实现物理实体与虚拟体的同步作业；最后根据与设备相关的失效数据中的失效信息，对设备进行预测，减少系统宕机，提高设备价值。此外，若条件允许，可以利用 5G 对数据进行实时筛选、处理，实现远程监控，从而对外部环境的变化进行有效地预判和处理，如图 5-38 所示。

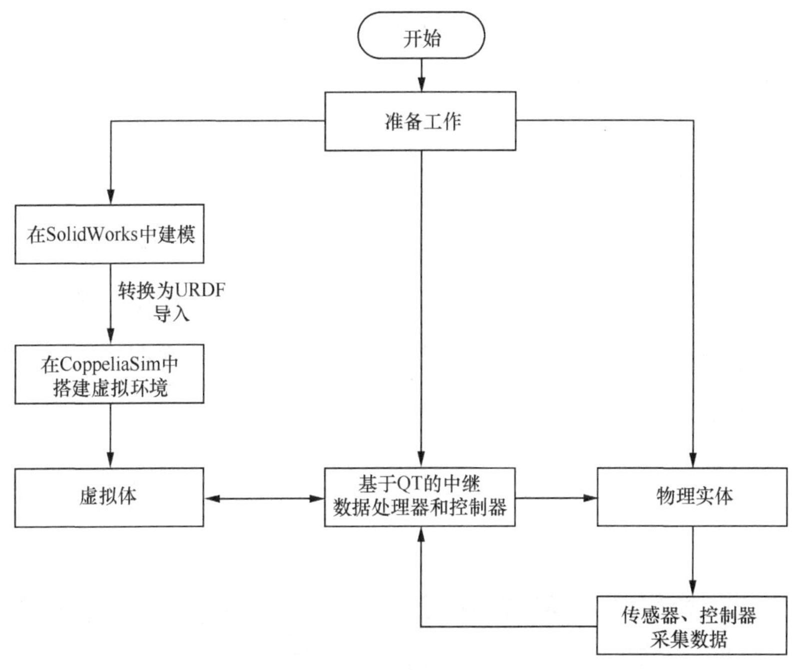

图 5-38 整体设计

3. 功能介绍

（1）状态监测

通过计算机中的虚拟体视口监测物理实体的工作状态。物理实体与虚拟体实现数据互通是通过传感器和控制器 API 实现的，机械臂控制箱输出机械臂运动过程中的实时关节位置、关节角速度、执行机构线速度等信息，在清洗过程中，各个传感器实时采集干冰清洗设备的温度、流速、气压等信息，并将这些多源异构的数据经 QT 转化传输给虚拟体，实现清洗设备工作状态全程可视化。

（2）预测性维护

基于传感器数据训练设备寿命预测模型，对工作中的设备进行预警。机械臂清洗设备作为集成化程度高、复杂化程度深的代表设备之一，其发生故障的多样性及维修难度与集成复杂程度线性相关。可以根据与设备相关的失效数据中的失效信息，对机械臂清洗设备的使用寿命进行预测。只要设备剩余寿命预测足够准确，就可以提前获知其失效时间，从而进行相应的维护决策。此外，设备的准确剩余使用寿命预测可以避免人们采用多余的维护措施，提供最佳维护策略。

（3）清洗效果评价

基于物理的孪生粒子模型可以作为被洗物体清洁度的量化参考。和实际污斑具有同样物理属性的粒子模型可以作为虚拟世界中污斑的替代品，当真实世界中的被洗物体的表面发生变化时，孪生模型也会模拟相同的变化，其孪生相似率根据物理参数的周全度决定，图 5-39 所示的是一组清洗玻璃试片上含有麦芽糖的墨迹的粒子孪生对比图，可以看出真实情况和虚拟情况下清洗后的清洁度大体一致。

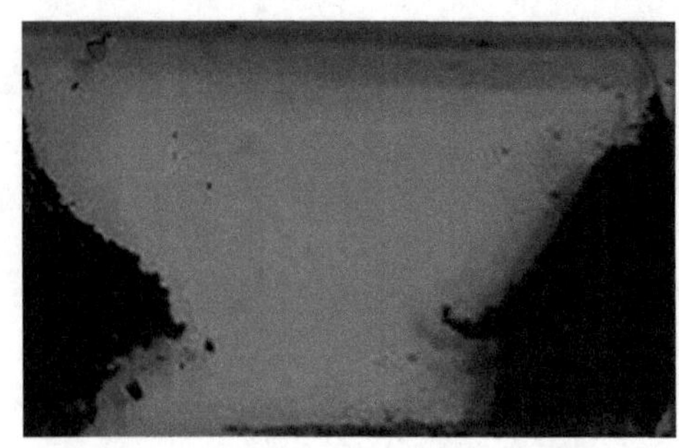

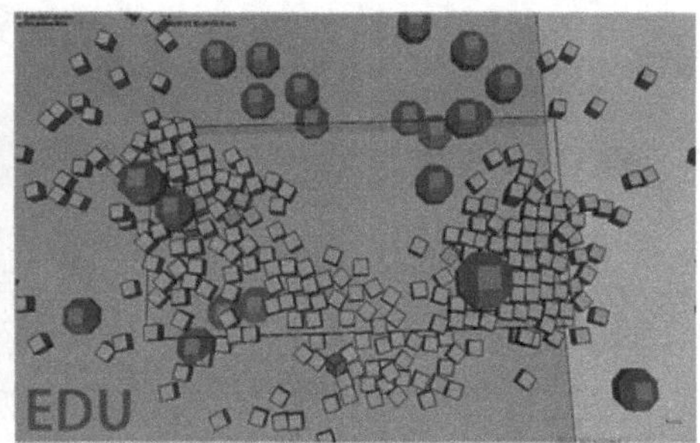

图 5–39　粒子孪生对比图

4. 应用情况

该产品可以帮助企业推进自助式服务和数字化进程，有助于企业降低人力成本，降低设备故障率，在解放人力的同时，给企业带来更多的利益。针对清洁效果而言，该产品对清洁度的评价更客观准确。

5. 商业价值

在该设计中，研究团队运用 CoppeliaSim 进行数字孪生技术的研究，设计了一款机械臂清洗设备，该数字孪生解决方案可以实现清洗过程可视化、设备故障预测性维护和清洗效果评价。此外，可以根据清洗对象的不同，在 CoppeliaSim 中事先对清洗对象进行模拟测试，根据实际现场需求调试最佳的清洗方案，其环境适应性较强。

解决方案中的产品强调清洗设备的全自动化工作并配备状态监控和预测性维护功能，可以有效地降低人力成本，提高清洗效率，为企业带来更多的效益，在企业间有很强的推广性。

目前将解决方案中的产品的工作范围限制在了清洗领域，但研究团队只需修改其清洗喷出口喷出的物质参数，并对喷出口处的压力、流量的范围等数据参数进行修改，便可将清洗设备升级优化到其他领域，其拓展能力极强。

5.2.8　中铁设计数字中心——面向铁路工程设计的数字孪生解决方案

1. 应用范围

该项目面向铁路工程勘察设计企业，涉及基于多元数据融合的数字勘察选线、多专业协同设计等业务场景，解决了传统设计中数据孤立、信息共享麻烦、修改成本巨大的问题，强化了各专业间的逻辑联系，优化了设计流程，提升了设计质量。

针对铁路数字化勘察选线，该项目提供了覆盖移动端、网页端、桌面端的一体化应用平台，利用空天地多传感器多层次综合立体观测、地理信息系统（GIS）、大数据、云、5G、北斗等技术，建立工程区域数字环境，实现勘察数据采集智能化、勘察过程低碳化、勘察成果数字化，构建包括地形、地物、地质条件等因素的铁路周边孪生地理环境模型，并利用智能算法实现数字化选线设计。

针对协同设计，该项目提供了面向多专业的集成设计软件和面向生产业务管理的协同平台，可实现设计资源与生产业务数字化管理，利用数字化协同设计平台，进行测绘、线路、站场、地质、路基、桥梁、隧道、信号、接触网等多个专业协同设计，构建高铁基础设施的数字孪生模型，并基于数字孪生模型进行分析计算、方案模拟、会审、碰撞检查等操作，以对设计进行优化。

2. 整体设计

基于为勘察设计提质增效与精细化管理服务的原则，制定统一的数字化标准，建设一个数据中台，打造两大基础数字化系统，实现铁路工程数字孪生模型构建。通过数字化技术研发和应用，加快铁路工程设计行业的数字化转型升级和提质增效，推动行业实现高质量发展。

针对铁路工程数据及业务流程数据，构建一套科学的标准体系，细分为技术标准、实施标准、管理标准 3 部分。技术标准规范铁路多专业、不同阶段之间数据存储、表达与交互；实施标准规范数据生产、使用，主要从资源、行为、交付物等方面指导和规范数字化技术应用；管理标准规范业务流程，使其符合数字化要求。依托标准体系打造企业级数据中台，实现数字孪生铁路的构建与应用。

基于数据中台建立基于多元数据融合的数字勘察选线系统和数字化协同设计系统两大基础系统。基于多元数据融合的数字勘察选线系统是一套可以承载地理空间数据，专业勘察数据，2D、3D 设计成果，基于 IoT 的感知信息等多源异构数据的系统；数字化协同设计系统包含协同设计管理和多专业集成设计软件，分别对应生产管理和数据生产，从两个方向对设计业务进行数字化升级，是工程数字孪生设计的核心。

3. 功能介绍

（1）数字勘察

数字勘察面向铁路勘察阶段，是覆盖移动端、网页端、桌面端的一体化应用平台，利用空天地多传感器多层次综合立体观测、GIS、大数据、云存储等技术，建立工程数字环境，实现勘察数字采集智能化、勘察过程低碳化、勘察成果数字化。为数字孪生工程提供在建工程周边基础数字环境。主要功能包括勘察数据采集、成果管理、数据展示应用等。

（2）数字选线

铁路选线设计是铁路建设的前提和基础，是一项总揽全局的核心工作。数字选线是一项复杂的系统工程，也是一项综合性强、牵涉面广、科学性高、涉及多学科的综合应用，需要综合考虑环境的协调性、工程的可靠性、投资的合理性、多方利益诉求等因素。数字选线借由桌面端平台实现，主要功能包括孪生地理环境构建、专业勘察成果组织管理、智能选线算法设计。

（3）协同管理

协同管理为多专业协同设计创建统一环境，利用数字化技术重塑业务流程，实现对铁路勘察设计生产业务的管理。主要功能包括设计资源管理、人员权限管理、组织机构建设、设计文件命名及版本标准化管理、设计校审及会签流程等全过程勘察设计管理工作。

（4）多专业集成设计

多专业集成设计软件是一套面向铁路行业的专业设计工作流的本土化、多专业协同的数字化设计软件，采用基于信息模型驱动的系统工程所搭建的技术框架。利用参数化驱动方式，生产具有高耦合性、高精度的工程信息模型。软件覆盖铁路主要设计专业，如地质、桥梁、路基、隧道、接触网、轨道等。

4．应用情况

依托京张高铁项目，中铁设计数字中心结合建管运维等 10 余家参建企业的应用需求，对铁路工程设计的数字孪生技术进行研究与应用，逐步形成了以工程数字化为核心的智能铁路设计新模式，改变了设计理念，提升了设计效率和质量，打通了设计数据向施工及运维传递的关节，为铁路工程建设全生命周期的数字化、智能化应用树立了标杆。

5. 商业价值

针对长大带状线性工程、符合数字化标准、符合本地化工作流的数字孪生解决方案，可复制应用到所有长大带状线性工程数字孪生建设中，可推广至城市轨道交通、公路等基础设施行业。

提质增效是工程勘察设计企业永恒不变的效益追求。以数字化、智能化标准研究为基础，该项目对生产过程进行重塑，促进数字化技术与生产业务的深度融合；研究团队研发包含标准体系、平台及工具软件在内的本地化整体解决方案，推进数字化勘察设计体系建设，通过技术赋能可提高勘察设计的质量、效率，实现勘察设计迭代升级；该项目以数据为核心，利用数据治理手段实现数据资产化，使数据可用、易分析、易管理，可提升工程项目数字化治理能力和治理体系的现代化水平，实现项目数字化生产、管理决策数字化支持的目标，实现企业勘察设计的提质增效目标。